普通高等教育"十二五"规划教材·风景园林系列

花卉应用与设计

刘慧民　主　编

康忠宝　杜国明　副主编

化学工业出版社

·北京·

本书共分3章，第一章重点介绍了花卉应用的基础知识和基本内容，如花卉的特点、应用范围、应用形式、应用的艺术基础、花卉在园林空间景观设计中的搭配和组合等；第二章重点分门别类地介绍了一二年生草本花卉、宿根花卉、球根花卉、盆花、鲜切花、水生花卉、岩生花卉、多浆类花卉、蕨类花卉的应用以及花卉专类园的设计与应用，如草药园、观赏果蔬园、花卉展览、屋顶花园等相关花卉的应用与设计；第三章实验指导结合前面两章的知识内容以及考虑到对学生的课外知识的丰富和应用，重点介绍了相关花卉应用与设计知识的实验指导方法，如盛花花坛、图案式花坛、花镜的设计，花束、花篮、桌饰的设计与制作步骤和方法，园林水景园的植物景观设计等内容。理论结合实践案例解析，通俗易懂。

　　本书可作为高等农林院校园林、园艺、农学、林学等相关专业师生的参考用书，也可作为花卉园艺爱好者的参考用书。

图书在版编目（CIP）数据

花卉应用与设计/刘慧民主编. —北京：化学工业
出版社，2012.9
普通高等教育"十二五"规划教材·风景园林系列
ISBN 978-7-122-15045-5

Ⅰ. ①花… Ⅱ. ①刘… Ⅲ. ①花卉-观赏园艺-
高等学校-教材 Ⅳ. ①S68

中国版本图书馆 CIP 数据核字（2012）第 184023 号

责任编辑：尤彩霞　　　　　　　　　　装帧设计：关　飞
责任校对：徐贞珍

出版发行：化学工业出版社（北京市东城区青年湖南街 13 号　邮政编码 100011）
印　　装：三河市延风印装厂
787mm×1092mm　1/16　印张 12½　字数 322 千字　2013 年 2 月北京第 1 版第 1 次印刷

购书咨询：010-64518888（传真：010-64519686）　售后服务：010-64518899
网　　址：http://www.cip.com.cn
凡购买本书，如有缺损质量问题，本社销售中心负责调换。

定　　价：35.00 元

普通高等教育"十二五"规划教材·风景园林系列

《花卉应用与设计》编委

主　　编　刘慧民

副 主 编　康忠宝　杜国明

编写人员（按姓氏拼音排序）

杜国明	东北农业大学资环学院
高　琦	辽宁省行政学院
高炎冰	辽宁省抚顺市规划局抚顺经济开发区分局
康忠宝	黑龙江农业工程职业学院
刘慧民	东北农业大学
孙美玲	黑龙江生物科技职业学院
孙余丹	湛江师范学院生命科学与技术学院
陶洪波	东北农业大学校园绿化科
王大庆	黑龙江省农垦经济研究所
谢　丽	黑龙江农业职业技术学院
张　颖	江苏宿迁学院

普通高等教育"十二五"规划教材·风景园林系列

《花卉应用与设计》编委会

前　言

随着科技的迅速发展，人们对生活质量的要求不断提高，花卉逐渐走入人们的生活，同时，花卉作为园林中主要的彩化材料，对其应用形式和设计效果的要求也不断提高。本书重在使学生全面系统地掌握花卉应用的基本知识，并掌握其在室内外的应用和设计形式。

《花卉应用》课程是高等农林院校风景园林、园林专业的一门专业主干课程。内容包括花卉应用的基础知识和花卉应用的基本形式，重点介绍花卉各类应用形式，注重培养学生的审美观和花卉应用设计能力。本教材的编写适应目前高等院校教学改革的需要，以突出学生专业实践和创新能力培养为目标，强调内容的实用性，体现内容新颖、应用性强的特色，具有以下特点。

知识的全面性：本书从花卉应用的基本知识展开，再以此为基础，全面对一、二年生草本花卉、宿根花卉、球根花卉、盆花、鲜切花、水生花卉、岩生花卉、多浆类花卉、蕨类花卉以及花卉专类园的应用要求、特点及其在园林中的应用进行了详细的叙述，并附有相关实验指导，构建了全面科学的知识体系。

内容的实用性：本书内容的选取，依据学生对花卉理论知识的需求以及学生将所学知识应用与实践相结合的原则，内容体系遵循科学性和全面性，针对花卉不同应用类型进行详细叙述，特别对花卉实际应用中配植和造景等关键要素与环节进行重点介绍，使学生不仅能正确应用花卉造景，同时能提高学生创新和实践能力。

知识的先进性：本书编写过程中参阅了大量国内外花卉应用领域的相关文献和资料，并将目前花卉应用设计中最新实例引入本书，特别引用近年园艺博览会和花卉博览会的花卉应用实例，并突出花卉造景特色，图文并茂，描述了花卉应用设计的流行趋势。

内容的可读性：重点和难点突出，专业性与艺术性结合，写作层次清晰，语言生动简练，深入浅出，通俗易懂，图片配合文字内容，通过学生的感性认知深入理解专业内容，从而提高学生的专业实践能力。

本书由刘慧民任主编，康忠宝、杜国明任副主编，具体编写分工如下：康忠宝编写第一章第二节、第三节、第二章第一节；谢丽编写第一章第一节、第二章第二节、第三节、第七节～第十节；高琦编写第二章第四节、第六节；刘慧民编写第二章第五节；全书由刘慧民、裴盈欣统稿。

本书在编写过程中得到东北农业大学、黑龙江农业工程职业学院、黑龙江农业职业技术学院、辽宁省行政学院、江苏宿迁学院等单位的大力支持，在此致以最诚挚的谢意！

由于编者水平有限，书中难免有疏漏与错误之处，真诚欢迎广大读者、同行及专家批评指正，以期在再版中加以修改和完善。

编者

2012 年 8 月

目　　录

第一章 花卉应用的基础知识

第一节 花卉的基础知识

一、花卉的含义

花是植物的繁殖器官，卉是草的总称。狭义的花卉指有观赏价值的草本植物，如菊花、芍药、凤仙花、大丽花等。广义的花卉是指具有一定观赏价值，达到观花、观叶、观茎、观果、观根的目的，并能美化环境、丰富人们文化生活的草本、木本、藤本植物的总称，如梅花、叶子花、印度橡皮树、玉兰等。即凡是具有观赏价值的植物，均称为花卉。花卉已是人类经济、科学文化的产物，随着 21 世纪科技、信息、经济的飞速发展，花卉应用的范围和涵义将越来越广泛。

在花卉的实际应用中，不同种类的花卉生产与应用也略有区别。如在花卉生产中的绿化用材多指草本花卉。室内观赏用的盆栽花卉除草本花卉外，也包括木本花卉，其中多为热带、亚热带地区的灌木、乔木、亚乔木，在盆中栽培控制了其植株体量，称为盆栽观赏花卉。

二、花卉的分类

花卉的种类繁多，分布极广，生长特性、观赏价值、栽培目的及应用方式互不相同。因此，花卉的分类由于依据不同，分类的方式也不同。有的依据自然科属分类，有的依据生物学性状、生态习性、原产地、栽培方式及实际应用等分类。

（一）按花卉的生物学性状分类

按植物的性状分类，不受地区和自然环境条件限制。

1. 草本花卉

草本花卉的茎为草质，木质化程度低，柔软多汁易折断。按花卉形态分为 6 种类型。

（1）一二年生草花

① 一年生草花 是指个体生长发育在一年内完成其生命周期的花卉。这类花卉在春天播种，当年夏秋季节开花、结果、种子成熟，入冬前植株枯死。如凤仙花、鸡冠花、半支莲、紫茉莉等。

② 二年生草花 是指个体生长发育需跨年度才能完成生命周期的花卉。这类花卉在秋季播种，第二年春季开花、结果、种子成熟，夏季植株死亡。如金鱼草、金盏菊、三色堇、虞美人、桂竹香等。

（2）宿根花卉

宿根花卉是指植株入冬后，根系在土壤中宿存越冬，第二年春天萌发而开花的多年生花卉。如菊花、芍药、荷兰菊、玉簪、蜀葵、楼斗菜、落新妇等。

（3）球根花卉

球根花卉是指花卉地下根或地下茎已变态为膨大的根或茎，以其贮藏水分、养分度过休眠期的花卉。球根花卉按形态的不同分为 5 类。

① 鳞茎类　地下部分的茎部极短缩，形成鳞茎盘，上部着生许多肥厚鳞片，外被纸质外皮的称有皮鳞茎，如水仙、朱顶红、郁金香、风信子等；在鳞片的外面没有外皮包被的称无皮鳞茎，如百合等。

② 球茎类　指地下茎膨大呈球形或扁球形，表面有环状节痕，顶端有肥大的顶芽，侧芽不发达的一类花卉，如唐菖蒲、仙客来、小苍兰、番红花等。

③ 块茎类　指地下茎膨大呈不规则的块状或条状，表面无环状节痕，新芽着生在块茎的芽眼上，须根着生无规律的花卉。如马蹄莲、大岩桐、球根海棠、花叶芋等。

④ 根茎类　指地下茎膨大呈粗长的根状，肉质有分枝，具明显的节和节间，每节有侧芽和根，每个分枝的顶端为生长点，须根自节部簇生而出的花卉。如美人蕉、德国鸢尾、荷花、睡莲等。

⑤ 块根类　指主根膨大呈块状，外被革质厚皮，新芽着生在根颈部分，根系从块根的末端生出的花卉。如大丽花、花毛茛等。

（4）多年生常绿花卉

多年生常绿花卉是指植株枝叶四季常绿、无落叶休眠现象、地下根系发达的花卉。这类花卉在南方作露地多年生栽培，在北方作温室多年生栽培。如君子兰、吊兰、万年青、文竹、文殊兰等。

（5）水生花卉

水生花卉是指常年生长在水中或沼泽地中的多年生草本花卉。按其生态分为以下 4 类。

① 挺水植物　根生于泥水中，茎叶挺出水面。如荷花、千屈菜等。

② 浮水植物　根生于泥水中，叶面浮于水面或略高于水面。如睡莲、王莲等。

③ 沉水植物　根生于泥水中，茎叶全部沉入水中，仅在水浅时偶有露出水面。如莼菜、狸藻等。

④ 漂浮植物　根伸展于水中，叶浮于水面，随水漂浮流动，在水浅处可生根于泥中。如浮萍、凤眼莲等。

（6）蕨类植物

蕨类植物是指枝叶丛生状，不开花也不结种子，叶片背面着生孢子，依靠孢子繁殖的花卉，如肾蕨、铁线蕨、鸟巢蕨、鹿角蕨等。蕨类植物作盆栽观叶或插花装饰，日益受到重视。

2. 木本花卉

木本花卉是指植物茎木质化，木质部发达，枝干坚硬，难折断的多年生花卉。根据形态分为 3 类。

① 乔木类　地上部有明显的主干，侧枝由主干发出，树干和树冠有明显区别的花卉，如广玉兰、桂花、梅花、橡皮树、樱花等。

② 灌木类　地上部无明显主干，由地面萌发出丛生状枝条的花卉，如牡丹、月季、丁香、栀子花、杜鹃、茉莉、贴梗海棠等。

③ 藤木类　茎细长木质化，长而细弱，不能直立，需缠绕或攀援在其它植物体上才能生长的花卉，如常春藤、凌霄、络石等。

3. 多肉、多浆植物

这类植物多原产于热带半荒漠地区，植株的茎变态为肥厚能贮存水分和营养的掌状、球状及棱柱状；叶变态为针刺状或厚叶状，并附有蜡质，能减少水分蒸发，以适应干旱的环境条件。常见的有仙人掌科的仙人球、昙花、令箭荷花，大戟科的虎刺梅，番杏科的松叶菊，萝藦科的佛手掌，景天科的燕子掌、毛叶景天，龙舌兰科的虎皮兰等。

（二）按观赏部位分类

按花卉的花、叶、果、茎、芽等具有观赏价值的器官进行分类，主要分为以下几类。

1. 观花花卉

以观花为主的花卉。这类花卉开花繁多，花色鲜艳，花型奇特而美丽，如月季、牡丹、山茶、杜鹃、大丽花、菊花、郁金香等。

2. 观叶花卉

以观叶为主的花卉。这类花卉叶形奇特，形状不一，叶色鲜艳，有较高的观赏价值，如国王椰子、变叶木、花叶万年青、龟背竹、橡皮树、朱蕉等。

3. 观茎花卉

以观茎为主的花卉。这类花卉的茎奇特，或变态为肥厚的掌状或节间极度短缩呈连珠状，如仙人掌、佛肚竹、文竹等。

4. 观果花卉

以观果为主的花卉。这类花卉的果实形状奇特，果色鲜艳，挂果期长，如冬珊瑚、观赏辣椒、佛手、金橘、乳茄等。

5. 观根花卉

以观根为主的花卉。植株的主根呈肥厚的薯状，须根呈小溪流水状，气生根呈悬崖瀑布状，如根榕盆景、薯榕盆景等。

6. 其它观赏类

如观赏银芽柳毛茸茸、银白色的芽，观赏象牙红、马蹄莲、叶子花美丽的苞片，观赏球头鸡冠膨大的花托，观赏美人蕉、红千层瓣化的雄蕊等。

（三）按开花季节分类

1. 春花类

在2月～4月间盛开的花卉，如郁金香、虞美人、金盏菊、杜鹃、山茶、牡丹、芍药、梅花、报春花等。

2. 夏花类

在5月～7月间盛开的花卉，如凤仙花、荷花、石榴、月季、紫茉莉等。

3. 秋花类

在8月～10月间盛开的花卉，如大丽花、菊花、桂花等。

4. 冬花类

在11月至翌年1月间盛开的花卉，如水仙、腊梅、一品红、仙客来、墨兰、蟹爪莲等。

（四）按栽培方式分类

1. 切花栽培

使用保护地栽培，进行定植、肥水管理统一，采收相对集中的生产方式。切花栽培生产周期短，见效快，规模生产，能周年供应鲜花，是国际花卉生产栽培的主要方式。

2. 盆花栽培

把花栽到花盆或桶里的生产方式。北方的冬季实行温室栽培生产，南方实行遮阳栽培生产，是国内花卉生产栽培的主要方式。

3. 露地栽培

把种子直播或移栽到露地，在自然条件下完成花卉生长发育过程的栽培方式，达到街头绿地、庭院装饰美化的效果。

4. 促成栽培

为满足花卉观赏的需要，运用人为技术处理，能提前开花的生产栽培方式。

5. 抑制栽培

为满足花卉观赏的需要，运用人为技术处理，能延迟开花的生产栽培方式。

6. 无土栽培

运用营养液、水、基质代替土壤栽培的生产栽培方式。在现代化温室内进行规模化生产栽培。

（五）按花卉的原产地分类

花卉的生态习性与原产地有密切关系，原产地相同的花卉，因长期生长在同一种气候条件下，具有相似的生活习性，在生产实践中可采用相似的栽培方法。在人工栽培时，给予相应的栽培环境和技术措施，以满足生长发育的要求，使花卉不受地域和季节限制而周年栽培和广泛栽培。

花卉原产地气候，可分为7种气候型，即中国气候型、欧洲气候型、地中海气候型、墨西哥气候型、热带气候型、沙漠气候型、寒带气候型，各气候型的地理范围、气候特点及代表花卉见表1-1。

三、花卉的特点

花卉与园林树木在外部形态、生理解剖、生物学特性上有很大区别，因此在栽培管理、景观特点、园林应用上也不尽相同。

① 花卉种类、品种繁多，色彩艳丽，观赏性强。

② 与木本植物相比，草本花卉形体小，质感柔软、精细，一生中形体变化小，主要观赏价值在于观花或观果。

③ 生命周期短，便于更换。花期控制相对容易，可根据需要调控开花时间，很快形成漂亮的植物景观。

④ 园林应用方便。花卉个体小，生态习性差异大，受地域限制小，除露地栽培外，盆栽相对容易，便于各种气候和环境使用，尤其是在不便使用乔木、灌木的环境中应用。

⑤ 应用方式灵活多变。有花坛、花境、花带、花丛、种植钵等多种应用方式，景观各不相同，可以展示丰富的园林植物景观。

四、花卉的作用

（一）花卉对改善环境的作用

花卉能够改善人类的生存环境，其主要表现在花卉的光合作用能吸收二氧化碳，增加空

表 1-1　不同气候型的地理范围、气候特点及代表花卉

气候型		地理范围	气候特点	代表花卉
1. 中国气候型（大陆东岸气候型）	①温暖型	中国长江以南、日本西南部、北美洲东南部、巴西南部、非洲东南部等	冬季温暖，夏季炎热，夏季降水最多，春秋次之，冬季最少	喜温暖的球根花卉和不耐寒的宿根花卉分布中心，如中国水仙、百合、石蒜、石竹、报春、凤仙、山茶、杜鹃、矮牵牛、美女樱、半支莲、三角花、福禄考、天人菊、非洲菊、松叶菊、马蹄莲、唐菖蒲、一串红等
	②冷凉型	中国北部、日本东北部、北美洲东北部等	冬季寒冷，夏季冷凉，降水主要集中在夏季	耐寒宿根花卉分布中心，如菊花、芍药、翠菊、荷包牡丹、荷兰菊、随意草、吊钟柳、金光菊、翠雀、花毛茛、乌头、侧金盏、鸢尾、铁线莲等
2. 欧洲气候型（大陆西岸气候型）		欧洲大部分、北美洲西海岸中部、南美洲西南部、新西兰南部	冬季温暖，夏季凉爽，雨水四季均有，而西海岸地区雨量较少	一些一二年生花卉和部分球根花卉分布中心，如三色堇、雏菊、银白草、矢车菊、霞草、喇叭水仙、勿忘草、紫罗兰、花羽衣甘蓝、剪秋罗、铃兰等
3. 地中海气候型		地中海沿岸、南非好望角附近、大洋洲东南和西南部、南美洲智利中部、北美洲加利福尼亚等地	冬季温暖，最低温度为6～7℃；夏季不热，温度为20～25℃；自秋季至次年春末为降雨期，夏季极少降雨，为干燥期	多种秋植球根花卉的分布中心，如风信子、郁金香、水仙、仙客来、唐菖蒲、花毛茛、番红花、小苍兰等；宿根花卉如鸢尾、白头翁、龙面花、天竺葵、石竹、君子兰、鹤望兰、网球花等；一二年生花卉如香豌豆、金鱼草、紫罗兰、风铃草、瓜叶菊、蒲包花等
4. 墨西哥气候型（热带高原气候型）		墨西哥高原、南美洲安第斯山脉、非洲中部高山地区、中国云南省等	夏季冷凉，冬季温暖，周年温度近于14～17℃，温差小，四季如春	一些春季球根花卉分布中心，如大丽花、晚香玉、球根秋海棠等；一二年生花卉如百日草、波斯菊、万寿菊、藿香蓟、旱金莲、报春等；木本花卉如一品红、云南山茶、常绿杜鹃、月月红、香水月季等
5. 热带气候型		亚洲、非洲、大洋洲及中美洲、南美洲	周年高温，温差小，有的地方年温差不到1℃；雨量大，分为雨季和旱季	不耐寒一年生花卉及温室花卉分布中心，如鸡冠花、虎尾兰、蟆叶秋海棠、彩叶草、非洲紫罗兰、猪笼草、变叶木、风仙花、紫茉莉、花烛、长春花、大岩桐、美人蕉、竹芋、牵牛花、秋海棠等
6. 沙漠气候型		非洲、阿拉伯、黑海东北部、大洋洲中部、墨西哥西北部、秘鲁与阿根廷部分地区及我国海南岛西南部	周年降雨量很少，气候干旱，多为不毛之地。这些地区只有多浆类植物分布	仙人掌科多浆植物主产墨西哥东部及南美洲东部。其他科多浆植物主要原产在南非，如芦荟、十二卷、伽蓝菜等。我国海南岛所产多浆植物主要有：仙人掌、光棍树、龙舌兰、霸王鞭等
7. 寒带气候型		阿拉斯加、西伯利亚、斯堪的纳维亚等寒带地区及高山地区	冬季漫长而严寒，夏季短促而凉爽，植物生长期只有2～3个月	高山花卉分布中心，如细叶百合、绿绒蒿、龙胆、雪莲、点地梅等

气中的氧气，从而净化大气；通过植物的蒸腾作用，调节环境的温度、湿度，减少阳光辐射；一些花卉能够吸滞粉尘、吸收有害气体、防止大气污染；可以释放一些杀菌素杀菌及减少噪声污染；栽培花卉能够防风、固沙、护坡、防止水土流失，保护城市生态及水资源；观赏植物的绿色，还可以保护视力、消除现代快节奏工作的紧张和疲劳，使精神得以放松。特别是随着城市化进程的加快，以观赏植物为载体，拉近了人与自然的距离，促进了人与自然的和谐及环境与生态的可持续发展。

（二）花卉对美化环境的作用

自古以来，中外园林无园不花。花卉种类繁多，色彩丰富，花卉的色彩几乎包含了色彩色环中的所有区域，是自然界色彩的主要来源，是园林绿化、美化和香化的重要材料。同时因花卉开放期不同，形成了季相的差别，花卉设计者利用不同地域花卉季节变化的特点，进行春、夏、秋、冬不同季节的季相设计，形成花开花落动态的景观美。花卉是园林中主要景点、公园入口等重要空间的重要植物素材。各类绿地中大量的下层植被对裸露地面的覆盖、室内外小型空间的点缀都依赖于丰富多彩的花卉。尤其草本花卉，繁殖系数高，生长快，花色艳丽，装饰效果强，美化速度快，所以在园林绿地中常用来布置花坛、花境、花台、花丛等，为人们创造了优美的工作、休息的环境。

（三）花卉推动了精神与物质文明建设

鲜花，融汇了大自然一切美的精华，是大自然赋予人类社会的一种有生命、富于情趣的知己。千花万草创造了青山秀水鸟语花香的美好画卷，人类在审视花卉美的精神意境中得到美好的艺术享受。正如欧洲谚语所言：宇宙最美的三件事物——天上的星星，地上的花朵，人间的爱。

花卉缤纷艳丽，芳香怡人，赏心悦目中还可陶冶情操，增进健康。因此，是美好幸福、繁荣昌盛、安定团结及和平友谊的象征。在节日庆典、会议洽谈、博览展示、社会生活及国际交往中，花卉又是沟通理解和情感交流的桥梁，也是跨越国界的和平友好的使者。

花卉被人们赋予不同的"性格"及"花语"。如梅花傲雪凌霜，兰花幽美典雅，荷花出污泥而不染，牡丹祥和，红豆相思，康乃馨象征母爱，月季表示爱情。梅、兰、竹、菊喻为四君子，松、竹、梅喻为岁寒三友等，通过咏花抒怀陶冶情操，构成了精神文明组分之一——花文化的丰富内涵。

栽培花卉还可增加科学知识，提高文化素养，激励人们热爱祖国，热爱自然，保护环境，对促进物质文明及精神文明建设起到了积极作用。

（四）花卉的经济效益

花卉生产栽培不仅可以直接满足人们生活对于切花、盆花、球根、种子以及室内观叶植物等的需要，还可以输出国外，换取外汇或其它急需物资。我国特产花卉种类极其丰富，对花卉输出栽培事业的发展，有着巨大的潜力和广阔的前途，是农业产业结构调整中具有发展前景的新兴产业。由于其市场大、经济价值高，已成为新的经济增长点。

五、花卉的造景功能

在进行花卉应用设计时，应该从整体考虑花卉所要表现的形式、主题思想以及色彩的组合等因素。要达到与环境统一、协调，又能充分发挥花卉本身的最佳效果，如果做为陪衬设置，必须注意不能喧宾夺主。

（一）主景

花丛花坛、模纹花坛、立体造型花坛，在园林中有时是作为主景出现，如广场中央、建筑物的前庭、大门入口处等。主景是空间构图的中心，是观赏视线集中的焦点（图1-1）。

（二）综合主景

不同类型的花坛结合、平面花坛与立体造型花坛结合、花坛群可以作为广场的主景。花卉与雕塑、水景、山石、树木草坪等结合而形成的综合景观形式。可以作为园林中的主景出现（图1-2）。

图1-1　下沉广场中心的花坛作主景　　　　图1-2　花卉与水景组合成为园林中的综合主景

（三）配景

以花坛作配景，用以装饰和加强园林景物的，称为基础装饰。作配景的花坛则起着烘托作用，如墙基、树木基部、台阶旁、灯柱下、宣传牌或雕像基座等（图1-3）。一座雕像如果以花坛装饰基座，会使雕像富有生命感；山石旁的花坛，可使山石与鲜花产生刚柔结合、相得益彰的效果；喷水池旁的花坛，不仅能丰富水池的色彩，还可作为喷水池的背景，使园林水景更加亮丽；建筑物的墙基或屋角设置花坛，不仅美化了建筑物，而且使硬质的墙体与地面连接的线条显得生动有趣，又加强了基础的稳定感。单面观赏的花境通常呈规则式种

图1-3　花卉与雕塑组合作配景

植，有背景，常用于装饰围墙、绿篱或树墙等，作为配景。

（四）背景

背景植物通常指高度在 80cm 以上的高大植物，一般种植在花境的后部，对前面的植物起到衬托作用。一般选择中乔木或灌木作背景材料。在灌木前方，种植观花的植物；在多年生和一、二年生草花丛中可以插入一些小型的灌木。一些植株直立高大的一、二生和多年生草花可以作为花境背景材料，如高金鱼草、蜀葵、鼠尾草等。攀援植物可绕树而生，或沿着围墙、围栏蔓延。以此为背景，再点缀一株装饰性小乔木或灌木。

（五）点景

我国园林善于抓住每一景观特点，根据它的性质、用途，结合空间环境的景象和历史高度概括，常做出形象化、诗意浓、意境深的园林题咏。人们把创作设计园林题咏称为点景手法，它是诗词、书法、雕刻、建筑艺术等的高度综合。其形式多样，有匾额、对联、石碑、石刻等。题咏的对象更是丰富多彩，无论景象、亭台楼阁、一门一桥、一山一水，甚至名木古树都可以给以题名、题咏。

中国的花文化植根于绚丽多彩的中国传统文化，具有中国传统文化的生机。花文化与中国的国画、诗文、音乐和书法等其它文化支脉间似乎存在着共同点，写实具有意境，形韵似神韵。花卉中与中国传统十大名花有关的题咏较多，如知春亭、兰亭、牡丹亭等。它不但丰富了景观的欣赏内容，增加了诗情画意，点出了景的主题，给人以艺术联想，还有宣传装饰和导游的作用。

（六）景观引导

城市街道上的安全岛、分车带、交叉口等处，设置花坛或花坛群，可以区分路面，提高驾驶员的注意力，增加人行、车行的美感与安全感；火车站、机场、码头的广场花坛，往往是一个城市环境的标志和橱窗，对一个城市的艺术面貌起着十分重要的作用。

第二节　花卉应用的基础知识

一、花卉应用的含义与任务

花卉的应用是将花卉展示人工美和自然美的艺术方式。花卉的应用是一门综合的艺术，它充分体现大自然的天然美和人类匠心的艺术美，以满足人们对园林的文化娱乐、体育活动、环境保护、风景艺术等多方面的要求；同时，它又是一门专业技术，必须熟练掌握各种花卉的性状和生态习性，并通过多种表现手法使其达到最完美的景观表达。

二、花卉应用的范围

花卉因其色彩鲜艳，种类丰富，组合方便等特点，常常是环境布置的重要素材。花卉的应用范围广泛，既可以在园林绿地中应用，还可以利用盆花和切花装饰会场、居室、厅堂等。

（一）室外环境的花卉应用

1. 露地花卉的应用

室外环境花卉应用主要是利用露地花卉布置花坛、花境、花丛、花篱及花柱等多种形式，一些蔓性花卉又可以装饰柱、廊、篱垣及棚架等。其植物选材及空间形式各有特色，广泛应用于公园、广场、街道、小游园、校园、工矿企业以及风景区。可以设置在广场中央及周围、道路的中间、两侧或转折处、草地中央或四周、林地边缘、建筑墙基处，或点缀于小型院落及铺装场地之中。起到装饰美化、引导交通等作用，为游人提供游览休憩的去处。

2. 水生花卉应用

中国园林中常用一些水生花卉作为种植材料，与周围的水景配合，扩大空间层次，使环境艺术更加完美动人。不仅如此，水生花卉在水体中还有生态效应，如某些沉水植物可增加水体中的氧气含量，或有抑制有害藻类繁衍的能力，利于水体中的生态平衡。

水生花卉常植于水体中点缀风景，也常以水生花卉为景观主体，创造园林意境。如杭州西湖十景之一的"曲院风荷"，就是立意成功的范例，它是以夏景观荷而著称。有以水生花卉布置的水面牵系园林中的山、石、树、亭、台、阁，形成独特的园林景观。在园林中也有专设一区，以水生花卉和经济植物为材料，布置成以突出各种水景为主的水景园或沼泽园。在大面积的自然水域风景区，可结合景点的需要，种植既有观赏又有净化水质作用的水生花卉。

（二）室内花卉装饰

1. 盆花

盆花的种类多，可进行促成或抑制栽培，具有便于管理，布置场合随意性强等优点。可作为会议用花、节日或庆典用花、商业装饰用花、家居装饰用花等，还可装饰阳台或布置屋顶花园。

室内花卉应用根据盆花组成可分为独立盆栽、组合盆栽；根据姿态及造型可分为直立式、散射式、垂吊式、图腾柱式、攀援式。

盆花的室内装饰应注意装饰效果与所欲创造的装饰氛围和气氛相一致，装饰的风格布局要与环境协调。在装饰布局与选材上如能增加艺术构思与意境，可使盆花装饰达到更高的层次。

2. 切花装饰

切花装饰是将剪切的新鲜植物材料，经过组合、摆插，表现植物自然美的造型艺术，用以装饰室内，美化环境，装点服饰与人体，或用于礼仪、社交、馈赠表达感情与思念。

切花作为装饰材料，除了植物的花朵之外，还广义地包括草本和木本植物的叶、枝、果等具有观赏价值的部位。

切花装饰的形式很多，常见的有瓶插、花束、花环、花圈、花篮、桌饰、壁饰、捧花、胸花等。

三、花卉应用的艺术基础

（一）多样与统一

多样是指构成整体的各个部分形式因素的差异性；统一是指这种差异性的协调一致。多样统一是客观事物本身所具有的特性。事物本身的形体具有大小、方圆、高低、长短、曲直、正斜等；质具有刚柔、粗细、强弱、润燥、轻重等；势具有动静、聚散、抑扬、进退、升沉等。这些对立的因素统一在具体事物上面，形成了和谐。多样统一使人感到既丰富，又单纯；既活泼，又有秩序。多样而不统一，必然杂乱无章；统一而无变化，则呆板单调。所以园林中要整体中求变化，变化中求统一，才使人感到优美而自然。园林是多种要素组成的空间艺术，要创造多样统一的艺术效果，可通过许多途径来达到。如形式与内容的变化与统一、局部与整体的变化与统一、形体的变化与统一、材料与质地的变化与统一、线形纹理的变化与统一、风格流派的变化与统一、动势动态的变化与统一等。

花卉应用设计时，尽量使它们的体形、体量、色彩、线条、功能、风格统一，要求一定程度上的相似性或一致性，给人以统一的美感。草花的配置以丛为单元，其大小、轮廓、坐落位置和丛围间的交错都应尽量自然和富有变化。

（二）比例与尺度

比例是指局部与局部之间、整体与局部之间，或整体和周围环境之间的大小关系，是一种相对的关系。尺度指景物的真实尺寸大小，通常是以人为标尺的一种比例关系。园林绿地构图的比例是指园景和景物各组成要素之间空间形体体量的关系，不是单纯的平面比例关系。是景物与人的身高及使用活动空间的度量关系，这是因为人们习惯用人的身高和使用活动所需要的空间为视觉感知的度量标准。

人体适合的尺度与人的身体比例有很大的关系。在园林里，如果人工造景尺度超越人们习惯的尺度，可使人感到雄伟壮观；如果尺度比符合一般习惯要求或者较小，则会使人感到小巧紧凑，自然亲切。

植物配置时要考虑比例尺度。因为植物是有生命的，会随着岁月的流逝而增长高度。在花坛、花镜等应用设计的构图中，其本身及与周边的环境之间，都存在着内在的长、宽、高的大小关系。和谐的比例和尺度是完美构图的条件之一，比例和尺度达到一致才能产生整体感和协调感。

（三）均衡与稳定

均衡是指构图在平面上取得平衡，稳定是指构图在立面上取得平衡。均衡与稳定是确定园林构图量感平衡、形式安定的法则。

1. 均衡

自然界静止的物体要遵循力学原则，以平衡的状态存在，不平衡的物体或造景使人产生不稳定和运动的感觉。在园林布局中要求园林景物的体量关系符合人们在日常生活中形成的平衡安定的概念，所以除少数动势造景外，一般艺术构图都力求均衡。

均衡分为对称均衡和不对称均衡。

① 对称均衡　对称均衡的特点是有一条轴线，景物在轴线两侧对称布置。对称均衡布置常给人庄重、严整的感觉，规则式的园林绿地中采用较多公共建筑的前庭绿化等，有时在某些园林局部也运用。最常见的是规则式花坛、对应式花镜的对称布置，这种构图最容易达到稳定。但对称均衡布置时，景物常常过于呆板而不亲切，如没有条件硬凑对称，往往适得其反而增加投资，故应避免单纯追求所谓的"宏伟气魄"的平立面图案的对称处理。

② 不对称均衡　在园林绿地的布局中，由于受功能、组成部分、地形等各种复杂条件的制约，往往很难也没有必要做到绝对对称形式，在这种情况下常采用不对称均衡的手法。不对称均衡的构图是以动态观赏时"步移景异"、景色变幻多姿为目的的。它是通过游人在空间景物中不停地欣赏，连贯前后成均衡的构图。不对称均衡的布置要综合衡量园林绿地构成要素的虚实、色彩、质感、疏密、线条、体形、数量等给人产生的体量感觉，切忌单纯考虑平面的构图。不对称的均衡布置，如自然式花境、花丛、花群等，它给人以轻松、自由、活泼、变化的感觉，所以广泛应用于一般游憩性的自然式园林绿地中。

2. 稳定

自然界的物体，由于受地心引力的作用，为了维持自身的稳定，而在上面的部分则小而轻，如山、土坡等。从这些物理现象中底面积大可以获得稳定感的概念。靠近地面的部分往往大而人们就产生了重心靠下，在园林布局上，往往在体量上采用下面大，向上逐渐缩小的方法来取得稳定坚固感。

（四）对比与调和

对比与调和是艺术构图的一个重要手法。对比是将两种差别很大的事物放在一起做比较，以突出两者的差异性，可令人印象深刻。对比的手法在园林中经常使用，在花卉应用中，可以利用植物的各种特征采用多种对比形式，如色彩对比、株形对比、质感对比、体量对比等。近似的特质可以使景物和谐、统一，但是容易平淡乏味。而对比则可以突出各自的特点，给人以生动、鲜明的印象。

不同形状的植物搭配在一起，相互对比和衬托，不仅可以显示植物品种的多样性，而且可以起到很好的景观效果。例如球形的植物有一种包容性，能给人满足感；花序长而直立的植物则会成为视觉的焦点，二者种植在一起形成鲜明的对比，能够给人留下深刻的印象。园林景色要在对比中求调和，在调和中求对比，要突出主题，风格协调。

（五）节奏和韵律

节奏是指景物有规律的再现。韵律是指规则或不规则的间歇性重现，能够产生动感效果。韵律是在节奏的基础上深化而形成的，既富于情调又有规律，且可以把握的属性。人们很熟悉韵律，自然界中有许多现象，常是有规律重复出现的，例如海潮，一浪一浪向前，颇有节奏感。韵律与节奏是艺术构图多样统一的重要手法之一。在园林绿地中，也常有这种现象。如设计带状花坛，是设计一个长花坛好，还是设计几个同样形状的短花坛好，这都涉及构图中的韵律节奏问题。园林绿地构图的韵律节奏方式很多，常见的有简单韵律、交替韵律、渐变韵律、交错韵律。

以上原则和技巧在花卉设计应用中要灵活掌握和正确应用，不仅要体现自身特色，并且要最大限度地显示自然美、艺术美和人工美的结合，达到人与自然的和谐。

第三节　花卉应用的基本内容

一、花卉应用中花卉组景因素的运用

（一）花卉尺度的运用

花卉的应用一般都是以群体的形式种植。中型和小型的植株适宜三五株组合成丛状种植，植物奇数的组合往往比偶数的组合更容易形成好的效果；而植株高大、丰满的种类适宜作花丛花坛的中心材料或花境的背景材料，矮小的植株适宜作花坛或花境的镶边材料。

（二）花卉形状的运用

花卉形状通常指花卉的株型，即花卉的外部整体形态。在进行种植设计时，植株的形态应是重点考虑的因素之一。植株的形态基本上可以分为三种，即圆锥状、球状和扁平状。

圆锥状的植株多直立生长，具有尖的或圆锥形的花序。具有尖的或长条状的叶子植物，如西伯利亚鸢尾（*Iris*）等，能够打破水平的线条，加强垂直的空间感；具有圆锥形的花序的植物，如毛地黄（*Digitalis*）、蜀葵（*Alcea*）、鼠尾草（*Salvia*）等，能够使花坛、花境的立面高度得到提升。球状的植物可以作为花境中不同植物之间的过渡，如满天星（*Gypsophila*）、垫状福禄考（*Phlox*）、华丽景天（*Sedum*）等，可以在不同的高度制造出色彩的波浪。在植物之间可以填充一些扁平的植物，像老鹳草（*Geranium*）等。一些低矮而有伸展性的植物对花坛和花境的边缘也能起到很好的装饰作用。

（三）花卉质地的运用

在进行花卉种植设计时，应对每种花卉多方面的观赏特性加以考虑，以创造植物组合的最佳效果。植物的质地，尤其是叶的质地，在花卉设计中起着重要的作用。不同质地的花卉给人带来不同的质感，如细腻的、粗糙的，以及介于二者之间的。像满天星（*Gypsophila*）、蕨类都属于质感细腻的植物，这些植物在远处看起来像一团柔和的烟雾，只有在近处观察时才能感受它的细微之处；像蓖麻（*Ricinus*）、橐吾（*Ligularia*）等都属于质感粗糙的植物；而像福禄考（*Phlox*）、牻牛儿苗（*Erodium*）等植物的质感则处于细腻和粗糙之间的中性状态，在远处也能看到它们的细节。

还有一些植物具有混合的质感，如羽衣草（*Alchmilla*），当其黄绿色的小花盛开时呈现出细腻的质感，花谢后只剩下叶子时则呈现出中度粗糙的质感；蓍草（*Achillea*）则正好相反，它具有粗糙的花朵和细柔的叶片。

质感的不同带给人的感受也不相同，质感粗糙的植物，由于叶片面积大，表面粗糙，从而使空间显得相对更小；而质感细腻的植物，看起来明朗透彻，能令空间显得更大些。质感还会影响到色彩的效果，同样的色彩，表面光滑的植物会显得明亮，而表面粗糙的植物则会显得黯淡。

多年生花卉在株型、叶形、花形及叶片质地等方面形状差异很大，但是它们中的多数植物属于中等质感的植物，因此应该在其间加入一些质感细腻和质感粗糙的植物。将不同的类型配置在一起会起到很强的对比效果，从而使花坛、花境等更加丰富、活泼。

（四）花卉色彩的运用

花卉的色彩如彩虹般丰富，为造园师的色彩设计提供了丰富的调色板。色彩在花卉应用中是不可或缺的重要因素，往往是吸引人们视线的第一要素，是花卉应用设计中最为关键的部分之一。

1. 有关色彩的几个基本词汇

① 色相 是指色彩的相貌、色别名称，如红、橙、黄、绿、蓝、紫等为不同色相。

② 明度 是指色彩的明暗程度，这是由反射率的大小决定的。反射率大则明度高，反之则明度低。

③ 纯度 是指色彩的饱和程度，又称色度或彩度。若在一个色相中加入白色，则其纯度降低，但明度增加；若加入黑色则纯度和明度都降低。

④ 暖色 凡接近红色的色彩视为暖色，如红、粉、橘红、橙等色，给人以温暖、热情、兴奋、活泼的感觉。

⑤ 冷色 蓝色或接近蓝色的色彩视为冷色，如蓝、绿、雪青等色，给人以平静、凉爽、深远的感觉。

⑥ 对比色 色环（图1-4）中成180°角的两种色彩称为对比色。如红色与绿色，蓝色与

橙色，紫色与黄色等。

⑦ 原色　是指不能通过其它色相混合而形成的颜色。光谱中的三个基本颜色，即红、黄、蓝，称为三原色。三原色的任何两色等量混合而得的颜色就称为间色，如色环中的橙、绿、紫，又叫第二色。

⑧ 中间色　白色视为中间色，应用在对比色之间时，能起到协调对比色的作用，应用在众多深色花卉之间，能增加整体的亮度。

2. 色彩的作用

不同的色彩对人的生理和心理会产生不同的作用，这种作用会随人的年龄、性别、个人爱好以及审美情趣等会有所差异。但共同的社会条件和生活环境，也使色彩具有一般性的共同感情。不同的色彩会给人带来不同的感受。

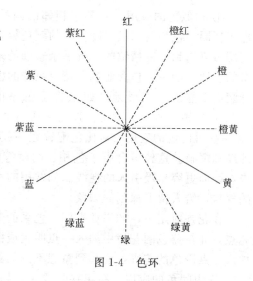

图 1-4　色环

① 色彩的温度感　暖色具有温暖和令人兴奋的感觉，是喜庆热烈的色彩，尤以红色和橙色更为突出；冷色给人以清凉和宁静的感觉，能令人放松，从而增加了浪漫气息。在花卉应用设计时，可以根据环境条件和功能要求等进行色彩的选配。如在春秋季节和寒冷地带宜多用暖色花卉，如早春红色的郁金香（*Tulipa*）、橙色的贝母（*Fritillaria*），秋季金黄的赛菊芋（*Heliopsis*）、红色的大丽花（*Dahlia*）等；而在夏季或炎热地带，宜多用冷色花卉，以适应和平衡人们的心理特点，如蓝色花朵的婆婆纳（*Veronica*）、荆芥（*Nepeta*），白色花朵的钓钟柳（*Penstemon*）、玉簪（*Hosta*）等。

② 色彩的距离感　由于空间透视的关系，暖色在色彩距离上有向前及接近的感觉，令人目光久留；而冷色容易分散人的视线，有后退及远离的感觉，使空间显得开阔，既鲜艳的色彩可使距离变短，空间变小；纯度小的则会产生退远的效果，即浅淡的颜色会给人以距离边缘和空间变大的感觉。例如在同样距离观赏飞燕草（*Delphinium*），花朵为深蓝色的由于颜色的纯度大，因此看起来要比浅蓝色的显得离人进一些。

③ 色彩的方向感　暖色和浅色具有向外扩散的方向感，令人感到比实际面积大；而冷色和深色具有向内收缩的方向感，令人感到比实际面积小。纯度大、明度高的同一色相会产生扩张感；纯度小、明度低的同一色相会产生收缩感。在空间较小的环境可以利用橙色、黄色等暖色或纯色的植物，以达到以少胜多的效果；而在开阔的场所可以通过蓝色、紫色等冷色或明度低的色彩，令人感到植物丰富而紧凑。

④ 色彩对人的心理感受　冷色系与暖色系的应用，可以通过视觉改善人们的心理感受。暖色会给人以兴奋感，而冷色则给人以宁静感。同一色相，若纯度降低，兴奋感与宁静感也会随之减弱。在公共场所、节日期间的花卉宜多用暖色，以烘托欢快、活跃、轻松的气氛；而在休闲区宜多用冷色，营造宁静、祥和的氛围。春季使用的花卉以粉、红色调为主，突出热烈、欢快的气氛；夏季应多选用蓝紫色及白色的花卉，可以给人清凉、宁静的感觉；而秋季则应以黄色为主色调，体现丰收的喜庆。

3. 色彩的运用

色彩搭配的好坏，是进行花卉应用设计的重要环节。花坛、花境、花丛等的展示，除了表现图纹的艺术效果之外，鲜艳协调的色彩组合，更能吸引观赏者的视线，成为园林美中的焦点。

① 相似色的应用　色环中相邻的两种颜色为相似色，如黄色与橙色、蓝色与紫色等。也包括同一色相内深浅程度不同的颜色组合，如都用粉红色，从深粉色到浅粉色。相似色的使用可以达到一种精致的、近乎水彩画的效果，给人宁静、安详的感觉，也有让人激动、振奋的协调。如一个包含蓝色、黄色系花的植物和常绿植物的色彩设计，所产生的协调是令人舒缓而平静的。相反地，如果将橙色系的黄六出花（*Alstroemeria*）近邻红色番红花属（*Crocus*）植物种植，则可营造出活跃的协调色的效果。

② 对比色的应用　对比色配置在一起，能引起强烈的对比效果，能够令每种颜色更加纯净和耀眼。这种组合由于色相、明度等差异大，对比强烈，能够制造出明亮、炫目的效果，因而更容易吸引人的视线。如常用的有黄色和紫色、橙色与蓝色等，能造成欢快、热烈的气氛，给人留下深刻的印象。

在花卉应用中，如果觉得同一色系的颜色有些乏味，可以在其中点缀一些对比色来提高亮点，如在蓝色的花境中加入一点明黄或樱桃红色；或者在一个红色、紫色或黄色的组合中加入一点橙色的花卉，会起到意想不到的效果。

③ 中间色的应用　在花卉配置时，如遇色彩相连显得不协调，或二者色彩相近时，又限于材料的限制不得不采用，则可用白色花卉植于两者之间将其分隔，以期使纹理明显突出，不致产生重复的感觉。白色和银灰色是十分理想的过渡色，具有明显的协调性，无论是与暖色还是冷色搭配，都很相宜。

④ 冷暖色彩的应用　花卉设计中的色彩运用，应根据季节的变化而有所侧重。也就是将人们对色彩的感觉加入设计之中。春天开始，宜多用些暖色花卉，如金黄色的金盏花（*Gelendula*）、深红色的雏菊（*Bellis*）、大红的一串红（*Slvia*）等；炎热夏季，应多用些冷色花卉，如桔梗（*Platycoden*）、藿香蓟（*Ageratum*）等。

⑤ 叶片及其它部位的颜色　在花卉应用中，色彩不仅仅指花朵的颜色，还包括植物叶片的颜色、果实的颜色及茎秆的颜色等。它们往往会随着季节的变化而改变，为花坛、花境增添了很多活泼的元素。多数植物的叶片都是绿色的，但事实上，绿色也分为很多种，如黄绿色、墨绿色、橄榄绿色等。此外，叶片还有很多其他颜色，如红色、紫色、黄色、金色、灰色、白色、蓝色以及多种混合的颜色和花纹。由于叶片具有这么多种的颜色，因此在配置时要考虑相邻植物之间叶片与花色的协调。如雪叶莲（*Senecio*）、绵毛水苏（*Stachys*）等，其银色或灰色的叶片与蓝色或白色的花朵搭配起来十分和谐，是一种绝妙的组合；紫叶小檗（*Berberis*）与金叶绣线菊（*Spiraea*）种植在一起，紫色的叶片与金色的叶片组合在一起能达到很好的对比效果，是一种极好的组合。而一些叶片具有混合色彩的植物，如花叶美人蕉（*Canna*）、花叶玉簪（*Hosta*）等，其叶片具有鲜艳、亮丽的花纹，如果将其少量点缀在绿色植物作背景的花境中，将会成为观赏者目光的焦点。一些看似普通的观叶植物，如金叶甘薯（*Ipomoea*）和彩叶草（*Coleus*）等，不仅观赏期长，而且养护管理简便，无论是组团还是作为色彩强烈的植物间的过渡都很适宜，因此也是花坛及花境中常用的植物材料。

（五）花卉的景观效果

较大面积的花卉景观群体称为花地，常布置在坡地上、林缘或林中空地以及疏林草地中，展示花卉群体的景观效果（图1-5）。

二、花卉应用的形式

花卉的应用形式有规则式布置和自然式布置两种。

图 1-5　布置在坡地上的花卉群体景观效果

1. 规则式布置

花卉的规则式布置形式以花坛、单面观赏的花境、规则式花台等为主。花坛是规则式种植设计形式中最为常见的一种，多用于规则式园林中。花坛因表现内容不同，可将其分为花丛式花坛、模纹式花坛、标题式花坛、立体造型花坛、混合花坛等形式；单面观赏的花境通常呈规则式种植，有背景，常用于装饰围墙、绿篱或树墙等；规则式花台有圆形、椭圆形、正方形、长方形等几何形状，结合布置各种雕塑来强调花台的主题。

2. 自然式布置

花卉的自然式布置形式以花丛、花群、自然式花境、自然式花台为主，多用于自然式园林中。

三、花卉与园林空间中其它景观要素的组合配植与应用

花卉的合理配置既是一门科学，也是一门艺术，不仅要考虑植物的生态条件，还要兼顾其观赏特性；既要考虑到植物的自身美，又要顾及植物之间的组合美，以及植物与周围环境的协调美，同时还不能忽视栽植地点的各种条件。

1. 花卉与树木

花卉与树木进行组合配置时，主要以布置花境为主。树木可以作为花境的背景材料，如以树林、高篱为背景，配置一二年生草花和多年生草花、球根花卉，布置自然式花境。树木还可以作为花境的组成材料。在混合花境中可以采用灌木和花卉来形成一个长久的结构，在其间和树下种植一些鲜艳的多年生草本花卉和球根花卉，在整个夏季都带来一种恒久的美妙色彩。除了大型花境，乔木用的并不多。有很多灌木适于花境种植，从矮生灌木，如石楠属（*Erica*），到高大灌木，如山梅花属（*Philadelphus*）。总之，矮小的和中等大小的灌木特别适用，特别是花和叶子观赏性都好的灌木更为常用。

一些灌木剪形后可以作为花坛的中心材料，与一二年生草本花卉搭配形成花丛花坛。用绿色耐修剪的观叶树种（雀舌黄杨、水蜡、桧柏等）栽植成各种纹样，经修剪后，纹理清晰明显，其边缘可加种与之色彩迥异的植物（如彩叶草），草地衬底，外围以色彩鲜艳的花卉（如天竺葵、矮牵牛、海棠等）作为草地的边缘，形成以绿为主、以花为辅的纹样花坛，面积较大的环境下适于采用。

2. 花卉与草坪

花卉可以布置在草坪的中央，或草坪的边缘，在树木与草坪、草坪与道路之间起到过渡的作用，也可以与草坪组成一定的景观效果（图1-6）。如在大草坪的中央或接近边缘的地方，用一两种花卉（银叶菊或天竺葵）组成简单的纹样花坛，以点缀草坪，起到锦上添花的效果。在有一定坡度的大面积草坪中央，还可以用几种花色鲜艳的一二年生草花布置色块或图案纹样，远距离观赏效果较好。草坪的边缘可以布置带状花坛，起到镶边或

图1-6 花卉与疏林草地的组合配置

装饰的作用。在疏林草地中可以布置面积较大的花地（图1-6）。

3. 花卉与建筑

在建筑的入口处或建筑前面的广场布置花坛，花坛可以作为主景，建筑作背景；用花卉布置建筑墙壁和篱垣，花卉起到装点和修饰的作用（图1-7）。面积很小的庭院，如果院外或邻院有较宽的面积栽些高大乔木，与院内低矮精致的配置组成统一的景观，可创造整个庭院坐落在自然之中的心理环境。而且，建筑四周的绿化布置，从各个方面衬托着整个建筑物。注重直的道路、整齐的停车场以及不同高程的平台、栅篱、棚架等人工造型的空间或景物有机结合；同时，绿茵是几组建筑之间理想的间隔材料。成片的绿地常被用来划分不同功能的区域（图1-7）。

4. 花卉与小品

小品是指具有较高观赏价值和艺术个性的小型景观，具有体量小、造型多样、内容丰富等特点，是园林景观中的重要组成部分。适宜的园林小品可以起到美化景观、渲染气氛、体现主题以及实用功能等，往往能起到画龙点睛的作用。常用的园林小品有雕塑、花架、园墙、座椅、园灯、容器等。

园林小品因其体量小，在造景中往往配置园林花卉。如将雕塑设置在花坛中间作为主景，花卉起到配景作用，以突出主景；雕塑设置在花境中多为装饰性的，具有趣味性和强烈的生活气息。棚架和围栏配以攀援植物，不仅可以增加景观效果，还为游人提供了休憩和乘凉的场所。座椅的周围布置花坛或花境，既可以作为景观装饰，也具有实用功能，令人产生亲切感（图1-8）。

图1-7 花卉与建筑墙体的组合配置

图1-8 花卉与雕塑的组合配置

5. 花卉与地形

园林地形是人工化风景的艺术概括，不同的地形、地貌反映出不同的景观特征，它影响园林布局和园林风格。园林地形按照坡度的不同分为平地、台地和坡地。平地易于布置各种园林要素，如花坛、花境、花台、花丛等。台地地形是由多个不同高差的平地联合组成的地形，可以布置台地花园，在平地地面可以布置花坛和花台（图1-9），在坡地可以布置攀援植物或地被；也可以利用岩生花卉布置岩石园。缓坡地形可以利用色彩鲜艳的花卉布置模纹图案或大面积的色块，适宜从远处观赏，效果较好。

6. 花卉与道路

园林中的道路是园林绿地构图的重要组成部分，具有组织交通、划分空间、引导游览、构成景观的功能。主路应以乔木为主，适当配置少量花灌木，形成有特色的景观，如银杏路、泡桐路、合欢路等，较长的道路上，可选用多种植物进行配置，但主景要突出。小路乔木不宜超过三种，可与石块、亭、廊等结合造景。山路、竹径、花径要注意树木的高度、厚度，形成"山林"、"竹径"、"穿越花丛"的感觉（图1-10）。

图1-9 设置在台阶两侧的花坛

图1-10 设置在道路中间的花坛

在道路的交叉口可以布置规则式花坛，起到疏导交通的作用；道路的中间或两侧可以布置带状花坛（图1-10）；路口及道路转弯处，应安排观赏树丛，配以花丛或花群。花园小径可采用小灌木、花境地被、山石相结合的方式。道路与绿地之间可以布置花带或花境，花带或花境的边缘直接与道路相接，一些匍匐状或生长茂盛的植物蔓延到路面上，使景观更具有自然的野趣。

7. 花卉与山石

借鉴自然山野崖壁、岩缝或石隙间野生花卉所显示的风光，在园林中结合土丘、山石、溪涧等造景变化，点缀以各种岩生花卉，布置成岩石园（图1-11）。最美丽的岩生花卉多数分布在数千米的高山上，高山的生态环境是阳光充足、紫外线强而气候冷凉；高山岩生花卉一般耐瘠薄及干旱，在形态上除花色艳丽外，而且枝细密，叶片小，植株低矮或匍匐；不少为宿根性或基部木质化的亚灌木类植物。在园林中除了海拔较高的地区外，一般低海拔地区自然条件对大多数高山岩生花卉难以适应生长，所以实际上应用的岩生花卉主要是由露地花卉中选取，有些可引自低山区的岩生野花。岩生花卉能耐干旱瘠薄，所以适合栽植于岩缝石隙及山石嶙峋之处。为维护方便，应尽量选用宿根种类。岩生花卉的应用除结合地貌布置外，也可专门堆叠山石以供栽植岩生花卉；也有利用台地的挡土墙或单独设置的墙面、堆砌的石块留有较大的隙缝，墙心填以园土，把岩生花卉栽于石隙，根系能舒展于土中。另外，铺砌砖石的台阶、小路及场院，于石缝或铺装空缺处，适当点缀岩生花卉、也是应用方式之一。

8. 花卉与水体

在园林绿地中，花坛常伴随着水景出现。或者在水域中，或者在水池边，设置自然式的花坛，或者以不同形式的喷泉与花坛结合，使花卉增加了动感，使水域增添了色彩，这种相得益彰的手法，在近代庭园中应用颇多（图1-12）。

图 1-11 花卉与岩石的组合配置   图 1-12 花卉与水体的组合配置

在街心花园等较开阔的公共场所，可以营建以喷泉为中心的岛式花境；在公园等具有起伏地形和良好小环境的地方，适宜结合溪流、叠水等动态水体营造自然式的滨水花境；而在小庭院中，用容器或小型涌泉最为适宜，只需在容器中或涌泉旁边点缀少许水生植物即可达到理想的效果。

在园林中，利用水生花卉可以布置于湖水边点缀风景，也常作为规则式水池的主景；也有专设一区，创造溪涧、喷泉、叠水、瀑布等水景，汇于池沼湖泊，栽种多样水生花卉，布置成水景园或沼泽园；在有大片自然水域的风景区，也可结合风景的需要，栽种大量既可观赏，又有经济收益的水生植物。当水深 1m 以下时，可选用挺水或浮水植物，但大于 1m，只能选择浮水植物。注意水中植物种植面积不能过大，以免影响倒影成像；且应控制水生植物的生长势。

【复习思考题】

1. 花卉的含义及作用。
2. 花卉的造景功能有哪些？
3. 花卉按照生物学性状分为哪几类？各举例说明。
4. 举例说明花卉应用的形式有几种？
5. 在花卉应用设计中如何进行色彩的搭配？

第二章　花卉应用的基本形式

第一节　一二年生草本花卉的应用

一、一二年生草花的应用形式

一二年生草花是指在一个或两个生长季内完成生活史的草本植物。一年生花卉一般在春天播种，夏秋季开花结实，然后枯死，因此又称为春播花卉，如波斯菊、百日草等。但在园艺栽培中，有些多年生花卉常常做一年生花卉栽培，当年播种即可开花结实，如藿香蓟、一串红、美女樱、金鱼草等。二年生花卉一般在秋季播种，当年只生长营养器官，次年开花、结实并死亡，因而又称秋播花卉，如紫罗兰、桂竹香等。

一二年生草花品种丰富，繁殖系数大，生长迅速，开花量大，花色艳丽，观赏期长，价格便宜，为设计者提供了更多的选择，在园林中应用极为广泛，是花坛、花丛、花钵、花台、花境、地被、切花、干花、垂直绿化等常用的材料，是春夏景观中的重要花卉。一二年生草花色彩鲜艳美丽，开花整齐繁茂，装饰效果好，常与宿根花卉或观赏草等配置在一起，可以弥补宿根花卉在花期上的空白阶段，以及观赏草在春夏两季的色彩不足，这样的组合相得益彰，在园林绿化中起到很好的装饰效果。

1. 一二年生草花花坛

一二年生草花种类繁多，品种各异，色彩鲜艳，花期整齐一致，将各种草花的优点，同时集中在一个花坛内，五彩缤纷，生机盎然，可成为园林中耀眼的视点，尤其是寒冬过后的早春，这些由苗床、阳畦过冬后早早开放的草本花卉，就成为报春的使者，是园林中不可缺少的先行者。多数花丛花坛、模纹花坛的花卉都以一二年生草花为主。可作花丛花坛的一二年生草花如一串红、万寿菊、矮牵牛、百日草、鸡冠花、凤仙、彩叶草、金盏菊、翠菊等；做模纹花坛的花卉如五色草、香雪球、雏菊、三色堇、四季秋海棠等。

2. 一二年生草花花境

一二年生草花花境是指植物材料全部为一二年生草本花卉的花境。一二年生草本花卉因其色彩艳丽、品种丰富，从初春到秋末都可以有灿烂的景色，而冬季则显得空空落落。然而正是辉煌与萧条的对比，才会令人对来年的盛景更加期盼。很多一二年生草花具有简洁的花朵和株形，具有自然野趣，非常适合营造自然式的花境。

可选择的一二年生草本花卉品种很多，其中大多数种类对栽培的要求不高，只要土壤排水良好，阳光充足即可，而且大多数品种都在夏季开花。制作一二年生草花花境时，可以直接播种在规划好的种植床上，也可以在春季进行移栽，在夏季即可呈现绚烂的景观。

一二年生草花花境要保持完美的状态，一般中间需要更换部分花卉，而且每年需要重新栽植，要耗费一定的人力和财力。

3. 花丛及花带

花丛是将一种或几种花卉进行密植成丛状，按园林的景观需要呈点状、规则式或自然式布置在园林绿地的草坪中。一二年生草花花丛应选择花大色艳或花小繁茂的花卉，如鸡冠花、万寿菊、金鱼草、美女樱、翠菊、凤仙花等。

组成花带的花卉主要以观花的一二年生草花为主，一般由单一的花卉品种组成，要求植株整齐，花期一致，花色鲜艳。

4. 花台及花钵

一二年生草花花台和花钵因面积较小，适合近距离观赏，主要表现花卉的色彩、芳香、形态以及花台、花钵的造型美。选择的一二年生草花以应时花卉为主，如一串红、孔雀草、凤仙花、三色堇、雏菊、矮牵牛、旱金莲、美女樱、百日草等。花台及花钵内的花卉要保持良好的生长势，花期过后要及时更换。

5. 篱垣及棚架

草本蔓性花卉的生长较藤本迅速，能很快起到绿化效果，适用于篱棚、门楣、窗格、栏杆及小型棚架的掩蔽与点缀。许多草本蔓性花卉茎叶纤细，花果艳丽，装饰性较藤本强，也可将支架专门制成大型动物形象（如长颈鹿、象、鱼等）或太阳伞等，待蔓性花草布满后，细叶茸茸，繁花点点，甚为生动，更宜设置于儿童活动场所。用于园林的一二年生蔓性花卉有各种牵牛及红花菜豆、扁豆、香豌豆、风船葛、观赏瓜、山牵牛、落葵等。

二、花坛的类型与造景作用

（一）花坛的类型

现代花坛式样极为丰富，某些设计形式已远远超过了花坛最初的含义。花坛的种类可根据花坛花材的不同和花坛的组合等特点进行分类。花坛按照分类情况的不同，分为不同形式。

1. 依花材分类

（1）盛花花坛

盛花花坛又称为集栽花坛，它是集合一种或几种花期一致、色彩调和的不同种类的花卉配置而成。它的外形可根据地形呈自然式或规则式的几何形等多种形式。而内部的花卉配置可根据观赏的位置不同而各异。如四面观赏的花坛与单面观赏的花坛的花卉设计与布置形式不尽相同。这类的花坛设计和栽植较粗放，没有严格的图案要求。但是，必须注意使植株高低层次清楚、花期一致、色彩协调。一般以一二年生草花为主，适当配置一些盆花（图 2-1）。

盛花花坛主要由观花草本花卉组成，表现盛花时群体的色彩美。植物选择以观花草本花卉为主体，其中又以一二年生花卉为主，也可以选用多年生宿根及球根花卉作一二年栽培以供使用。还可适当选用少量常绿及观花小灌木或姿态优美的盆栽乔木做花坛中心或背景，或用低矮而枝叶密集，可覆盖花盆的观叶草本作花坛镶边等辅助材料。适合做盛花花坛的花卉应当具有的特点是：①株丛紧密，着花繁茂，盛花时完全覆盖枝叶或在水平面上形成致密色块；②花期较长，开放一致，至少保持一个季节的观赏期；③花色明亮鲜艳；④选用 10～40cm 的矮性品种获通过栽培技术达到矮生苗最为适宜；⑤生长健壮，管理容易，易移植，成苗快。

盛花花坛的外形可根据地形及位置呈规则几何形体，而内部的花卉配置，图案纹样须力求简洁。若需四面观赏的花坛，一般是中央种植稍高的种类，四周种植较矮的种类。若是单面观赏的花坛，则前部种植较矮的种类，后部种植较高的种类。这类花坛主要表现花卉盛花

图 2-1　盛花花坛

期群体的色彩美，一般以配植一二年生草花和球根花卉为主，要求植株高低层次清楚，花期一致，色彩调和。

（2）模纹花坛

利用矮生花卉植物，按照一定的文字或图案纹样，组成地毯状或浮雕状的彩色图案，称之为模纹花坛。根据种植形式及内容又可以分为毛毡花坛、浮雕花坛及标题式花坛。

模纹花坛主要由低矮的观叶植物或花及叶兼美的植物组成，表现群体组成的精美图案或装饰纹样。植物选择以生长缓慢的多年生植物为主。适合做模纹花坛的花卉应当具有如下的特点：生长缓慢；枝叶纤细而茂密，株丛紧密，植株矮小或通过修剪可控制在 5～10cm 高；萌蘖性强，耐修剪；耐移植，成苗快，易栽培。

大部分模纹花坛在一定范围的园林用地上按照整形式或半整形式的图案栽植观赏植物来表现花卉群体纹样美。模纹花坛既可独立成为一个整体，又可分散成相对独立的部分成带状分布。但图案纹样要朴素大方，色彩鲜艳、简洁明快。此类花坛除平面式之外，还有龟背式、云卷式、立体花篮式和花瓶式等。模纹花坛造景时间长，可从 3 月～5 月一直延续到 9 月～10 月。但由于此类花坛施工复杂费工，需要精细管理，多设置在园林的重要部位造景。

①毛毡花坛　模纹花坛以色彩鲜艳的各种矮生性、多花性的草花或观叶草本为主，在一个平面上栽种出多种变化的图案来，看上去犹如地毯，又称毛毡花坛（图 2-2）。

②浮雕花坛　若在施工中，按图案纹样作地形处理，使图案一部分凸出表面，称为阳纹，而另一部分凹陷表面，称为阴纹，再将植物栽植配置以后，图案将更为清晰，因此，这类模纹花坛又可称为浮雕花坛（图 2-3）。

③标题式花坛　由文字或具有一定含意的图徽组成的模纹花坛又可称为标题式花坛，它是通过一定的艺术形象，表达特定的思想主题。标题式花坛宜设置在坡地的倾斜面上（图 2-4）。

2. 依花坛的组合分类

①独立花坛　凡单独设置的花坛称为独立花坛，常作为局部构图的主体，一般设置在广场、公园入口、道路交叉口及建筑物前方。

②花坛群　由两个以上或多个单体花坛，排列组成一个不能分割的构图整体时，称为花坛组或花坛群。许多独立花坛或带状花坛，成直线排列成一行，组成一个有节奏规律的不可分割的构图整体时，称为连续花坛群。通常布置在道路或纵长的铺装广场及草地上。连续

图 2-2　毛毡花坛

图 2-3　浮雕花坛

图 2-4　标题式花坛

花坛群可以采用反复渐变或由 2 种或 3 种不同个体的花坛来交替渐变。除平地以外，在石级登道的两侧或中央，也可以设置连续花坛群，若在坡道上可以成斜面布置，也可以成阶级形布置。在花坛群的中心部位可以设置水池、喷泉、纪念碑、雕像等。常用在大型建筑前的广场上或大型规则式的园林中央，游人可以入内游览（图 2-5）。

图 2-5　花坛群

3. 依空间位置分类

① 平面花坛 花坛表面与地面平行，主要观赏花坛的平面效果，包括沉床花坛或稍高出地面的花坛。

② 斜面花坛 花坛设置在斜坡或阶地上，也可以布置在建筑的台阶两旁或台阶上，花坛表面为斜面，成为花坛的主要观赏面。

③ 立体花坛 花坛向空间伸展，具有竖向景观，是一种超出花坛原有含义的布置形式，它以四面观为多。常包括造型花坛、标牌花坛、时钟花坛等形式。

（二）平面花坛的设计与施工

1. 花坛的设计要点

花坛在园林环境中可做为主景，也可作为配景。花坛的设计应与周围环境相协调的情况下体现花坛自身的特色。如在民族风格的建筑前设计花坛，应选择具有中国传统风格的图案纹样和形式；在现代风格的建筑物前可设计有时代感的一些抽象图案，形式力求新颖。再考虑花坛自身的特色。首先必须从周围的整体环境来考虑所要表现的园景主题、位置、形式、色彩组合等因素。具体设计时可用方格纸，按 1∶20 至 1∶100 的比例，将图案、配置的花卉种类或品种、株数、高度、栽植距离等详细绘出，并附实施的说明书。设计者必须对园林艺术理论以及植物材料的生长开花习性、生态习性、观赏特性等有充分的了解。好的设计必须考虑到由春到秋开花不断，作出在不同季节中花卉种类的换植计划以及图案的变化。

（1）花坛的位置和形式

花坛的设置主要根据当地的环境，因地制宜地设置。一般设置在主要交叉道口、公园出入口、主要建筑物前以及风景视线集中的地方。花坛的大小、外形结构及种类的选择，均与四周环境有关系。一般在花园出入口应设置规则整齐、精致华丽的花坛，以模样花坛为主；在主要交叉路口或广场上则以鲜艳的花丛花坛为主；并配以绿色草坪效果为好；纪念馆、医院的花坛则以严肃、安宁、沉静为宜。花坛的外形应与四周环境相协调。如长方形的广场设置长方形花坛就比较协调，圆形的中心广场又以圆形花坛为好，三条道路交叉口的花坛，设置马鞍形、三角形或圆形造型的花坛均可。

（2）花坛的高低和大小

花坛的体量、大小也应与花坛设置的广场、出入口及周围建筑的高低成比例，一般不应超过广场面积的 1/3，不小于 1/5。花坛不宜过大。花坛过于庞大既不易布置，也不易与周围环境协调，又不利于管理，如场地过大时，可将其分割为几个小型花坛，使其相互配合形成一组花坛群，如在花坛之间开一条小径或安放上坐凳构成一个小花园，这样会收到更好的观赏效果。出入口设置花坛以既美观又不妨碍游人路线为原则，在高度上不可遮住出入口视线，使人们能够看清花坛的内部和全貌。所以，不论是花丛花坛，还是模样花坛，其高度都应利于观赏。为了使花坛层次分明、便于排水，花坛应呈四周低中心高或前低后高的斜坡形式。一般花坛四周（或单面观赏花坛的最前边）高于路面，花坛中心（或单面观赏花坛的后面）高于花坛四周（或前面地面）。花坛的外部轮廓也应与建筑物边线、相邻的路边和广场的形状协调一致。色彩应与所在环境有所区别，既起到醒目和装饰作用，又与环境协调，融于环境之中，形成整体美。

（3）花坛的色彩

盛花花坛表现的主题是花卉群体的色彩美，因此在色彩设计上要精心选择不同花色的花卉巧妙的搭配。一般要求色彩鲜明艳丽。

花坛内花卉的色彩是否配合得协调，直接影响观赏的效果。如色彩配合不当，就会显得繁琐杂乱。为了合理配置花卉色彩，首先应该具备色彩方面的基础知识，在组合色彩时按照协调色、对比色、缓冲色、单色、原色等方法组合，会取得良好的色彩效果与景观效果。整个花坛的色彩布置应有宾主之分，即以一种色彩作为主要色调，以其它色彩作为对比、衬托色调。一般以淡色为主，深色作陪衬，效果较好，若淡色、浓色各占一半，就会使人感觉呆板、单调。当出现色彩不协调时，用缓冲色介于两色中间，可以增加观赏效果。一个花坛内色彩不宜太多，一般以两三种为宜。色彩太多会给人以杂乱无章的感觉。在布置花坛的色彩时，还要注意周围的环境，注意使花坛本身的色彩与周围景物的色彩相协调。如在周围都是草地的花坛中，栽种以红、黄色为主的花卉，就会显得格外鲜艳，收到良好的效果。盛花花坛常用的配色方法如下。

① 对比色应用　这种配色较活泼而明快。深色调的对比较强烈，给人兴奋感，浅色调的对比配合效果较理想，对比不十分强烈，柔和而又鲜明。如堇紫色+浅黄色（堇紫色三色堇+黄色三色堇、藿香蓟+黄早菊、荷兰菊+黄早菊+黄早菊），橙色+蓝紫色（金盏菊+雏菊、金盏菊+三色堇），绿色+红色（扫帚草+星红鸡冠花）等。

② 暖色调应用　类似色或暖色调花卉搭配，色彩不鲜明时可加白色以调和，并提高花坛明亮度。这种配色鲜艳，热烈而庄重，在大型花坛中常用。如红+黄或红+白+黄（黄早菊+白早菊+一串红或一品红、金盏菊或黄三色堇+白雏菊或白色三色堇+红色美女樱）。

③ 同色调应用　这种配色不常用，适用于小面积花坛及花坛组，起装饰作用，不作主景。如白色建筑前用纯红色的花，或由单纯红色、黄色或紫红色单色花组成的花坛组。

色彩设计中还要注意如下一些问题：

① 一个花坛配色不宜太多。一般花坛2～3种颜色，大型花坛4～5种色彩。配色多而复杂难以表现群体的花色效果，显得杂乱。

② 在花坛色彩搭配中注意颜色对人的视觉及心理的影响。如暖色调给人在面积上有扩张感，而冷色则收缩，因此设计各色彩的花纹宽窄、面积大小要有所考虑。例如，为了达到视觉上的大小相等，冷色用的比例要相对大些才能达到设计意图。

③ 花坛的色彩要和它的作用相结合考虑。装饰性花坛、节日花坛要与环境相区别，组织交通用的花坛要醒目，而基础花坛应与主体相配合，起到烘托主体的作用，不可过分艳丽，以免喧宾夺主。

④ 花卉色彩不同于调色板上的色彩，需要在实践中对花卉的色彩仔细观察才能正确应用。同为红色的花卉，如天竺葵、一串红、一品红等，在明度上有差别，分别与黄早菊配用，效果不同，一品红红色较稳重，一串红较鲜明，而天竺葵较艳丽，后两种花卉直接与黄菊配合，也有明快的效果，而一品红与黄菊中加入白色的花卉才会有较好的效果。也可用盛花坛形式组成文字图案，这种情况下用浅色（如黄、白）作底色，用深色（如红、粉）作文字，效果较好。

(4) 花卉品种的选择

盛花花坛以观花草本为主体，一二年生花卉为花坛的主要材料，其种类繁多，色彩丰富，成本较低。球根花卉也是盛花花坛的优良材料，色彩艳丽，开花整齐，但成本较高。普通花坛既要看单株姿态美，又要观其整体效果，因此选苗时注意同一花坛同一植物的高度、形态基本一致。可适当选用少量常绿、彩色叶及观花小灌木作辅助材料。适合作花坛的花卉应株丛紧密、着花繁茂，理想的植物材料在盛花时应完全覆盖枝叶，要求花期较长，开放一致，至少保持一个季节的观赏期。花色明亮鲜艳，有丰富的色彩幅度变化，更能体现色彩美。不同种花卉群体配合时，除考虑花色外，也要考虑花的质感相协调才能获得较好的效果。植株高度依种类不同而异，但以选用10～40cm的矮性品种为宜。移植容易，成苗较快。常见用于花坛布置的一二年生的花卉品种有：一串红、矮牵牛、万寿菊、彩叶草、千日红、百日草、鸡冠花、长春花、夏堇、酢浆草、孔雀草、凤仙花等；球根和宿根品种在花境中介绍。

（5）花坛的图案设计

外部轮廓主要是几何图形或几何图形的组合。

① 花坛大小要适度。在平面上过大在视觉上会引起变形。一般观赏轴线以 8～10m 为度。现代建筑的外形趋于多样化、曲线化，在外形多变的建筑物前设置花坛，可用流线或折线构成外轮廓，对称、拟对称或自然式均可，以求与环境协调，而内部图案要简洁，轮廓明显。

② 忌在有限的面积上设计繁琐的图案，要求有大色块的效果。一个花坛即使用色很少，但图案复杂则花色分散，不易体现整体块面效果。

③ 盛花花坛可以是某一季节观赏，如春季花坛、夏季花坛等，至少保持一个季节内有较好的观赏效果。但设计时可同时提出多季观赏的实施方案，可用同一图案更换花材，也可另设方案，一个季节花坛景观结束后立即更换下季材料，完成花坛季相交替。

模纹花坛主要表现植物群体形成的华丽纹样，要求图案纹样精美细致，有长期的稳定性，可供较长时间观赏。典型的模纹花坛材料如五色草类、黄杨类、绣线菊类等。

2. 花坛的施工

（1）土地整理

花坛施工，首先要翻整土地，将石块、杂物清除。为保证花坛栽植的各类植物、花卉能苗壮生长，栽植花卉的土壤必须深厚肥沃疏松，因此栽植前必须先整地。一般应深翻 30～40cm，如果栽植深根性花木，还要翻耕更深一些。如土质较差，则应将表层更换好土（30cm 表土）。如果栽植一年生草花，土层厚为 20～30cm 即可。根据需要，施加适量肥性好而又持久的已腐熟的有机肥作为基肥。尤其如土质贫瘠则应施足基肥。

土地按要求要设计边缘，以免水土流失和防止游人践踏。平面花坛一般采用工程构筑物或预制作砌边，也有用草坪植物铺边的。土地平整后，四周最好用花卉材料作边饰，更能增加美观和起到保护作用。然后按图纸要求在花坛中定点放样，以便按设计进行栽植。

模纹式花坛的整地翻耕除按照上述要求进行外，由于它的平整要求比一般花坛高，为了防止花坛出现下沉和不均匀现象，在施工时应增加 1～2 次土地镇压程序。

（2）定点放线

一般根据图纸规定，直接测量好实际距离，用点线做出明显的标记。如花坛面积较大，可改用方格法放线。放线时，要注意先后顺序，避免踩坏已放做好标志。

模纹式花坛的中心地带多数栽种一些重要的盆栽或其它植物，在模纹式花坛的主要植物种好后，按图纸的纹样精确地进行放线。一般先将花坛表面等分为若干份，再分块按照图纸花纹，用白色细沙，撒在所划的花纹线上。也有用铅丝、胶合板等制成纹样，再用它在地表面上打样。

（3）起苗栽植

裸根苗应随起随栽，起苗应尽量注意保持根系完整。掘带土花苗，如花圃畦地干燥，应事先灌浇苗地。起苗时要注意保持根部土球完整，根系丰满。掘起后，最好于阴凉处置放 1～2 天，再运往栽植。这样做，既可以防止花苗土球松散，又可缓苗，有利其成活。盆栽花苗，栽植时，先将盆退下，但应注意保证盆土不松散。

模纹花坛一般按照图案花纹先里后外，先左后右，先栽主要纹样，逐次进行。如花坛面积大，栽植困难，施工时操作人员在搁板上栽植。

植株移栽前将苗床浇透水，使土壤保持一定湿度，以防起苗时伤根。起苗时，要根据花坛设计要求的植株高低、花色品种进行掘取。将苗移到花坛时应立即栽种，切忌烈日曝晒。栽植时应按先中心后四周，或自后向前的顺序栽种。模样花坛则应先栽模纹图案，然后栽底衬，全部栽完后，立即进行平剪，高矮要求一致，株行距以植株大小或设计要求决定。五色草类株行距一般可按 3cm×3cm；中等类型花苗如石竹、金鱼草等，可按 15～20cm；大苗类如一串红、金盏菊、万寿菊等，可按 30～40cm，呈三角形种植。花坛所用花苗不宜过大，但必须很快形成花蕾，达到观花的目的。

（4）花坛的养护及换花

花坛上花苗栽植完毕后，需立即浇一次透水，使花苗根系与土壤紧密结合，提高成活率。平时应注意及时浇水、中耕、除草、剪除残花枯叶，保持清洁美观。如发现有病虫害滋生，则应立即根除。若有缺株要及时补栽。对五色草等组成的模样花坛，应经常整形、修剪，保持图案清晰、整洁。花卉在园林应用中必须有合理的养护管理和定期更换，才能生长良好和充分发挥其观赏效果。主要归纳为下列几项工作。

① 栽植与更换　由于各种花卉都有特定的花期，要使花坛（特别是设置在重点园林绿化地区的花坛）一年四季有花，就必须根据季节和花期，经常进行更换。每次更换都要按照绿化施工养护中的要求进行。现将花坛更换的常用花卉介绍如下。

a. 春季花坛：以 4～6 月开花的一二年生草花为主，再配合一些盆花。常用的种类有：三色堇、金盏菊、雏菊、桂竹香、一串红、月季、瓜叶菊、旱金莲、大花天竺葵、天竺葵等。

b. 夏季花坛：以 7～9 月开花的春播草花为主，配以部分盆花。常用的有：石竹、百日草、半枝莲、一串红、矢车菊、美女樱、凤仙花、大丽花、翠菊、万寿菊、高山积雪、地肤、鸡冠花、扶桑、五色梅、宿根福禄考等。夏季花坛根据需要可更换一两次，也可随时调换已过花期的部分种类。

c. 秋季花坛：以 9～10 月开花的春季播种的草花并配以盆花。常用花卉有：小菊、一串红、荷兰菊、大花滨菊、翠菊、地被菊、日本小菊、大丽花及经短日照处理的菊花等。配置模样花坛可用五色草、半枝莲、香雪球、彩叶草、石莲花等。

d. 冬季花坛：长江流域一带常用羽衣甘蓝、红苋菜、三色苋等作为素材来布置露地越冬的花坛。

球根花卉按种类不同，分别于春季或秋季栽植。由于球根花卉不宜在生长时移植或花落后即掘起，所以对栽植初期植株幼小或枝叶稀少种类的株行间，配植一二年生花卉，用以覆盖土面并以其枝叶或花朵来衬托球根花卉，是相互有益的。适应性较强的球根花卉在自然式布置种植时，不需每年采收。在作规则式布置时可每年掘起更新。

② 土壤要求与施肥　普遍园土适合多数花卉生长，对过劣的土壤（及有特殊要求的花卉），需要换入新土（客土）或施肥改良。对于多年生花卉的施肥，通常是在分株栽植时作基肥施入；一二年生花卉主要在圃地培育时施肥，移至花坛仅供短期观赏，一般不再施肥；只对长期长于花坛中的花卉追施液肥 1～2 次。

盛花花坛，由于管理粗放，除采用幼苗直接移栽外，也可以在花坛内直接播种。出苗后，应及时进行间苗管理。同时应根据需要，适当施用追肥，追肥后应及时浇水。球根花卉，不可施用未经充分腐熟的有机肥料，否则会造成球根腐烂。

③ 修剪与整理　在圃地培育的草花，一般很少进行修剪，而在园林布置时，要使花容整洁，花色清新，修剪是一项不可忽视的工作。要经常将残花、果实及枯枝黄叶剪除；毛毡花坛需要经常修剪，才能保持清晰的图案与适宜的高度；对易倒伏的花卉需设支柱；其它宿

根花卉、地被植物在秋冬茎叶枯黄后要及时清理或刈除；需要防寒覆盖的可利用这些枯干枝叶覆盖，但应防止病虫害藏匿及注意田园卫生。

（三）立体花坛的设计与施工

立体花坛是由一年生或多年生的小灌木或草本植物进行多组立体组合而形成的艺术造型。立体花坛作品包括二维和三维两种形式。立体花坛是指运用一年生或多年生小灌木或草本植物种植在二维或三维的立体构架上，形成植物立体艺术造型，是一种工程技术和园林艺术的综合展示。立体花坛是植物造景的一种特殊形式，它是具有一定的几何轮廓或不规则自然形体的立体造型，按艺术构思的特定要求，用不同色彩的观花、观叶植物，构成半立体或立体的艺术造型，如时钟、花篮、花瓶、花亭、动物、人物造型等。立体花坛作品表面的植物覆盖率至少要达到80%，因此通常意义上的修剪、绑扎植物形成的造型不属于立体花坛范畴。

花卉立体应用是相对于常规平面应用而言的一种应用形式，主要是通过适当的载体和植物材料，结合环境色彩美学与立体造型艺术，通过合理搭配，将花卉的装饰功能从平面延伸到空间，从而达到较好的立面或三维立体的绿化装饰效果。花卉立体装饰有立体花坛、花钵、悬挂花篮或花箱等形式，立体花坛、花钵广泛应用于广场、公园及街头等处，悬挂花箱、花篮、花槽多用于庭院、墙壁、门厅等处装饰，也可装饰护栏、栏杆等。花卉立体应用可以弥补地面空间不足，增加绿量，并能短时间内形成景观，符合现代化城市发展的要求，是值得推广的花卉应用形式。

1. 立体花坛的施工类型

立体花坛根据设置材料和造型手法分为以下几种类型。

（1）植物栽植法

用较低矮致密的植物如五色草、佛甲草、三色堇、雏菊、马蹄筋、早熟禾等不同色彩的种类栽植修剪组成各种图案、纹样。

（2）胶贴造型法

胶贴造型法通常先用钢材制作骨架，将骨架与基础焊接牢固，按造型搭建框架并蒙上铁丝网，然后在网上抹粉水泥、石灰，再将干花、干果、种子等用胶粘贴，最后根据设计要求喷漆着色。千日红或千日白花头在使用前，必须晾干，将花萼去除，花朵下部修剪平整后再用胶贴住。

（3）绑扎造型法

绑扎造型可分为搭建框架和扎花两大工序，框架由模型框架、装盆框架和扎花篾网三部分组成。

① 模型框架 按花坛设计的大小形象搭建，为框架的主体，可用竹、木或钢架结构。

② 装盆框架 是衬在模型框架内侧的框架，为了放置盆花而设置，可用竹、木或钢材搭建。

③ 扎花篾网 是模型框架的附属物，用竹篾按照模型框架编制为方格网，或用铁丝网格扎缚在框架表面，用以固定花朵的茎叶和编织图案，还配套有滴灌设备对花卉进行浇水。

在有的立体花坛施工中，也可省略装盆框架，如将盆菊脱盆，在土球外面包裹稻草或塑料薄膜，保持土球湿润，放进已建的模型框架内，由下而上进行绑扎。若用松果、枫香果、千日红、麦秆菊等干果、干花花头时，可用细铅丝、尼龙丝绳串连后绑扎在框架外部的网格上。

（4）组合拼装法

根据立体花坛设计图的要求，用钢筋按盆花容器的尺寸制作成放置盆花的呈方格状或圈状的网格，预先将五色草或其它花卉培育在塑料制的圆形或方形的容器内，待立体花坛布置展出时，适时按设计造型拼装而成。此法适用于屏风状或圆柱形、伞形的立体花坛，在花坛表面可用各色花卉组成图纹字样。

（5）插花造型法

近年来，在各种花卉展览会上，出现了一种用插花形式进行造型的花坛，其方法是将切花按图案要求插入插花泥，这种造型方法简便省工，能清晰表现花坛中的装饰图案或文字，但花卉保持的时间却不如盆栽花卉时间长。

（6）半立体时钟花坛

利用低矮的花卉或观叶植物栽植装饰，并与时钟结合，通常可用植物材料栽植出时钟12小时的底盘，将指针设在花坛的表面。这类花坛一般在背面用土或框架将花坛上部提高，形成呈斜面的单面或三面观赏的半立体状的时钟花坛。

2. 立体花坛的设计要点

设计立体花坛时要注意高度与周围环境相协调，种植箱式可较高，阶式不易过高，除个别场合利用立体花坛做屏障外，一般应在人的视觉观赏范围之内。此外，高度要与花坛面积成比例。以四面观圆形花坛为例，一般高为花坛直径的1/4～1/6较好。设计时还应注意各种形式的立面花坛不应露出框架、种植箱或花盆。充分展现植物材料的色彩或组成的图案。此外还要考虑实施的可能性和安全性，如钢架的承重及安全问题。立体花坛不同于平面花坛，在设计上有其独特的要点。

花坛以东、西两向观赏效果好，南向光照过强，影响视觉，北向逆光，纹样暗淡，装饰效果差。也可以设在道路转弯处，以观赏角度适宜为准。五色草立体花坛：用五色草栽植的立体造型，通常由平面部分和立体造型部分两部分组成。造型物的形象依环境及花坛主题来设计，可为花篮、花的造型、动物形象、图徽及建筑小品等，色彩应与环境的格调、气氛相吻合，比例也要与环境协调。

（1）植物设计

植物的高度和形状对模纹花坛纹样表现有密切关系，是选择材料的重要依据。低矮细密的植物才能形成精美细致的华丽图案。典型的模纹花坛符合下述要求。

① 以生长缓慢的多年生植物为主，如红绿草、白草、尖叶红叶苋等。一二年生草花生长速度不同，图案不易稳定，可选用草花的扦插。但把它们布置成图案主体则观赏期相对较短，一般不使用。

② 以枝叶细小，株丛紧密，萌蘖性强，耐修剪的观叶植物为主。通过修剪可使图案纹样清晰，并维持较长的观赏期。枝叶粗大的材料不易形成精美的纹样，在小面积花坛上尤不适用。植株矮小或通过修剪可控制在5～10cm高，耐移植，易栽培，成苗快的材料为佳。

（2）造型设计

模纹花坛以突出内部纹样华丽为主，因而植床的外轮廓以线条简洁为宜，面积不易大，面积过大在视觉上易造成图案变形的弊病。内部纹样可较盛花花坛精细复杂些。但点缀及纹样不可过于窄细。以红绿草类为例，不可窄于5cm，一般草本花卉以能栽植2株为限。矮生的灌木如金山绣线菊等品字形栽植，1m栽五棵。设计条纹过窄则难于表现图案，纹样粗宽色彩才会鲜明，使图案清晰。

① 立体花坛的设计能充分展示立体花坛的园林特色和民族、地域的文化内涵，要求创意独特、构思新颖。比如，沈阳市参加2006年上海国际立体花坛大赛参赛作品"盛装"（图2-6），一个满族少女的旗头和鞋子的造型设计，这个作品主要为表明沈阳作为满族的发祥地。

图 2-6 盛装

② 能直观表达大赛的主题，要求主题鲜明，寓意明确。上海浦东区的参赛作品"高速发展"，以东方明珠电视塔为创作材料，预示着上海浦东高速发展。

（3）色调设计

模纹花坛的色彩设计应以图案纹样为依据，用植物的色彩突出纹样，使之清晰而精美。如选用五色草中红色的小叶红或紫褐色小叶黑与绿色的小叶绿描出各种花纹。为使之更清晰还可以用白绿色的白草种在两种不同色草的界限上，突出纹样的轮廓。

① 同一色调或近似色调的植物搭配在一起，易给人柔和愉快的视觉感觉。

② 对比色主要应用于造型的轮廓线上能起到良好的作用，但对比色的植物在同一造型中数量不宜均等。

③ 选择植物时，应有一个主调色彩，其它颜色的植物则为陪衬，在色彩上要主次分明。

根据环境景观设计的需求选用植物色调。如公园、庭院前的草地应选择暖色的植物作为主体，使人感觉鲜明活跃；办公楼、纪念馆、图书馆前的草地则应选用冷色的植物作为主体，使人感觉安静幽雅。

3. 立体花坛的施工

（1）植物的选择

一般为多年生草本，要求植株低矮，叶型细巧致密，叶色鲜艳明快，萌芽力强，耐修剪，易养护。用于立体花坛布置的植物材料有五色草类、四季海棠类、彩叶草类、宝石花、景天类、石莲花、佛甲草、三色堇、小菊、垂盆草等多种。配景植物材料有各种草花及观赏草等几十种。

（2）整地

立体花坛的基础是整个立体花坛的重要部分，主要涉及钢架的安放是否牢固。深翻和基础的深度取决于钢架的大小及重量。

（3）钢架的制作

构架制作是立体花坛施工的关键，应有结构工程师负责，主要解决构架承受力问题，由美术工艺师负责造型制作。

根据结构造型制作钢架，在制作过程中有几项要求：首先必须要能准确地体现设计的效果（精确与生动与否等），其次要有一定的安全性、稳定性、抗风能力、承受荷载等，还有就是所有的钢骨架必须进行防锈、防腐处理，最重要的是制作的造型可移动性。

（4）覆遮光网

绑扎用品有遮光网、铅丝、老虎钳、剪刀等。立体花坛表面铺设双层遮光网（或塑料或麻布）。一般遮光网要求 80% 以上遮光率。网密度大，种植植物易出现松散。低于 50% 的遮光网易出现散网现象。遮光网一般每 15cm×15cm 扎 16～22♯铅丝一道，防止膨胀，两网之间再填入营养土。

（5）栽培基质及设备

① 填充物要求营养丰富且较轻的基质，主要基质有泥炭土、珍珠岩、其它有机肥或椰糠或木屑或山泥或棉子壳等。

② 填充物厚度一般在 15cm 的厚度。太薄易失水，太厚易积水。体量大的作品中间可填充泡膜等。

③ 大型的立体花坛的制作，其内部必须安装滴灌或喷灌系统，滴灌设施的安装与填充基质同步进行，喷灌设施分喷雾和滴管两种，喷雾用于表面，起保湿作用，喷雾为每平方米布置一个滴头；内部安装滴管，从下向上间距逐渐减少，最下部为 60cm，向上以 10cm 递减，滴头间距为 30cm。同时，装置自动控制系统及雨量传感器，可以自动调节湿度。

（6）栽植

① 从作品实际需要出发，种植时宜同品种不同颜色的植物可布置在一起；但喜干和喜湿的植物、快长与慢长的植物应相对集中，便于养护管理。

② 植物种植密度应充分考虑给植物最佳的生长空间。一般每平方米种植植物在 400 株左右。既利于植物生长和养护管理，又利于展示效果。

③ 立体花坛的主体花卉材料，由外膜遮光网插进去，均匀栽植，插入时草根要舒展，栽植的顺序一般由上向下，株行距离 3～5cm。为防止植株向上弯曲，应及时浇水修剪，并经常整理外形。

（7）陪景

立体花坛制作完成以后，其四周地面还需要有一些配景材料，如一些一二年生的草花、观赏草、观赏景石、栏杆等其它设备，主要用于景点之间的连接与布置。

（8）养护管理

立体花坛的综合养护管理，包括浇水、定期修剪、病虫害防治、施肥、补种植物及环境配置物清洁等方面，使植物终于保持最佳生长状态。大多数养护管理同平面花坛，但修剪过程有所不同。

① 水肥管理　浇水与施肥相似，必须因地、因材制宜，按照不同的土壤类型和植物的生长习性，有针对性的施用。立体花坛一般安装自动喷灌系统，定时进行补水。正常情况一般 2 天浇水一次。如果肥力不足要施复合肥，防止植物叶枯黄和脱叶。

② 修剪管理　从温度看，一般温度 28℃以上，需 10 天修一次，温度 22～25℃，15 天修一次，22℃以下，30 天修一次；从品种看，红绿草 10 天修一次，景天科植物 15 天修一次；另外，喷施矮壮素的植物，25 天修一次。

③ 其它管理　病虫害防治，主要有蚜虫、螟虫、青虫等，应适时进行无公害防治。及时补种植物，清除枯枝烂叶，防止立体花坛空缺。

（四）花坛在园林中的应用

花坛在园林绿地中具有重要作用。城市绿化的花坛不仅千姿百态，色彩缤纷，而且拉近了人与自然的距离，美化了城市环境。同时花坛也具有基础性装饰和渲染气氛的作用。花坛在美化环境时既可作为主景，也可作为配景。

1. 美化环境

有生命力的花卉组成的花坛，有较高的装饰性，是美化环境的一种较好方式。在住宅小区、写字楼等高密度建筑楼群间，设置色彩鲜艳的花坛，可以打破建筑物造成的沉闷感，增加色彩，令人赏心悦目。在剧院、车站前广场及商业性大厦等公共建筑前设置花坛，可以很好地装饰环境，结合花坛造型，还兼有渲染气氛的作用。例如，在公园、风景名胜及游览地布置花坛，不仅美化环境，还可构成景点。城市立交桥、高速公路边不宜种植高大树木，若布置花坛，则可丰富城市道路景观，使城市具有现代风貌。

2. 基础性装饰

花坛可设置在建筑墙基及喷泉、水池的边缘或四周，以及雕塑小品、孤赏山石、广告牌、园林构筑物等基座周围，使主体建筑醒目突出，富有生气。

3. 组织交通

交通路口的安全岛、较开阔的广场、草坪及宽阔的道路的交叉口处均可设置花坛，具有分隔空间、分道行驶和组织行人路线的作用。

4. 渲染气氛

盛花花坛五彩缤纷，其体量、形状及样式多种多样，节日期间布置于各种场所，给城市披上盛装，可增添热烈和欢快的气氛。立体及模纹式花坛以醒目的纹样和宣传主题呈现在人们眼前，又可起到渲染气氛和良好的宣传作用。

5. 主题与宣传功能

花坛设计鲜明的主题思想，生动活泼的造型，特别是花坛中的标语、标志，常是国家、民族文化的象征，政治和经济工作中心的反映。例如，"迎接香港回归祖国"，"改革开放，再造辉煌"，"庆祝党的十六大胜利召开"等主题花坛，其宣传功能十分明显。1990 年北京第 11 届亚运会期间，天安门广场上用红色一串红和黄色菊花组成主题为"歌颂伟大祖国"的花坛，歌颂了在党的领导下，中国体育事业的飞速发展和全国人民的爱国主义精神。具有花中之王的大型牡丹花图案及围绕其周围的 11 个小花坛象征着第十一届亚运会即将召开。用五色草组成的亚运会吉祥物"熊猫盼盼"高举花束和奖牌，突出了亚运会的主题。

三、花境的类型与造景作用

1. 花境的类型

（1）从设计形式上分，花境主要有三类

① 单面观赏花境　这是传统的花镜形式，多临近道路设置。花镜常以建筑物、矮墙、树丛、绿篱为背景，前面为低矮的边缘植物，整体上前低后高，供一面观赏（图 2-7）。

② 双面观赏花境　这种花镜没有背景，多设置在草坪上或树丛间，植物种植是中间高两侧低，供两面观赏（图 2-8）。

③ 对应式花境　在园路的两侧、草坪中央或建筑物周围设置相对应的两个花境，这两个花境呈左右二列式。在设计上统一考虑，做为一组景观，多采用拟对称的手法，以求有节奏和变化（图 2-9）。

（2）从植物选材上分，花境可分为以下三类

① 宿根花卉花境　花境全部由可露地过冬的宿根花卉组成。景观可体现四季变化（图 2-10）。

② 混合式花境　花境种植材料以耐寒的宿根花卉为主，配置少量的花灌木、球根花卉或一二年生花卉。这种花境季相分明，色彩丰富，多见应用（图 2-11）。

图 2-7　单面观赏花境

图 2-8　双面观赏花境

图 2-9　对应式花境

图 2-10　宿根花卉花境

图 2-11　混合式花境

图 2-12　专类花卉花境

　　③ 专类花卉花境　由同一属不同种类或同一种不同品种植物为主要种植材料的花境。做专类花境用的宿根花卉要求花期、株形、花色等有较丰富的变化，从而体现花境的特点，如百合类花境、鸢尾类花境、菊花花境等（图 2-12）。

2. 花境的特点

　　花境中各种花卉的配置比较粗放，也不要求花期一致。但要考虑到同一季节中各种花卉的色彩、姿态、体型及数量的协调和对比，整体构图必须严整，还要注意一年中的四季变化，使一年四季都有花开。对植物高矮要求不严，只注意开花时不被其它植株遮挡即可。一般花境的花卉应选花期长、色彩鲜艳、栽培管理粗放的宿根花卉为主，适当配以一二年生草花和球根花卉，或全部用球根花卉配置，或仅用同一种花卉的不同品种、不同色彩的花卉配置。总之，虽使用的花卉可以多样，但也要注意不能过于杂乱。要求花开成丛，并能显现出季节的变化或某种突出的色调。

（1）植物种类丰富，季相变化明显

这是花境的一个最突出的特点。花境植物材料以宿根花卉为主，包括花灌木、球根花卉、一二年生花卉等，植物种类丰富。有的花境选用的植物多达35～45种，多样性的植物混合组成的花境在一年中三季有花、四季有景，能呈现一个动态的季相变化。

（2）立面丰富，景观多样化

花境中配植多种花卉，花色、花期、花序、叶型、叶色、质地、株型等主要观赏对象各不相同，通过对植物这些主要观赏对象的组合配置，可起到丰富植物景观的层次结构，增加植物物候景观变化等作用，创造出丰富美观的立面景观，使花境具有季相分明、色彩缤纷的多样性植物群落景观。

（3）体现园林生态设计中乔灌草配置的理念

各种花卉高低错落排列、层次丰富，既表现了植物个体生长的自然美，又展示了植物自然组合的群体美。花境的应用不仅符合现代人们对回归自然的追求，也符合生态城市建设对植物多样性的要求，还能达到节约资源，提高经济效益的目的。

3. 花境的位置

花境在园林中设置在公园、风景区、街心绿地、家庭花园及林荫路旁，可创造出较大的空间或充分利用园林绿地中的带状地段，起到丰富植物多样性、增加自然景观、分隔空间与组织游览路线的作用。

花境是一种带状布置形式，它是一种半自然式的种植方式，可以在以下位置设置。

（1）建筑物墙基前设置花境

形体小巧，色彩明快的建筑物前，花境可起到基础种植的作用，软化建筑的硬线条，连接周围的自然风景。

（2）道路旁可设置花境

园林中游步道边适合设置花境，若在道路尽头有雕塑、喷泉等园林小品，可在道路两边设置花境。通常在花境前再设置园路或草坪，供人欣赏花境。

（3）绿地中较长的植篱、树墙前可设置花境

以绿色的植篱、树墙前效果最佳，绿色的背景使花境色彩充分表现，而花境的存在又活化了单调的绿篱、绿墙。

（4）宽阔的草坪上、树丛间可设置花境

在这种绿地空间适宜设置双面观赏的花境，可丰富景观，组织游览路线。通常在花境处两侧辟出游步道，以便观赏。

（5）宿根园、家庭花园中可设置花境

在面积较小的花园中，花境可周边布置，是花境最常用的布置方式。依具体环境可设计成单面观赏、双面观赏或对应式花境。

4. 花境的设计与施工

（1）花境的设计要点

花境是花卉应用的一种重要的形式，它追求"虽由人作，宛自天开"的艺术手法。

在设计花境时，应注意材料不同生长季节的变化与搭配。如荷包牡丹与耧斗菜类在炎夏茎叶枯萎进行休眠，应在其间配一些夏秋生长茂盛而春夏又不影响它们生长与观赏的其它花卉，如鸢尾、金光菊等。石蒜类花卉根系深，开花时没有叶子，如与浅根系茎叶葱绿的景天配合种植，就会收到良好效果。注意使相邻的花卉在生长强弱和繁衍速度方面要相近，否则

设计效果就不能持久。花境的外围有一定的轮廓,其边缘可用草坪、矮性花卉或矮栏杆作点缀。两面观赏的要中央高四周低。单面观赏的要前面低后面高。花境不宜过宽,要因地制宜。花境要与背景的高低、道路的宽窄成比例,即墙垣高大或道路很宽时,其花境也应宽一些。植株高度不要高过背景。在建筑物前一般不要高过窗台。为了便于观赏和管理,花境不宜离建筑物过近,一般要距离建筑物40~50cm。花境的长度视需要而定,过长者可分段栽植。设计时应注意各段植物材料的色彩,要有多样性变化。

在设计中,要使花境内花卉的色调与四周环境相协调,如在红墙前用蓝色、白色就更鲜明活泼,而在白粉墙前用红色或橙色就更显得鲜艳。反之,在青砖墙前用蓝色、紫色效果就暗淡。花境只作平面设计,绘出花境的位置、面积,然后用数字或符号标明所用花卉的名称、数量,可条块种植,也可自然成丛。在设计花境中常用的花卉如下。

① 春季开花的种类有 金盏菊、飞燕草、桂竹香、紫罗兰、耧斗菜、荷包牡丹、风信子、花毛茛、郁金香、锦葵、石竹类、马蔺、鸢尾类、铁炮百合、大花亚麻、雏叶翦夏萝、芍药等。

② 夏季开花的种类有 蜀葵、射干、美人蕉、大丽花、天人菊、唐菖蒲、向日葵、萱草类、矢车菊、玉簪、鸢尾、百合、宿根福禄考、桔梗、晚香玉、葱兰等。

③ 秋季开花的种类有 荷花菊、雁来红、乌头、百日草、鸡冠花、凤仙花、万寿菊、醉蝶花、麦秆菊、硫华菊、翠菊、紫茉莉等。

(2) 花境的植床设计

花境的种植床是带状形式的。单面观赏花境的后边缘线多采用直线,前边缘线可为直线或自由曲线。两面观赏花境的边缘线基本平行,可以是直线,也可以是流畅的自然曲线。花境的朝向可自由选择方向。对应式花境要求长轴沿南北方向展开,以使左右两个花境光照均匀,花境大小的选择取决于环境空间的大小。

通常花境的长轴长度不限,但为管理方便及体现植物布置的节奏、韵律感,可以把过长的植床分为几段,每段长度不超过20m为宜。段与段之间可留1~3m的空白地段,设置座椅或其他园林小品。

花境的短轴长度有一定宽度的参考,单面观混合花境4~5m;单面观宿根花境2~3m;双面观花境4~6m。在家庭小花园中花境可设置1~1.5m,一般不超过院宽的1/4。较宽的单面观花境处的种植床与背景之间可留出70~80cm的小路,以便管理,又有通风作用,并能防止做背景的树和灌木根系侵扰花卉。

种植床依环境土壤条件及装饰要求可设计成平床或高床,并且要有2%~4%的排水坡度。一般土质较好,排水力强的土壤、设置于绿篱、树墙前及草坪边缘的花境宜用平床,这种花境给人整洁感。在排水差的土质上、阶地挡土墙前的花境,为了与背景协调,可用30~40cm高的高床,边缘用不规则的石块镶边,使花境具有粗犷自然的风格。

(3) 花境的植物材料设计

花境中配置的花卉植物不要求花期一致,但要考虑各种花卉的色彩、姿态及数量的对比和协调,以及整体的构图和四季的变化。对花卉植物的高矮虽没有严格要求,但配置时应注意前后关系,前面的花卉不能遮挡住后面的花卉。

花境中的花卉宜选用花期长,色彩艳,栽培管理简单,适应性较强,露地能够越冬的宿根花卉,也可适当配以一二年生草花、球根花卉及花灌木,但切忌杂乱,注意配置的艺术效果既表现植物个体的自然美,又展示植物自然组合的群落美。花境内的植物可以不加更换,一次种植后可多年使用,但需进行养护管理或局部更新换花。

花境内部的植物配置,是自然形式的,在构图中要有主调、基调和配调的配合,要有高低起伏的变化。

（4）花境的色彩设计

花境的色彩主要由植物的花色来体现，宿根花卉是色彩丰富的一类植物，加上适当选用些球根及一二年生花卉，使得色彩更加丰富。色彩设计不是独立的，必须与周围的环境色彩相协调，与季节变化相吻合。

花境色彩设计中主要有四种基本配色方法。

① 单色系设计　这种配色法不常用，只为强调某一环境的某种色调或一些特殊需要时才使用。

② 类似色设计　这种配色法常用于强调季节的色彩特征时使用，如早春的鹅黄色，秋天的金黄色等。有浪漫的格调，但应于环境相协调。

③ 补色设计　多用于花境的局部配色，使色彩鲜明艳丽、主色调醒目突出。

④ 多色设计　这是花境中常用的方法，使花境处具有鲜艳热烈的气氛。但应注意依花境大小选择花色数量，若在比较小的花境上使用过多的色彩反而产生杂乱感。

（5）花境的季相设计

花境的季相变化是它的特征之一。理想的花境应四季有景可观，寒冷地区可做到三季有景。利用花期、花色及各季节所具有的代表性植物来创造季相景观。如早春的报春、夏日的福禄考、秋天的菊花等。

具体的设计方法：在平面种植图上标出花卉的花期，然后依月份或春、夏等时间顺序检查花期的连续性，并且注意各季节中开花植物的分布情况，使花境成为一个连续开花的群体。

（6）花境的背景设计

单面观花境需要设计背景。花境的背景依设置场所不同而异，较理想的背景是绿色的树墙或高篱，也可以是白色的建筑物的墙基，也可在背景前选种高大的绿色观叶植物或攀援植物，形成绿色屏障，再设置花境。

（7）花境的边缘设计

花境边缘确定了花境的种植范围，高床边缘可用自然的石块、条石等垒砌而成，平床多用低矮植物镶边，以 15～20cm 高为宜。若花境前面为园路，边缘可选用草坪带镶边，但宽度至少 30cm 以上。

（8）花境的施工与养护

由于花境所用植物材料多为多年生花卉，故第一年栽种时整地要深翻，一般要求深达40～50cm，若土壤过于贫瘠，要施足基肥；若种植喜酸性植物，需混入泥炭土或腐叶土。然后整平即可放样栽种。栽种时，需先栽植株较大的花卉，再栽植株较小的花卉。先栽宿根花卉，再栽一二年生草花和球根花卉。

花境材料虽不要求年年更换，但日常管理非常重要。每年早春要进行中耕、施肥和补栽。有时还要更换部分植株，或播种一二年生花卉。对于不需人工播种、自然繁衍的种类，也要进行定苗、间苗环节，不能任其生长。在生长季中，要经常注意中耕、除草、除虫、施肥、浇水等。对于枝条柔软或易倒伏的种类，必须及时搭架固定，还要及时清除枯萎落叶保持花境整洁。有的材料需要掘起放入室内过冬，有的材料需要在苗床采取防寒措施越冬。

5. 花境的应用现状及存在的问题

（1）花境的应用现状

日前随着人们对生态环境的关注，对自然形式的进一步崇尚，在我国的一些大中城市开始有局部应用，其中以南方部分城市为多，尤其是上海。上海从 2001 年起，着手组织 7 个绿地约 930m² 的花境应用试点，其中曹家渡绿地、虹桥路花境、海宁路花境、光启绿地、打浦桥绿地等取得较好效果。2002 年，试点范围扩大到黄浦区大桥绿地、普陀区长寿绿地、卢湾区丽园路绿地、顺昌路绿地、静安区青海路绿地、杨浦区中山北一路绿地等 42 个。占地约 6600 m²。2003 年一些主要道路和重点区域的绿地如肇嘉浜路、思贤路、中山西路、虹桥路、黄浦路、外滩也开始应用花境并取得良好效果。上海近年来开始尝试应用一些专类花境，如观赏草花境等。北方城市如北京有一些应用，主要集中在公园应用，如北京植物园等，尚未在街道绿地使用。南方城市多采用以宿根花卉为主的混合花境，北方城市的花境则以 1～2 年生花卉为主的混合花境为多。在形式上，南北方城市的花境大多为单面观花境。

(2) 我国花境应用存在的问题及原因

① 目前对花境应用的宣传力度不够，人们对花境概念认识不足。花境以宿根花卉为主，配以花灌木、1～2 年生花卉、球根花卉等，交错种植，主要体现各种花卉的个体美及植物组合的群体美，强调植物搭配的立面景观效果和丰富植物季相变化。而我国目前存在有将花带或大规模色块种植等同于花境的现象。

② 花境设计专业人员缺少。在设计时对植物材料的生物学特性和生态习性要有充分的了解。设计时往往只是设想植物材料盛花时的最佳状况，从而导致花境的前期和后期效果不好。花境设计要充分体现花境特征，在选择植物种类上有一定的难度。尤其是获得具有稳定特性，建立一个景观效果最佳而又具环境适应性的花境是需要专业的设计。

③ 目前我国应用于花境中的植物种类比较单调。一方面与应用的宿根花卉种类不够丰富有关，另一方面与过分追求纯草木花境有一定关系。英国的花境设计师在花境中配置常绿或落叶的乔木及大型灌木，点缀一些小型灌木或蔷薇类植物，构成具有大量植物群体的种植框架，不仅利用草本植物的花形花色，同时也充分利用不同植物的叶型和叶色，取得更为丰富的景观元素和组合变化。因此在花境植物材料选择上可以多样化，以宿根花卉为主，可适当配置一些乔灌木、1～2 年生花卉、球根花卉以及观赏蔬菜，营造丰富多彩的景观特色。

④ 花境设计与表现的形式过于单一。从我国花境应用形式而言，以单面观花境为多，双面观及多面观花境应用很少，而后 2 种形式塑造的景观更为精彩。英国园艺家设计的岛状花境，从各个角度都能观赏花境，景观效果很好。或者以曲线带状线性设计花境，这样种植带来动感的生命力，打破了植物从前到后依次变高的规则，在花境中创造出高低错落的自然效果。

⑤ 花境养护管理水平过低，不能体现花境的最佳观赏效果。花境随时间推移会出现局部生长过密或稀疏的现象，需及时处理以保证其景观效果。管理中注意灌溉和中耕除草，花期过后及时去除残花等。花境实际是一种仿自然的人工群落，只有精心养护管理才会保持较好的景观。

6. 花境在园林中的应用

花境中植物材料品种丰富，符合生物多样性的要求；花境的类型和功能多样，应用范围广泛；花境观赏期长，养护管理相对粗放，从长期应用的角度节约成本。

(1) 应用于公园

由于公园一般都具有相对充足的植物资源、专业技术力量及多种地形，因而各种类型的花境都可以在公园及景点中展示，特别是一些植物材料精致同时需要细细品味的花境，如专类植物花境、芳香植物花境、药用植物花境、岩生花境等。

(2) 应用于街头绿地

应用于街头绿地的花境植物品种可以丰富些，在配置和栽植上宜精细些。结合当地乡土植物及民居建筑等，更能体现当地的历史文脉和文化内涵。

（3）装饰道路

道路两侧适宜的花境类型有路缘花境、隔离带花境、岛式花境、台式花境等。像岛式花境适合于小型交通环岛，中间布置较高的焦点植物，周边植物比较低矮，以免妨碍司机视线。

（4）装饰庭院

营造庭院花境在植物材料选择上可以依照居住者的个人喜好，色彩上可以更缤纷绚烂，景观效果上能过与众不同。

四、花丛及花带的应用

1. 花丛

花丛是指将数目不等、高矮及冠幅大小不同的花卉植株组合成丛种植在适宜的园林空间的种植形式，是一种自然式花卉布置形式。花丛是花卉种植的最小单元或组合，每丛花卉由3株至十几株组成，按自然式分布组合，注重表现植物开花时的色彩或彩叶植物美丽的叶色，是花卉应用最广泛的形式。

花丛的植物品种选择应以适应性强、栽培管理简单、茎干挺直、不易倒伏、株形丰满整齐、花朵繁密者为佳。既可观花，也可观叶或花叶兼备。常用的一二年生花卉如凤尾鸡冠、紫茉莉、金鱼草等。

花丛内的花卉种类应有主次之分，不能太多。每丛花卉可以是一个品种，亦可以为不同品种的混交。在花卉混合种植时，不同种类要高矮有别，疏密有致，富有层次感。花丛设计要避免大小相等，等距排列，种类太多，培植无序。

花丛适宜布置于自然式园林环境，可以布置在林缘、路边、道路转折处、路口、草坪周围，也可点缀于建筑周围或广场一角，或点缀于小型院落及铺装场地（小路、台阶等地）之中。

2. 花带

带状花丛花坛又称为花带，即花坛的宽度（短轴）超过1m，且长短轴的比例超过3倍。花带的植物材料一般由单一品种做成，内部没有图案纹样。以观花的一二年生草本花卉为主，要求株丛紧密，整齐；开花繁茂，花色鲜明艳丽，花序呈平面展开，开花时见不到叶，高矮一致；花期长而一致。如三色堇、万寿菊、雏菊、百日草、金盏菊、一串红等。

五、花台及花钵的应用

1. 花台

花台是将花卉栽植于高出地面的台座上形成的花卉景观形式，类似花坛而面积常较小，台座的高度多为40～60cm。花台因面积较小，适合近距离观赏，以表现花卉的色彩、芳香、形态以及花台造型等综合美。

花台按形式可分为自然式与规则式。

（1）规则式花台

花台种植台座外形轮廓为规则几何形体，如圆柱形、椭圆形、正方形、长方形等（图2-13）。常设计运用于规则式景园

图2-13　规则式花台

绿地的小型活动休息广场、建筑物前、建筑墙基、墙面（又称花斗）、围墙墙头等。用于墙基时多为长条形。

规则式花台可以设计为单个花台，也可以由多个台座组合设计成组合花台。组合花台可以是平面组合（各台座在同一地面上），也可以是立体组合（各台座位于不同高度、高低错落）。立体组合花台设计既要注意局部造型的变化，又要考虑花台整体造型的均衡和稳定。

规则式花台还可与座椅、坐凳、雕塑等景观、设施结合起来设计，创造多功能的庭园景观。规则式花台台座一般用砖砌成一定几何形体，然后用水泥砂浆粉刷，也可用水磨石、马赛克、大理石、花岗岩、贴面砖等进行装饰。还可用块石干砌，显得自然、粗犷或典雅、大方。立体组合花台台座有时需用钢筋混凝土现浇，以满足特殊造型与结构要求。

规则式花台台座一般比花坛植床造型要丰富华丽一些，以提高观赏效果，但也不应设计得过于艳丽，不能喧宾夺主，偏离花卉造景设计的主题。

（2）自然式花台

自然式花台应结合环境与地形，常布置于中国传统的自然山水园林中，形式较为灵活。花台台座外形轮廓为不规则的自然形状，多采用自然山石叠砌而成。台座材料有湖石、黄石、宜石、英石等，常与假山、墙脚、自然式水池等相结合或单独设置于庭院中。

自然式花台设计时可自由灵活，高低错落，变化有致，易与环境中的自然风景协调统一。台内种植以松、竹、梅、牡丹、杜鹃为主，配以草本花卉，配置点缀一些假山石，如石笋石、斧劈石、钟乳石等，创造具有诗情画意的园林景观。

花台的植物选择可以根据花台的形状、大小及所处的环境确定。规则式及组合式花台种植一二年生草本花卉时，选择一些花色鲜艳、株高整齐、花期一致的花卉，如鸡冠花、万寿菊、一串红等。由于通常面积狭小，一个花台内常布置一种花卉。因台面高于地面，也可选用株形较矮，繁密匍匐或茎叶下垂于台壁的花卉，如矮牵牛、旱金莲、三色堇、美女樱等。自然式花台多采用不规则配置形式，植物种类的选择以灌木和宿根花卉最为常用，可形成富于变化的视觉效果。

2. 花钵

花钵是近年来在各类城市中普遍使用的一种花卉装饰手法，是传统盆栽花卉的改良形式，使花卉与容器融为一体，具有艺术性与空间雕塑感。花钵的构成材料多样，可分为固定式和移动式两大类（图 2-14）。除单层花钵以外，还有复层形式。从造型上看，有圆形、方形、高脚杯形，以及由数个种植钵拼成的六角形、八角形和菱形等。通过多种多样的组合方法与应用手法，运用于不同风格的环境中。主要用于公园广场、街道的美化装饰，丰富常规花坛的造型。现在随着制作工艺的发展与提高，花钵的运用已愈来愈注重其自身的造型艺术与配置植物自然美感的和谐统一，它也可与平面绿化相结合，形成色彩的跳动、风格的变化，起到画龙点睛的空间立体美化作用。

大型花钵主要采用玻璃钢材质，强度高，质地轻，更便于造型，可添加沟纹饰，外表可以为白色光滑弧面，也可以仿铜面、仿大理石面；用混凝土为构件的种植钵可以在立面加色、加水涮石

图 2-14　花钵

和拉毛等粗犷纹饰。以玻璃钢为构件的浇混凝土。此外，还有用原木和木条作种植箱的外装饰，更富有自然情趣。

花钵种植的花卉种类十分广泛，以应时花卉为主，如春季栽植金盏菊、雏菊等；夏季选用美女樱、虞美人等，秋季选用菊花、三色堇等。花钵中心宜栽植直立植物，如百日草、彩叶草等颜色鲜艳的花卉，以突出主体色彩；靠外侧宜栽植下垂式植物，使枝条垂蔓而形成立体效果，也可以栽植银叶菊等浅色植物，以衬托中部的色彩。用几个种植钵拼成的活动花坛，可以选用同种花卉不同色彩的品种进行色块构图；或不同种类的花卉，但在花型、株高等方面相近的花卉作色彩构图，均能起到良好的效果。如采用三色堇的白花、黄花、紫花三个园艺品种拼组成六角形活动花坛，色调明快、轮廓清晰。选择的花卉形态和质感与花钵的造型要协调，色彩上要有对比，才能更好地发挥装饰效果。如乳白色的花钵与红、橙等暖色花搭配会产生艳丽、欢乐的气氛，与蓝、紫等冷色花搭配会产生宁静、素雅的气氛。

第二节　宿根花卉的应用

宿根花卉又称多年生草本花卉。植物学上将植株地下部分越冬，次年仍能萌蘗开花并延续多年的开花植物，称作宿根花卉。宿根花卉因其观赏期长、观赏性高、适用性强、种类丰富、群体功能强等优点日益受到人们的重视。

一、我国宿根花卉的应用状况

我国幅员广阔，地形复杂，具有多种多样的气候和土壤，复杂的生态环境形成了丰富的植物资源，蕴藏着极其丰富的抗寒性宿根花卉种质资源，见表2-1，如毛茛科、虎儿草科、百合类、鸢尾类、萱草类、菊属等资源。这些早春宿根花卉耐寒性强、开花早，如果合理配置能够显著增加观花期和绿色期的时间。如北侧金盏花在哈尔滨3月中旬开花，常在春雪中开放，黄花在白雪映照下显得更加艳丽，别具特色，且无冻害发生。其它如大花勾兰、白头翁、楼斗菜、翠南报春、荷青花、山芍药等从3月中旬也开始陆续开花。这些早春野生宿根花卉具有形态优美、花朵艳丽、适应性强、分布广等特点，对补充早春园林花卉不足具有显而易见的效果。

表 2-1　常用的宿根花卉

中文名	拉丁名	科名	株高/cm	花色	花期(月份)
德国鸢尾	*Iris germanica*	鸢尾科	60～80	白、橙、蓝紫、褐紫	5上～6上
银苞鸢尾	*I. pallida*	鸢尾科	50～60	蓝紫	5上～6上
拟鸢尾	*Iris spuria*	鸢尾科	70～90	黄、蓝	5
黄菖蒲	*I. pseudacorus*	鸢尾科	60～100	黄	5上～6
射干	*Belamcanda chinensis*	鸢尾科	50～100	橙	7～9
马蔺	*Iris lacteal var. chinensis*	鸢尾科	30～50	蓝	4中～5中
铃兰	*Convallaria majalis*	百合科	20～30	白	4下～5上
玉竹	*Polygonatum officinalis*	百合科	30	白	4下～5上
萱草	*Hemerocallis fulva*	百合科	60～100	橙	6～8
紫萼	*Hosta ventricosa*	百合科	40	堇紫	6中～7中

续表

中文名	拉丁名	科名	株高/cm	花色	花期(月份)
火炬花	*Kniphofia uvaria*	百合科	60～110	红、橙、董紫、复色	6 中～9 上
大花萱草	*Hemerocallis hybrid*	百合科	70～80	红、橙、复色	7～9
玉簪	*Hosta plantaginea*	百合科	40	白	7～8 下
金星大戟	*Euphorbia polychroma*	大戟科	45～55	黄	5
芍药	*Paeonia lactiflora*	芍药科	60～100	紫红、红、白、粉、黄、复色	5
穗状水苦荬	*Veronica spicata*	玄参科	20～60	蓝紫	6～9
败酱叶钓钟柳	*Penstemon ceutranthifolium*	玄参科	60～80	紫红、粉	5
钓钟柳	*Penstemon campanulatus*	玄参科	40～60	紫红、粉、白、董紫	7 上～10
岩生庭荠	*Alyssum saxatile*	十字花科	15～30	蓝紫	4 下～6 上
山庭荠	*Alyssum montanum*	十字花科	10～20	黄	5～6
牛舌草	*Anchusa azurea*	紫草科	60～90	蓝紫	5～6
堆心菊	*Helenium nudiflorum*	菊科	30～90	黄、橙	8～10
野菊	*Chrysanthemum indicum*	菊科	25～100	白	8～11 中
美国紫菀	*Aster novae-angliae*	菊科	60～150	紫红、董紫	9～10
荷兰菊	*A. novi-belgii*	菊科	50～100	白、董紫	9～10
柳叶向日葵	*Helianthus salicifolius*	菊科	200～300	黄	9～10
早菊	*Dendronthema×grandiflorum*	菊科	40～60	紫红、白、黄	9～11 上
小菊	*D.×grandiflorum*	菊科	30～40	紫红、红、白、黄、粉、橙、董紫、	9～11 中
大花旋复花	*Inula britannica*	菊科	50～60	黄	8～9
除虫菊	*Chrysanthemum cinerariaefolium*	菊科	15～60	白	5～6
春白菊	*C. leucanthemum*	菊科	30～100	白	5～6
杂种飞蓬	*Erigeron hybridus*	菊科	60～120	白、粉、董紫	5～6
佩兰	*Eupatorium fortunei*	菊科	100	紫红	9～10
泽兰	*E. japonicum*	菊科	100～120	白	9～10
紫松果菊	*Echinacea purpurea*	菊科	60～120	紫红	6～9
大金鸡菊	*Coreopis lanceolata*	菊科	30～60	黄	5,7～10
大花金鸡菊	*Coreoposis grandiflora*	菊科	30～60	橙	6～9
红花除虫菊	*Chrysanthemum coccineum*	菊科	30～60	红	6～7
大滨菊	*C. maximum*	菊科	60～100	白	6～7
蛇鞭菊	*Liatris spicata*	菊科	60～150	紫红、红	6～8 上
宿根天人菊	*Gaillardia aristata*	菊科	60～90	橙	5 中～10 中
西洋蓍草	*Achillea millefolium*	菊科	60～100	粉、白	6～8
珠蓍	*Achillea ptarmica*	菊科	30～45	粉	7～9
簇生山柳菊	*Hieracium paniculatum*	菊科	60～90	黄	7～9 上
紫菀	*Aster tataricus*	菊科	30～50	董紫	7～9
金光菊	*Rudbeckia laciniata*	菊科	60～250	黄	7～9
杂种金光菊	*Rudbeckia hybrida*	菊科	60～100	黄	6～8
毛叶金光菊	*Rudbeckia serotina*	菊科	30～90	黄	7～9
凤尾蓍草	*Achillea filipendulina*	菊科	100	橙	6～9 上
蓍草	*Achillea alphina*	菊科	60～90	白	7～9
一枝黄花	*Solidago Canadensis*	菊科	30～90	黄	7～9
千瓣葵	*Helianthus decapetalus*	菊科	60～150	黄	7～9

中文名	拉丁名	科名	株高/cm	花色	花期（月份）
多叶羽扇豆	*Lupinus polyphyllus*	豆科	90～150	紫红、红、白、粉、黄、橙、堇紫、蓝紫	5～6
遂毛荷包牡丹	*Dicentra eximia*	罂粟科	30～50	红	5～8
荷包牡丹	*Dicentra spectabilis*	罂粟科	30～60	粉	4下～5中
东方罂粟	*Papaver orientale*	罂粟科	60～80	红、白、粉、橙、黄	6～7
秋牡丹	*Anemone hupehensis var. japonica*	毛茛科	50～80	紫红	7～9
高飞燕草	*Delphinium elatum*	毛茛科	100～200	蓝紫、堇紫、蓝	7～9
转子莲	*Clematis patens*	毛茛科	100	白、黄	4～5
乌头	*Aconitum chinense*	毛茛科	150～180	蓝紫	5～6
舟形乌头	*Aconitum napellus*	毛茛科	100	紫、白、堇紫	6～8
加拿大耧斗菜	*Aquilegia Canadensis*	毛茛科	50～70	黄	5中～6
杂种耧斗菜	*A. hybrida*	毛茛科	90	黄、紫红、红	5中～7中
华北耧斗菜	*Aquilegia chrysantha*	毛茛科	60	堇紫、蓝紫	4下～5
白头翁	*Pulsatilla chinensis*	毛茛科	10～40	蓝紫	3下～5
费菜	*Sedum kamtschaticum*	景天科	20～30	黄	6
八宝景天	*Sedum spectabile*	景天科	30～50	堇紫	7～9
桔梗	*Platycodon grandiflorum*	桔梗科	30～100	粉、白、蓝紫	7～9
沙参	*Adenophora tetraphylla*	桔梗科	30～150	蓝紫	6～7
杏叶沙参	*Adenophora axilliflora*	桔梗科	60～100	蓝紫	6～8
聚花风铃草	*Campanula glomerata*	桔梗科	40～100	白、蓝紫	5～9
桃叶风铃草	*Campanula persicifolia*	桔梗科	30～100	蓝紫	5～6
风铃草	*Campanula carpatica*	桔梗科	30	橙、蓝紫	6～9
宿根亚麻	*Linum perenne*	亚麻科	30～40	蓝	6～8上
宿根福禄考	*Phlox paniculata*	花葱科	60	紫红、红、白、粉、橙、堇紫	6～9
丛生福禄考	*Phlox subulata*	花葱科	10～45	红、粉、白	3下～5
落新妇	*Astilbe chinensis*	虎耳草科	40～80	红	7～9
泡盛草	*Astilbe japonica*	虎耳草科	30～60	白	5～6
蜀葵	*Althaea rosea*	锦葵科	150～200	紫红、红、白、黄、橙、褐	6～8
芙蓉葵	*Hibiscus moscheutos*	锦葵科	100～200	紫红、红、白、黄、堇紫	6～8
西洋石竹	*Dianthus deltoides*	石竹科	25	紫红、红、白	6～9
岩生肥皂花	*Saponsria ocymoides*	石竹科	20～40	粉	6～9上
石碱花	*S. officinalis*	石竹科	20～100	红、粉、白	6～9上
皱叶剪夏萝	*Lychnis chalcedonica*	石竹科	30～60	红	6～9
宿根霞草	*Gypsphyla paniculata*	石竹科	60～70	白	6～8
常夏石竹	*Dianthus plumarius*	石竹科	30	红、白	5～10
瞿麦	*D. superbus*	石竹科	60	粉	5～10
匍匐丝石竹	*Gypsophila paniculata*	石竹科	15	白、粉	8～10
香薷	*Elsholtzia ciliata*	唇形科	40～80	蓝	9～10
随意草	*Physostegia virginiana*	唇形科	60～120	紫红、粉、白	7～9
薄荷	*Mentha haplocalyx*	唇形科	30～60	蓝紫	8～9
美国薄荷	*Monarda didyma*	唇形科	50～90	紫红、红	8～9
蓝花鼠尾草	*Salvia farinacea*	唇形科	70～90	蓝紫	7～10
蓝盆花	*Scabiosa japonica*	川续断科	60～100	蓝	8～9

宿根花卉的大规模群体应用在我国是近几年的事情。根据其生长特性与园林艺术的要求，全国很多地方都建起了宿根花卉专类园，如芍药园、水生植物园、鸢尾园等。宿根花卉可应用于花坛、花境、花钵、花台等方面。通过宿根花卉与建筑、道路等硬质环境的协调与搭配，使建筑、道路更有美感，更加柔和，富有自然气息，使环境更具有吸引力。

与园林事业发展迅速的国外相比，在宿根花卉的研究、应用方面我国还相对落后。美国早在 20 世纪 60 年代就广泛应用宿根花卉布置庭院、街道、居住区，有效地绿化和美化了城市，同时利用宿根花卉做切花。1979 年，日本在庭院设计时，将宿根花卉与乔灌木、一二年生草花、草坪合理配置成各类花坛、花境、花丛，形成一个乔、灌、花、草的立体群体，取得了极好的空间效果。近 20 年来，发达国家普遍重视宿根花卉的育种工作以及群体效果的研究，以及在园林总体设计中配置方式的研究。所以，品种和种类日趋丰富，应用效果日趋完美。

二、宿根花卉的园林应用原则及特点

1. 应用原则

（1）以满足园林绿地的功能为原则

宿根花卉种植在不同功能的绿地和不同的景区，所选择的花卉有很大的区别的。如在公园草坪边缘种植花境，应选择色彩鲜艳花期长的花卉；如在工厂门前道路两旁种植花带，应选择适应性强、管理粗放的花卉；如在学校、医院内布置花坛、花境，应选用无毒、无刺、色彩丰富、姿态优美、管理精细的花卉。

（2）以符合宿根花卉的生态要求为原则

各种宿根花卉在其生长发育过程中，对光照、温度、水分、土壤等环境因子有不同的要求，在应用宿根花卉时，要尽量做到适地适花，同时要处理好花卉的种间关系，尽量做到管理措施的一致。只有这样，宿根花卉才能正常生长，并保持相对稳定，以实现观赏效果连年不变。

（3）以符合园林艺术上的配植要求为原则

在对宿根花卉进行种植设计时，欲使其收到较好的观赏效果，必须熟悉各种宿根花卉的株形、姿态、花形、花色、花期、花香、叶形、叶色等特点，同时要掌握园林艺术关于色调、色彩、主从、韵律、比重、均衡、稳定、联想等规律的要求，经过慎重选择和搭配组合，才能把种植设计和景观营造的科学合理及具有艺术特色。

2. 应用特点

① 使用方便经济，一次种植可以多年观赏。
② 大多数种类（品种）对环境要求不严，管理相对简单粗放。
③ 种类（品种）繁多，形态多变，生态习性差异大，应用方便，适于多种环境应用。
④ 观赏期不一，可周年选用。
⑤ 是花境的主要材料，还可做宿根专类园布置。
⑥ 适于多种应用方式，如花丛花群、花带，播种小苗及扦插苗可用于花坛布置。

三、宿根花卉花境应用与设计

花境是模拟自然界中林地边缘地带多种野生花卉交错生长的状态，运用艺术手法设计的一种花卉应用形式。在园林中不仅增加自然景观，还有分隔空间和组织游览路线的作用。花境布置一般以树丛、绿篱、矮墙或建筑物等作为背景，根据组景的不同特点形成宽窄不一的曲线或直线花带。花境内的植物配置为自然式，主要欣赏其本身特有的自然美以及植物组合的群体美。

1. 花境的类型

（1）根据设计形式分类

① 单面观赏花境　传统的花境形式，多临近道路设置。花境常以建筑物、矮墙、树丛、绿篱等为背景；前面为低矮的边缘植物，整体上前低后高，供一面观赏（图2-15）。

图2-15　单面观赏花境

② 双面观赏花境　这种花境没有背景，多设置在草坪上或树丛间，植物种植是中间高两侧低，供两面观赏（图2-16）。

③ 对应式花境　在园路的两侧、草坪中央或建筑物周围设置相对应的两个花境，这两个花境呈对称二列式布局。在设计上统一考虑，做为一组景观，多采用拟对称的手法，以求有节奏和变化（图2-17）。

（2）根据植物选材分类

① 宿根花卉花境　花境全部由可露地过冬的宿根花卉组成。栽植后能够多年生长，无需年年更换，比较省工，如玉簪、石蒜、萱草、鸢尾、芍药、金光菊、蜀葵、芙蓉葵、大花

图2-16　双面观赏花境

图2-17　对应式花境

金鸡菊等。

② 混合式花境　花境种植材料以耐寒的宿根花卉为主，配置少量的花灌木、球根花卉或一二年生花卉。这种花境季相分明，色彩丰富，多见应用。

③ 专类花卉花境　以同一属不同种类或不同品种植物为主要材料的花境。做专类花境用的宿根花卉要求花期、株形、花色等有较丰富的变化，从而体现花境的特点，如百合类花境、鸢尾类花境、菊花花境等。

（3）根据花期不同分类

① 春花类花境　常用花卉有：金盏菊、飞燕草、桂竹香、紫罗兰、山楼斗菜、荷包牡丹、风信子、花毛茛、郁金香、蔓锦葵、石竹类、马蔺、鸢尾类、铁炮百合、大花亚麻、皱叶剪夏萝、芍药等。可以弥补早春开花植物少的不足，丰富春季景观。

② 夏花类花境　常用花卉有：蜀葵、射干、天人菊、唐菖蒲、姬向日葵、萱草类、矢车菊、玉簪、鸢尾、宿根福禄考、桔梗、晚香玉、葱兰等。可以与草花相结合，可以设计出丰富多彩的花镜。

③ 秋花类花境　常用花卉有：荷兰菊、雁来红、乌头、百日草、鸡冠、凤仙、万寿菊、醉蝶花、麦秆菊、硫华菊、翠菊、紫茉莉等。许多种类雪中开放，非常美观，延长了园林美化时间，深受欢迎。

近年来由于育种、引种和驯化技术的不断发展，能适合我国生长的花卉品种越来越多，像鸢尾科、百合科、菊科、蔷薇科等大的类别，每一类大约有上百个品种甚至更多；野生花卉和观赏草类的开发利用，使我国花境资源更加丰富，如扁担杆、胡枝子、溲疏、太平花、紫菀、紫花地丁、蓝刺头、婆婆那、唐松草、芦苇等观赏价值都很高。

2. 花境设计的原则

（1）位置相宜原则

宿根花卉的栽植应遵循适地适花的原则。宿根花卉的栽培管理虽不像温室花卉那样精细，对周围的生态因子有一定的适应能力，但也要根据不同的光、水分、温度、土壤等立地条件选择相应的品种。例如福禄考怕涝，应栽在地势较高的地方；蜀葵要栽在通风条件好的地方；阳光充足的地方宜栽大金鸡菊；庇荫处栽玉簪等。又如水生鸢尾、水菖蒲、千屈菜等耐湿、水生的宿根花卉，可栽于岸边，或直接种植于水中。在做到适地适花的同时，还要考虑到宿根花卉种内和种间的关系。同种花卉种植在一起，要安排好种植方式和密度、距离，使其符合各自的生态要求。不同种类间种植，要尽量做到管理措施一致。配置在一起的各种花卉不仅彼此间色彩、姿态、体量、数量等应协调，而且相邻花卉的生长强弱、繁衍速度也应大体相近，植株之间能共生而不能互相排斥。只有这样，宿根花卉才能正常生长，并保持相对的稳定性，以实现观赏效果连年不变的目的。

（2）色彩相宜原则

宿根花卉种类繁多，色彩也极其丰富（分为白色系、红色系、黄色系、橙黄系、紫色系、蓝色系等）。只有在种植设计时合理搭配，注意考虑到同一季节中彼此的色彩、花姿，以及与周围色彩的协调和对比，才会形成五彩缤纷、色彩斑斓、花团锦簇、绚丽多姿、香气宜人的优美景色。因此各种宿根花卉的配置要考虑到同一季节中彼此的色彩、姿态体型及数量的调和与对比。例如把冷色占优势的植物群落放在花境后部，在视觉上有加大花境深度、增加宽度的感觉；在狭小的环境中用冷色调组成花境，有空间扩大的感觉。此外，在安静休息处设置花境，适宜多用冷色调花卉；如果为增加色彩的热烈气氛，则可使用暖色调的花。

（3）季相相宜原则

宿根花卉是多年应用植物。为了避免因秋、冬季节枯叶落叶或炎热夏季部分花卉休眠，地面裸露所带来的不良效果，要充分掌握各种宿根花卉生态习性，对花期、休眠期了如指掌，将各种花卉加以合理搭配布置，使其一年四季的观赏效果保持连续性和完整性。如荷包牡丹在炎热夏季即因休眠而枯萎，这就需要在株丛间配置夏、秋季生长茂盛而春季至夏初又不影响其生长与观赏的其他花卉。又如将早春开花的二月兰与初秋花色丰富、略带清香的紫茉莉交替混种，正好错开了各自的展叶期和开花期，使景区内一年四季季相变化丰富，有良好的景观效果。

（4）因景相宜原则

不同的绿化环境，其功能和要求是不同的，因而对宿根花卉的种植设计也应有所不同。如街道绿地，其主要功能是遮阳和美化环境，常采用装饰效果好的绿化形式，利用各种花灌木与宿根花卉相结合，既可丰富街景，又能给来往的行人带来心旷神怡的感觉。因此在街道两旁，可选择一些抗性强、株形紧凑的宿根花卉，如葱兰、石蒜、红花酢浆草等，具有开阔视线、装饰美化效果强等特点，同时又增添了自然野趣。如居民小区和街心公园，其功能是美化环境，为广大群众提供优美的休息场所，常采用近自然配置，注意生态性。在这一地段，可配以美女樱、黄金菊、月见草、火炬花等多年生草本植物，若再加上金焰绣线菊、伞房决明等花灌木作背景点缀，并用花叶吴风草、紫叶酢浆草等加强冬季景观效果，其持续烂漫的花境便可让街区景观生动活泼起来。

（5）因质相宜的原则

宿根花卉造景在种植设计时，还需要考虑花卉植物的质地、质感与所处的环境、造景的目的相吻合，不同植物材料之间的叶色、质地、株型也要互相映衬和搭配协调。宿根花卉的质地是指花卉植物给人的视觉感和触觉感，而视觉感和触觉感的不同会给人以不同的感受和联想。通常情况下，浅色花、小花型和细叶型给人以亲切和甜美，适宜居住区和学校等可让人接近的场所；深色花、大花型和大叶型的则给人以热烈和粗犷的感觉。可大面积地布置在公共绿地，制造出热闹繁荣的景象。此外，不同质感的花卉植物搭配时要尽量做到协调。在花卉配置时要充分考虑花材质感的差异，因需选材，因景取材，做到"虽由人作，宛自天开"。

宿根花卉种植设计在我国还刚刚起步，它反映出人们崇尚自然、追求自然的现代理念。只要在品种选择和配置合理的基础上栽种，就能达到景观丰富、植株错落、花开不断的效果，充分展现植物的自然美和群体美，体现植物的自然属性和生命力。

3. 花境的设计要点

（1）植床设计

花境的种植床一般都采用带状的。单面观赏花境的后边都有背景多采用直线，前边可采用直线或自由曲线。两面观赏花境的边缘线基本平行，可根据具体环境决定是采用直线，还是流畅的自由曲线。

对应式花境的长轴最好沿南北方向伸展，有利于两个花境光照均匀，生长速度一致，取得多年的景观效果。其它花境虽没有方向的限制。但要考虑方向不同，光照条件不同，在选择植物时要根据花境的具体位置有所考虑。

花境大小的选择取决于环境空间的大小。通常花境的长度没有具体的限制，10～100m均可，但为管理方便及体现植物布置的节奏、韵律感，可以把过长的植床分为若干段，每段长度不超过 20m 为宜。段与段之间可留 1～3m 的间歇地段，设置座椅及其他园林小品。

花境的宽度不宜过宽，要因地制宜。花境要与背景的高低、道路的宽窄成比例，即墙垣高大或道路很宽时，其花境也应宽一些。一般情况下，单面观混合花境 4～5m；单面观宿根花境 2～3m；双面观花境 4～6m。在家庭小花园中花境可设置 1～1.5m，一般不超过庭院宽的 1/4。为了便于管理，较宽的单面观花境的种植床与背景之间可留出 70~80cm 的小路，又有通风作用，并能防止做背景的树和灌木根系侵扰花卉。

种植床根据地形、土壤及装饰要求可稍高出地面，在有路牙的情况下处理与花坛相同。没有路牙的，植床外缘与草地或路面相平，中间或内侧应稍稍高起，形成 5°~10° 的坡度，以利于排水。一般情况下，土质疏松，排水力强的土壤，设置于绿篱、树墙前及草坪边缘的花境前缘可与道路、草坪相平，这种花境给人整洁感。在排水差的黏质土壤中、阶地挡土墙前的花境，为了与背景协调，可用 30~40cm 高的高床，边缘可用不规则的石块镶边，使花境具有粗犷风格；若使用蔓性植物覆盖边缘石，又会造成柔和的自然感。

（2）背景设计

花境的背景因环境不同而异。最理想的背景是绿色的树墙或高篱，植物背景容易协调，用建筑物的墙基及各种栅栏做背景也以绿色或白色为宜。如果背景的颜色或质地不够理想，可根据花境的宽度在背景前种植较高大的绿色观叶植物或攀援植物，创造出理想的背景，再进行花境设计就比较容易协调配置，使花卉与背景形成一个有机的整体。

（3）边缘设计

边缘就是花境与草坪或园路交接处。其边缘可用草坪、矮性花卉或矮栏杆作点缀。高床边缘可用自然的石块、砖头、碎瓦、木条等垒砌而成，体现古朴、自然美；平床多用低矮植物镶边，高度以 15~20cm 为宜。以接近自然和谐为原则，可用同种植物，也可用不同种植物。若花境前面为园路，边缘用草坪带镶边，宽度至少 30cm 以上。为避免宿根花卉生长造成的边缘不整齐，可以在分界处挖 20cm 宽、40~50cm 深的沟，填充石块、装饰边缘等，防止边缘植物根系侵蔓路面或草坪。

（4）种植设计

① 植物选择　要充分了解植物的生态习性，才能合理地选择适宜的植物材料。在诸多的生态因子中，主要先考虑光照和温度的影响。首先植物能露地越冬、安全越夏；在半阴环境下，要选用耐荫植物；全日照环境中，选择喜阳植物。其次应根据观赏特性选择植物，因为花卉的观赏特征对将来形成花境的景观起决定作用。此外对土质、水肥的要求可在施工中和养护管理上逐步满足。种植设计正是把植物的株形、株高、花期、花色、质地等主要观赏特点进行艺术性地组合和搭配，创造出优美的群落景观。

选择植物应注意以下几方面。

a. 主次分明：选择植物以管理粗放的宿根花卉为主，搭配一些小灌木及球根和一二年生花卉。宿根花卉也以 1~2 种为主，贯穿于整个花境。

b. 季相变化：选择有较长花期的花卉，做到三季有花，四季有景。花序上要有差异，有水平线条与竖直线条的变化，花色丰富多彩。

c. 艺术品位：选择有较高观赏价值的植物。如芳香植物，花形独特的花卉，花叶共赏的材料，观叶植物也是理想的花境素材。

d. 高低错落：选择植物高矮要有错落，既不能互相遮挡，在纵向视觉上又要有变化。

② 色彩设计　花境中的色彩主要是靠植物的花色来体现，随着育种、引种和驯化技术的不断发展，植物的叶色，尤其是少量观叶植物的叶色越来越丰富了花境的色彩。

花境色彩设计中主要有四种基本配色方法。

a. 单色系设计：这种配色法不常用，只为强调某一环境的某种色调或一些特殊气氛时才使用。

b. 类似色设计：这种配色法常用于强调季节的色彩特征时使用，如早春的鹅黄色，秋天的金黄色等。虽能增添浪漫的格调，但不容易与环境协调。

c. 补色设计：多于花境的局部配色或较小的花境上使用，对比鲜明，使色彩鲜明，艳丽。不适宜大面积使用。

d. 多色设计：这是花境中常用的方法，使花境具有鲜艳、热烈的气氛。但要注意节奏、韵律的运用，避免产生杂乱感。适宜面积较大的花境使用。

色彩设计时还应注意，花境的色彩设计不是独立的，必须与周围的环境色彩相协调，与季节相吻合。考虑花境的整体感，避免某些局部配色很好，但整个花境观赏效果差。

进行较大的花境色彩设计时，取透明纸罩在平面种植图上，把选用花卉的花色用水彩涂在其种植位置上，绘出同一季节开花的花色，检查其分布情况及配色效果，然后据此修改，直到使花境的花色配置及分布合理为止。

③ 季相设计 设计合理的花境，要做到三季有花，四季有景，寒冷地区应做到三季有景。

植物的花期和色彩是表现季相的主要因素，利用花期、花色及各季节所具有的代表性植物来创造季相景观。如早春的荷包牡丹、芍药；夏日的福禄考、蜀葵；秋天的菊花等。花境中开花植物应连续不断，以保证各季的观赏效果。花境在某一季节中，开花植物应有规律地散布在整个花境内，以保证花境的整体效果。

结合花境的色彩设计在平面种植图上标出花卉的花期，然后依月份或季节等时间顺序检查花期的连续性，并且注意各季节中开花植物的分布情况，使花境成为一个连续开花的群体。

④ 立面设计 花境是模仿自然景观，应充分表现植物群落的美感。植株高低错落有致，花色层次分明是大自然中最常见的景观。立面设计应充分利用植株的株形、株高、花序及质地等观赏特性，创造出丰富美观的立体景观。

a. 植株高度：宿根花卉依种类丰富，高度变化极大，从几厘米到两三米，可供充分地自由选择。花境的立面安排一般原则是前低后高，在实际应用中高低植物可有穿插，以不遮挡视线，实现景观效果为佳。同时要考虑视距和视角。植株高度不要高过背景，在建筑物前一般不要高过窗台。

b. 株形与花序：根据花相的整体外形，可把植物分成水平型、直线型及独特型三大类。水平型植株圆浑，开花较密集，多为单花顶生或各类伞形花序，开花时形成水平方向的色块，如八宝、蓍草、金光菊等。直线型植株耸直，多为顶生总状花序或穗状花序，形成明显的竖线条，如火炬花、一枝黄花、飞燕草、蛇鞭菊等。独特花型兼有水平及竖向效果，如鸢尾类、大花葱、石蒜等。花境在立面设计时应综合考虑三大类植物的外形比较，尤其是平面与竖向结合的景观效果更应突出。

立面设计除了从景观角度出发外，还应考虑植物的习性，满足光照、通风的要求，才能维持小环境生态的稳定性。

⑤ 平面设计 平面种植采用自然斑块状混植方式，每块为一组花丛，各花丛大小有变化。花境中主花面积较大，次花面积较小。为使开花植物分布均匀，又不因种类过多造成杂乱，可先把主花植物分为数丛设计在花境不同位置。再使用少量球根花卉或一二年生草花，分布在花境中，可在花后叶丛景观差的植株前方配植其他花卉给予弥补。应注意各种植区的材料轮换，以保持较长的观赏期。

对于过长的花境，平面设计可采用阵列的手法，首先绘出一个标准的花境单元，然后重复出现；或设计两至三个单元交替出现，体现园林艺术的节奏感和韵律感。

4. 设计图绘制

花境设计图可用美工笔、针管笔画墨线图，也可用水彩、水粉画方式绘制。一般分别绘制三种图，现在常用的是电脑软件画图表现花境景观，更有花境专家系统软件，自动实现电脑花境设计、图纸表现和效果图表达的系列过程。

（1）花境位置图

可以用平面图表示，标出花境周围环境，如建筑物、道路、草坪及花境所在位置。依周围环境大小按（1∶100）～（1∶500）的比例绘制（图2-18）。

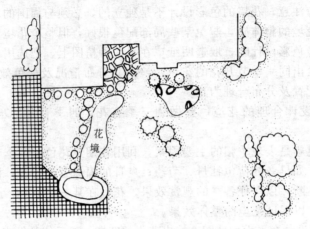

图 2-18　花境位置图

（2）花境平面图

绘出花境边缘线，背景和内部种植区域，以流畅曲线表示，避免出现死角，根据自然景观进行设计，需直接注明植物，大型花境可利用编号注明，图后需附植物材料表，同时注明植物名称、株高、花期、花色等。依据花境大小选用（1∶50）～（1∶100）的比例绘制（图2-19）。

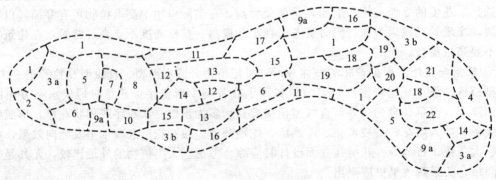

图 2-19　花境平面图

注：图中1～22分别代表组成花境的不同花卉种类

（3）花境立面效果图

可以某一季最佳景观为例绘制，也可分别绘出各季景观（图2-20）。表达花境的色彩、立面、边缘设计效果。

如果结合园林工程进行设计，还可绘制花境种植施工图及花境侧图说明书。种植图在种植区域内绘出每株丛植物的位置、名称、数量，比例可选用（1∶20）～（1∶50）绘制。说明书简述作者创作意图及管理要求等，并用文字对图中难于表达的内容进行说明。

5. 施工及养护管理

（1）整床及放线

无论平床还是高床都要深翻，一般要求深达 40～50cm，通常混合式花境土壤需深翻60cm 左右，由于花境所用植物材料多为多年生花卉，要施足基肥，适量换土，然后用耙子整平床面，稍加镇压。

按平面图纸用石灰粉或沙在植床内放线，为避免施工过程中石灰或沙子混入土看不清楚，可用插木棍挂线的方法，栽植结束后再拔除。对某些根蘖性过强、易侵扰其它花卉的植物，可在种植区边界挖沟进行隔离处理。对有特殊土壤要求的植物，可在其种植区采用局部换土措施。若种植喜酸性植物，需混入泥炭土或腐叶土。要求排水好的植物可在种植区土壤下层添加石砾。

图 2-20　花境立面效果图

（2）栽植及养护管理

按照设计图进行施工，栽植密度根据植株正常株高确定，为多年生长留出空间。若栽种小苗，则可种植密些，花前再适当疏苗；若栽植成苗，则应按设计密度栽好。栽后浇透水，保持湿度和遮荫，直至成活。

花境虽不要求年年更换，但日常管理非常重要。每年早春萌芽初期要进行中耕、施肥和补栽。根据需要更换部分植株，或播种一二年生花卉。对于能够自然繁衍的种类，要及时进行定苗、间苗，不能任其生长，影响植株正常生长。在生长季中，要经常注意中耕、除草、除虫、施肥、浇水等。及时清除枯萎落叶保持花境整洁。需要室内过冬的宿根花卉要掘起放入冷室，需要采取防寒措施的要用草帘、枯叶、土壤等进行覆盖。

一般花境可保持 3～5 年的景观效果。花境实际上是一种仿自然的人工群落，只有精心养护管理才会保持较好的景观。

四、花境的园林应用

1. 建筑物墙基前设置花境

在形体小巧，色彩明快的建筑物前，花境可起到基础种植的作用，能够软化建筑的硬线条，使之与周围的自然风景成为一体。以 1～3 层的低矮建筑物前装饰效果最佳。围墙、栅栏、篱笆及坡地的挡土墙前也可设花境，以模仿自然野生花卉分布最受人们喜爱（图 2-21）。

2. 各种路旁设置花境

园林中常在游步道边设置花境；若在道路尽头有雕塑、喷泉等园林小品，可在道路两边设置对应式花境。在边界物前设置单面观花境，既有隔离作用又有好的美化装饰效果。通常在花境前用园路或草坪过渡，供人欣赏花境（图 2-22）。

图 2-21　墙基设置花境

图 2-22　路旁设置花境

3. 植篱、树墙前设置花境

花境以绿色的植篱、树墙为背景效果最佳。自然的绿色背景使花境色彩得以充分表现，同时花境又使单调的绿篱、绿墙活跃了，成为一幅有生命的水彩画（图2-23）。

4. 宽阔的草坪上、树丛间设置花境

适宜设置双面观赏的花境，可丰富景观，组织游览路线。通常在花境两侧设计游步道，以便行人观赏（图2-24）。

图 2-23　绿篱前花境　　　　　　　　　　图 2-24　草坪上、树丛间花境

5. 宿根园、庭院花园中设置花境

在面积较小的花园、庭院中，花境一般在周边布置，具有开阔空间的作用，是花境最常用的应用方式。依具体环境空间可设计成单面观赏、双面观赏或对应式花境（图2-17）。

五、宿根花卉花带的园林应用

花带是花坛的一种。凡沿道路两旁、大建筑物四周、广场内、墙垣、草地边缘等设置的长形或条形花坛，统称花带。花境通常配置成带状形式，与花带的主要区别是花境竖向上必须是高低错落的，但花带不必。和花境相比，花带虽然也是呈长带状，沿小路两边布置，但其中应用的植物种类比较单一，缺少动态的季相设计和竖向上的立面设计，自然属性和生态功能并不强，它与花境的植物多样、立面层次丰富、季相变化明显等特点有较大差异（图2-25、图2-26）。

图 2-25　庭院花境

(a) 花带 1   (b) 花带 2

图 2-26 花带

第三节 球根花卉的应用

球根花卉是指根部呈球状，或者具有膨大地下茎的多年生草本花卉。球根花卉都具有地下贮存器官，这些器官可以存活多年，有的每年更新球体，有的只是每年生长点移动，完成老球体的交替。

球根花卉种类丰富，花色艳丽，花期较长，栽培容易，适应性强，是园林布置中比较理想的一类植物材料。荷兰的郁金香、风信子，日本的麝香百合，中国的中国水仙和百合等，都在世界上享有盛誉。球根花卉常用于花坛、花境、岩石园、基础栽植、地被、美化水面（水生球根花卉）和点缀草坪等。又多是重要的切花花卉，每年有大量生产，如唐菖蒲、郁金香、小苍兰、百合、晚香玉等。还可盆栽，如仙客来、大岩桐、水仙、大丽花、朱顶红、球根秋海棠等。此外，部分球根花卉可提取香精、食用和药用等。因此，球根花卉的应用很值得重视，尤其中国原产的球根花卉，如王百合、鸢尾类、贝母类、石蒜类等，应有重点地加以发展和应用。

一、我国球根花卉的应用状况

球根花卉的种类和园艺栽培品种极其繁多，原产地广泛地涉及温带、亚热带和部分热带地区，因此生长习性各不相同，繁育及栽培的环境条件通常要求较高。根据栽培习性可分为春植类球根（多原产于南非、中南美洲、墨西哥高原地区）和秋植类球根（多原产于地中海沿岸、小亚细亚、南非好望角、北美洲东部等地）。

在我国的园林应用中，首先应充分考虑到球根花卉的生长和生态习性。春植类球根因生育适温普遍较高，不耐寒，可在长江流域及以南地区露地应用；秋植类球根的耐寒性强，而不耐夏季炎热，可广泛应用在长江流域及以北地区。我国长江流域处于南北气候的分隔带，大部分的春植、秋植类球根花卉都能生长良好。为了丰富园林景观，满足园林植物的多样性，除了原产我国的球根花卉外，众多原产于亚洲、小亚细亚、欧洲、巴尔干半岛等地的球根花卉（表 2-2），因其种类繁多，生长适应性强，被广泛应用于我国的园林建设，已日益受到园林界的重视，在园林应用中具有很大的发展潜力。

表 2-2　常见的球根花卉

种类	学名	生态习性	原产地	园林用途
卷丹	*Lilium lancifolium*	花橘红色,花期7月～8月,性耐寒	我国各地	宜大片丛植疏林下、草坪边、亭台畔或作基础栽植
中国石蒜	*Lycoris chinensis*	适应性强,较耐寒,花黄色或橘黄色,花期7月～8月。	我国南京、宜兴等地	最适应作林下地被植物;亦可花境丛植或用于溪间石旁自然式布置
铃兰	*Convallaria majalis*	花乳白色,具芳香,花期4月～5月。喜半阴、湿润环境,耐严寒	我国东北及秦岭	宜作林下地被花卉或植于林缘、草坪坡地
荸荠	*Heleocharis tuberose*	多年生浅水性草本植物,喜光、地上部为叶状茎	我国南部	水边观叶
姜花	*Hedychium coronarium*	花色纯白,有芳香,喜温暖湿润气候,喜半阴	中国南部至西南部	种植于庭院、花坛、花境,供观花及赏叶
荷花	*Nelumbo nucifera*	多年生挺水植物,喜阳光和温暖环境,耐寒性强,花期6月～9月	我国各地	良好的美化水面、点缀亭榭或盆栽观赏的材料
泽泻	*Alisma orientale*	多年生沼生植物,喜光。花轮生伞形	我国北部	观叶,可作湿地配置
白芨	*Bletilla striata*	花淡紫红色,花期4月～5月。喜凉爽气候	我国西部及东南各省	常丛植于疏林下或林缘隙地,亦可点缀于较为荫蔽的花台、花境或庭院一角
慈姑	*Sagittaria sagittifolia*	多年生直立水生草本,半阴性。叶形变化极大	我国各地	水边观叶、观花
绵枣儿	*Scillas cilloides*	花期7月～8月。喜光、耐半阴,较耐寒、耐旱	中国东北到西南广泛分布	布置春季花坛,也可植于草坡上或作林下地被,还可配置花境及岩石园
延龄草	*Trillium tschonoskii*	耐旱、耐阴,喜酸性黄壤。花小,浆果紫色	亚洲	宜作林下地被
虎眼万年青	*Ornithgalun caudatum*	株高50～100cm,生长强健,不耐寒。花白色,花期7月	非洲南部	宜林下丛植
火焰兰	*Sprekelia formosissima*	鳞茎花卉,喜温暖,春夏开花	墨西哥	可点缀庭院或配置岩石园
观音兰	*Tritonia crocata*	喜阳,较耐寒。花黄褐色,花期5月～6月	南非	林边栽植,或丛植作花境
铃兰	*Convallaria majalis*	花乳白色,具芳香。花期4月～5月。喜半阴、湿润环境,耐严寒	欧洲、亚洲及北美	宜作林下地被花卉、或植于林缘、草坪坡地以及自然山石旁
火星花	*Crocosmia hybrida*	株高60cm,性喜温暖,但较耐寒。花橙红色,夏季开花	地中海	布置花境或庭院丛植,亦可作观花地被
番红花	*Crocus satirus*	株高15cm,喜冷凉、湿润和半阴环境,不耐炎热。花色多,花期早春	巴尔干半岛、喜马拉雅山	宜作疏林下地被花卉,也是点缀花坛和布置岩石园的好材料

种类	学名	生态习性	原产地	园林用途
皇冠贝母	*Fritillaria imperialis*	株高 60～90cm,喜凉爽,湿润,较耐寒。花紫红至橙红色,花期 4 月～5 月	喜马拉雅山区至伊朗等地	作林下地被花卉
雪花莲	*Galanthus nivalis*	株高 20～30cm,喜凉爽气候,耐寒性强。花白色,花期 2 月～3 月	欧洲中部及高加索	庭院山石配植或草坪上自然式丛植
花朱顶红	*Hippeastrum vittatum*	喜温暖湿润,稍耐寒,性强健。花期春夏间,花色丰富	秘鲁	庭院中配置花坛、花境也可植林下、坡地及草坪上
花葱	*Allium giganteum*	性耐寒、喜光。花淡紫至紫红色,花期 5 月～6 月	亚洲中部	作地被花卉,也可供花坛、花境布置
大花银莲花	*Anemone silvestris*	株高 20～40cm,喜温暖,较耐寒,花有芳香,花期 8 月～10 月	欧洲及亚洲西南部	丛植作花境、花坛
白芨	*Bletilla striata*	喜凉爽气候,花淡紫红色,花期 4 月～5 月	中国、日本及北美	常丛植于疏林下或林缘隙地,亦可点缀花台、花境或庭院一角
雪光花	*Chionodoxa luciliae*	株高 15～20cm,喜凉爽,耐寒性强。花呈蓝、白或粉红色,花期 3 月～4 月	小亚细亚	丛植作地被花卉,或植于林缘、草坪坡地
美丽秋水仙	*Colchicum speciosum*	株高 30cm,喜温暖,较耐寒。花浅紫堇色,花期秋季	高加索	宜用作嵌花草坪,疏林地被;也可供花境、岩石园点缀丛植
蜘蛛兰(水鬼蕉)	*Hymenocallis littoralis*	株高 40～80cm,喜温暖湿润,性强健,耐阴。花白色,有芳香;花期夏秋	热带美洲	宜片植或列植于林边、湖边、草地边
鸢尾蒜	*Ixiolirion tataricum*	株高 40cm 左右,喜光和凉爽湿润,耐寒性强。花蓝紫色,花期 6 月	西亚和中亚	宜作疏林下地被花卉,也可供花境、岩石园点缀丛植
火炬花	*Kniphofia uvaria*	株高 40～50cm,喜阳光充足,也耐半阴,花亮红、橙至黄色,夏花	非洲南部	适合布置多年生混合花境,亦宜布置庭院
雪片莲	*Leucojum vernum*	株高 10～30cm,喜凉爽,湿润,较耐寒。花白色,花叶具美,花期 3 月～4 月	欧洲中部和南部	植于林下、坡地及草坪上,也可作花丛、花境布置
蛇鞭菊	*Liatris spicata*	株高 60～150cm,性强健较耐寒,喜光。花紫红色,花期 7 月～9 月	北美	可作自然式花境配置
卷丹	*Lilium lancifoliun*	株高 50～70cm,花橘红具紫色斑点。花期 7 月～8 月	中国	可丛植或作花境
葡萄风信子	*Muscari botryoides*	株高 15cm 左右,性耐寒,喜半阴环境。花多蓝色,花期 3 月～5 月	欧洲南部	宜作林下地被花卉,和花境、草坪及岩石园等丛植
尼润(海女花)	*Nerine bowdenii*	具小鳞茎,喜温暖湿润,不耐寒,花期春秋,花色红、粉、白色	南非	可布置花境,或点缀庭院

球根花卉在城市改造、绿地建设、居住区绿化等方面都得到了广泛的应用。特别是石蒜、红花酢浆草、美人蕉等生长适应性强的球根花卉，常作为先锋植物材料在新建绿地中大量应用。在目前我国的城市园林建设中，对于国内的野生球根类植物资源应用较少，如绵枣儿、鹿葱等适应性强的球根植物，更缺乏对野生球根植物商品化品种的开发利用。同时，对已广泛应用的球根类如石蒜、美人蕉、葱兰、大丽花等，则还是实行粗放型的栽培繁育。引进国外的球根类园艺品种，普遍存在着生长适应性差、种球退化严重等问题，而且没有商品化的种球生产基地，我国每年仍要花费大量的外汇进口百合、郁金香、风信子等种球，因此，如果要在园林中大量应用球根植物，应进行野生球根植物资源的整理与利用，加强球根植物的育种工作，尽快实现种球的国产化

二、球根花卉的园林应用原则及特点

1. 应用原则

（1）遵循园林造景的基本原则

　　绿地中应用球根花卉，要按照园林艺术的基本规律，处理好球根植物与园林绿地总体布局的关系。比如在规则式绿地中多采用对植或行植，在自然式绿地中多采用自然式配植，以充分表现植物的自然姿态，要有主次、有艺术上的变化，遵循均衡与稳定的规律，注意季相变化，又要与环境相协调、相衬托，还要注意色彩的组合。

（2）遵循球根花卉的生态特性

　　球根花卉适应性广泛，但又具有各自的生态习性。有喜阳的，有耐干旱的，有喜潮湿的等。值得注意的是，进行种植设计时，必须处理好它们之间的协调关系，设计好种植方式，使其符合各自的生态习性，形成一个符合自然的群落，以便于它们的群体观赏功能得到最大限度的展现和发挥。

　　总之，球根花卉的应用原则，就是以球根花卉为材料，配合其它植物，充分考虑各种植物的生态习性、观赏特点，创造出一个与园林绿地性质和功能相符合的可供人们观赏和休闲的意境优美的景区。在进行球根植物资源调查开发的基础上，正确运用植物造景理论，充分发挥球根花卉的造园优点，真正做到球根花卉造景的科学性与艺术性高度统一。

2. 应用特点

　　① 可供选择的花卉品种多，易形成丰富的景观。但大多种类对环境中土壤、水分要求较严。

　　② 球根花卉花朵仅开一季，而后就进入休眠而不被注意，方便使用。

　　③ 球根花卉花期易控制，整齐一致，只要求大小一致，栽植条件、时间、方法一致，即可同时开花。

　　④ 球根花卉是早春和春天的重要花卉。

　　⑤ 球根花卉是各种花卉应用形式的优良材料，尤其是花坛、花丛花群、缀花草坪的优秀材料；还可用于混合花境、种植钵、花台、花带等多种形式。有许多种类是重要的切花、盆花生产用花卉。有些种类具有染料、香料等价值。

　　⑥ 许多种类可以水养栽培，方便室内绿化和不适宜土壤栽培的环境使用。

三、球根花卉在园林中的应用

1. 应用于园林花境及庭院美化

　　花境的各种花卉配置应是自然斑状混交，还要考虑到同一季节中彼此的色彩、姿态、体型及数量的调和与对比，花境的设计要巧妙利用色彩来创造空间或景观效果。适当选用球根

花卉，就能更好地发挥花境特色。花境常用的球根植物有：百合、海葱、石蒜、大丽菊、水仙、风信子、郁金香、唐菖蒲等。球根花卉能为花境带来丰富的色彩，目前已有一些常见的球根花卉应用于花境，取得了很好的造景效果。花境设计者只有对株高、花色、自然花期等生长特性的能够充分了解（表2-3），才能很好地应用球根花卉。

表 2-3　应用于园林花境的常见球根花卉

种类	学名	株高/cm	花色	花期(月份)
大花美人蕉	*Canna generalis*	100～150	乳白、黄、橙、粉红	6～10
大丽花	*Dahlia pinnata*	60～150	白、黄、橙、粉、红、紫	6～10
风信子	*Hyacinthus orientalis*	20～30	紫、红、蓝、堇、白	3～4
球根鸢尾	*Iris tuberose*	30～60	白、黄、蓝、紫	5～6
石蒜	*Lycoris radiate*	30～60	鲜红	8～9
黄花石蒜	*Lycoris aurea*	30～60	黄	8～9
葡萄风信子	*Muscari botryoides*	10～30	淡蓝、肉红、白	3～4
喇叭水仙	*Narcissus pseudo-narcissus*	40～50	淡黄、黄	3～4
红花酢浆草	*Oxalis oregana*	10～30	浅红、桃红	4～11
郁金香	*Tulpa gesneriana*	20～80	白、黄、粉红、紫	3～5
葱兰	*Zephyranthes candida*	15～20	白	7～11
韭莲	*Zephyranthes grandiflora*	15～20	粉红	6～8

　　球根花卉不仅可广泛应用于花境，也是庭院栽植的优良植物材料。球根花卉具有种球交流方便、种植简易、管理相对粗放的特点，且盛花期的成景效果好，还常用作露地钵式栽植、阳台挂箱栽培。

　　球根花卉的园艺品种已非常丰富，如郁金香有8000多个品种，登记在册的有3000多个品种；水仙在荷兰注册的品种也多达2000个。其中很多园艺品种适合庭院栽植，目前在欧美国家，60%以上的种球销售市场来自于家庭园艺。

2. 应用于水景配植

　　水生类球根花卉常作为水景园或沼泽园的主景植物材料，植于水边湖畔，点缀水景，使园林景色生动起来。不仅常应用挺水、浮水植物如荷花、睡莲等，一些适应于沼泽或低湿环境生长的球根花卉，如泽泻、慈姑、欧洲水仙、鸢尾等，也已经广泛应用于园林水景。在已竣工的杭州西湖西线水景布置中，大量运用了金叶美人蕉、大花美人蕉、紫叶美人蕉、慈姑、睡莲、荸荠、泽泻、蜘蛛兰等球根花卉，在水边以丛植为主，与清澈的湖水、斑驳的湖岸相映成趣，吸引游人驻足流连。

　　在自然水域中栽植的大量水生类球根花卉还有特殊的生态功能，是湿地生态效益的重要组成部分，能达到植物造景和生态环境保护的完美结合。

3. 应用于园林缀花地被

　　现代园林地被具有彩化、美化的发展趋势，观花地被是一个重要选择。许多球根花卉植株低矮，能覆盖地面且养护简单，叶、花、果具有很强的观赏性的特点，是很好的观花地被材料，能作为地被植物广泛地应用。

　　球根鸢尾花姿优美、花茎挺拔，丛植于湖边、草地边效果良好；石蒜在冬季时绿叶葱翠，成片种植在草地边缘或疏林之下，是理想的地被材料；红花酢浆草植株低矮，叶青翠茂密，小花繁多，花期长，是极好的地被材料；铃兰花色纯白且具芳香，植于林缘、草坪坡地，具有强烈的视觉和嗅觉吸引力；葱兰株丛低矮整齐，花朵繁茂，花期长，最宜林下和坡地栽植；白芨的适应性强、花色艳丽，常自然式栽植于疏林下或林缘边，颇富野趣。

作为园林地被和花境材料，宿根花卉与之相比，球根花卉的地被应用也有其优势。如观花效果强烈、花谢后不需修剪、因繁殖量较小不易造成生物侵害等。

4. 其它园林应用

（1）花带的应用

花带是花卉呈带状花坛的种植方式，其宽度一般为 1m 左右，长度为宽度的 3 倍以上。花带可设置在道路中央或两侧、水景岸边、建筑物的墙基或草地中，形成色彩绚丽、装饰性较强的连续景观。花带按栽种方式可分为规则式花带和自然花带；按植物材料可分为专类花带和混合花带。专类花带是由一种或一类观赏花卉的不同品种组成的花带；如水仙花带、郁金香花带、鸢尾花带、百合花带等；混合花带是由几种或几类花卉组成的连续景观，该类花带设计时必须根据各种花卉的生物学特性进行选材，合理配置，以某种花卉为主调，其它花卉种类配合，并要求所选的花卉开花繁茂、花期一致。球根花卉的特点非常容易满足花带的要求，是进行花带设计的首选材料，在园林中得到广泛应用。

（2）花丛的应用

花丛是用几株或几十株花卉组合成丛的自然式应用，以显示华丽色彩为主，极富自然之趣，管理比较粗放。花丛适宜布置在建筑物旁、路旁、林下、草地、岩缝和水边，特别适宜于自然式园林中应用。花丛多选用多年生、耐粗放管理的宿根或球根花卉，如蜀葵、芍药、鸢尾、萱草、菊花、百合、玉簪等。花丛内的花卉种类要少而精，形态和色彩要配置好，并考虑季节的变化，各种花卉多以块状混交为主。从平面轮廓到立面构图都是自然式的，边缘没有镶边植物，与周围草地、树木等没有明显的界限，常呈现一种错综复杂的自然景观。

（3）花台的应用

花台是将花卉栽植于明显高出地面的小型花坛。一般面积较小，主要观赏花卉的平面效果。多见于城市街头绿地和交通绿岛以及居住区建筑物的入口处绿地，如广场、庭园的中央，或设计在建筑物的正面或两侧。

常见球根花卉的园林应用已相当成熟。在长江流域，耐寒的秋植类球根花卉有着特别重要的作用，尤其利用其进行花境造景。如郁金香、风信子、洋水仙、葡萄风信子是重要的早春花卉，国内每年有数十个公园用大面积的郁金香布展，将郁金香进行花境丛植及带状布置，并配置风信子、洋水仙、葡萄风信子、番红花、贝母、花葱等其它球根花卉，这样既可以丰富植物景观，又可错开单种的花期来延长整体观花期。美人蕉习性强健、花期长，常用作大片的自然栽植或带植，已成为大连等城市的主景花卉选择。石蒜花色艳丽、花型奇特，且冬季绿叶葱翠，常与宿根花卉或一二年生草花混植，以弥补这些开花植物冬季落叶的空隙。大丽花虽是优良的盆花材料，也可大片群植于园林绿地，整片开花时尤为壮观，具有强烈的视觉冲击力。红花酢浆草、白芨、大花美人蕉、蜘蛛兰等还可点缀园林小品或配置岩石园。这些球根花卉已在园林上得到了广泛应用，并以极高的观赏价值得到了人们的认可。

第四节　盆花的应用

一、盆花的含义与特点

1. 盆花的含义

盆花是人们力图在建筑空间中回归自然而进行的一种尝试，其目的是要创造一个使建筑、人与自然融为一体并协调发展的生存空间。

在人为控制的空间环境中，一种供观赏的陈设品，能创造出充满自然气息和美感、满足人们生理和心理需要，栽植在盆中的植物，简称盆花。

2. 盆花装饰的特点

（1）方便性

盆花通常是在特定条件下（如花圃、温室）栽培成型后，达到适于观赏的阶段后移植到被装饰的场所摆放。盆花便于布置与更换，在较短的时间内便可将环境迅速美化起来，撤换也较为方便。

（2）适地性

装饰用盆花的种类可供选择的范围较宽，不受地域和适应性的限制。适应性广泛，对布置环境中不同程度的光照、水分、温度、湿度、肥料等方面都有与之相适应的盆花种类，便于在不同的环境条件下应用。

（3）适时性

盆花装饰可利用特殊栽培技术进行促成或抑制栽培，摆放出"不时之花"，例如，在国庆节开放牡丹、水仙，元旦装点郁金香、百合等。

（4）特殊观赏性

盆花便于精细管理，完成特殊的造型达到美学上更高的观赏要求，如梅花的曲枝栽培、绿萝的柱式栽培等。

（5）随意性

盆花装饰布置场合随意性强，在室外可装点街道、广场、庭院、建筑周围，也可装点阳台、露台、屋顶花园；在室内可装饰会场、公共娱乐场所、休息室、餐厅、甬道、商店橱窗、家庭居室等。

（6）多样性

盆花种类繁多，形式多样。花朵大小、花型、花色、叶形、叶色、植株大小、蜘蛛形态等，有极其多样的变化，为花卉装饰的丰富多彩提供了有利条件。

二、盆花的分类

1. 根据盆花植物组成分类

按盆花植物植物组成可以分为独本盆栽、多本盆栽、多类混栽。

（1）独本盆栽

一个盆中栽培一株，通常栽培的植物本身具有特定观赏姿态和特色的花卉，也是传统应用最多的方式，如菊花、大丽花、仙客来、瓜叶菊、一品红、彩叶凤梨、月季花、杜鹃花、茶花、梅花等。独本盆栽适于单独摆放装饰或组合线状花带（图 2-27）。

（2）多本群栽

相同的植物在同一容器内的栽植。对一些独本盆栽时体量过小及无特殊姿态的花卉或极易分蘖的花卉适用于多本群栽，可形成群体美（图 2-28）。如鹤望兰、白鹤芋、广东万年青、秋海棠、冷水花、虎尾兰、文竹、棕竹、旱伞草、葱兰等。可以单独摆放，更可种植在长形种植槽内形成小色块，有室内花坛的效果。

（3）多类混栽

将几种对环境要求相似的小型观叶、观花、观果花卉组合，栽种于同一容器内形成色彩调和、高低参差、形式相称的小群体，或再用匍匐性植物衬托基部，模拟自然群落的景观，成为缩小的"室内花园"（图 2-29）。多类混栽除注意植物对光照、空气湿度等条件相似外，

图 2-27　独本盆栽

图 2-28　多本群栽　　　　　　　　　　图 2-29　多类混栽

还需考虑对土壤理化性质的一致性。如果各花之间对土壤有不同要求时，也可在较大的种植槽内分设小盆分别栽种，以便分别管理；也可用无土栽培，生长期短。

2. 根据植物姿态及造型分类

根据植物姿态及造型可分为直立式、散射式、垂吊式、图腾柱式、攀缘式等类。

（1）直立式盆花

植物本身姿态修长、高耸、有明显挺拔的主干，可以形成直立性线条（图 2-30）。直立式盆花常用做装饰组合中的背景或视觉中心，以增加装饰布局的气势，体量大的如盆栽南洋杉、龙柏、蕉藕、棕榈类，小型的如旱伞草等。

（2）散射式盆花

植株枝叶开散，占有的空间宽大，多数观叶、观花、观果植物属于此类（图 2-31）。适于室内单独摆放，或在室内组成带状或块状图形，大型的如苏铁、椰枣，小型的如月季花、小丽化。

（3）垂吊式盆花

茎叶细软、下弯或蔓生花卉可做垂吊式栽培，放置室内的高处，或嵌放在街道建筑和房屋建筑的墙面上，使枝叶自然下垂，也可将吊兰悬挂窗前、檐下，其姿态潇洒自然、装饰性强（图 2-32），如吊兰、吊金钱、常春藤、球兰、鸭趾草、地锦、蔓性天竺葵等。

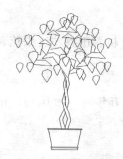

图 2-30　直立式盆花

图 2-31　散射式盆花

图 2-32　垂吊式盆花

（4）图腾柱式盆花

对一些攀缘性和具有气生根的花卉，如绿萝、黄金葛、合果芋、喜林芋等，盆栽后于盆中央直立一柱，柱上缠以吸湿的棕皮等软质材料，将植株缠附在柱的周围，气生根可继续吸水供生长所需，全株形成直立柱状，高时可达 2～3m，装饰门厅、甬道、厅堂角隅，十分壮观（图 2-33）。小型的可装饰居室角隅，使室内富有生气。

（5）攀缘式盆花

蔓性和攀缘性花卉可以盆栽后经牵引，使附覆于室内窗前墙面或阳台栏杆上，使室内生气盎然（图 2-34）。

图 2-33　图腾柱式盆花

图 2-34　攀缘式盆花

3. 依盆花高度分类

按盆花高度可分为特大盆花、大型盆花、中型盆花、小型盆花及特小盆花。

① 特大盆花　高度 200cm 以上。

② 大型盆花　高度 130～200cm。

③ 中型盆花　高度 50～130cm。

④ 小型盆花　高度 20～50cm。

⑤ 特小盆花　高度 20cm 以下。

4. 依对光照要求的不同分类

按盆花对光照要求的不同可分为要求光照充足的盆花、要求室内阳光充足的盆花、要求室内明亮而有部分直射光线的盆花以及可用于室内明亮而无直射光线的盆花。

（1）要求光照充足的盆花

适宜于露地花卉布置应用。若用于室内，只可短期观赏（3～10 天），如天门冬及各种露地花卉等。

（2）要求室内阳光充足的盆花

可摆放 10～15 天，须及时更换。如三角花、白兰花、梅花、一品红、扶桑、瓜叶菊、变叶木、仙客来、天竺葵类等。

（3）要求室内明亮而有部分直射光线的盆花

可陈设 30 天左右，冬季可延长 1～2 个月。如南洋杉、印度橡皮树、山茶花、朱蕉、秋海棠类、兰花、八仙花等。

（4）可用于室内明亮而无直射光线的盆花

可摆放 30 天左右，冬季延长 1～2 个月。如苏铁、海桐、广东万年青、散尾葵、南海竹、凤梨类、竹芋类、蕨类植物、八角金盘、棕竹、龟背竹、一叶兰等。

三、盆花的应用

1. 节日、庆典用花

（1）节日、庆典用花的寓意

植物具有深刻的文化蕴含，寄托着人们的情感和意志。中国历史悠久，文化灿烂，很多古代诗词及民俗中都留下了赋予植物人格化的光辉篇章。

① 国内节日、庆典用花的寓意

春节：是中国最重要的传统节日，在室内摆放水仙、仙客来、君子兰表示瑞祥，腊梅表示春花夏香、秋叶冬实、四时如意。

清明节：常用柳枝、菊花、桃花、百合祭奠死者，安慰生者。

端午节：常用带香味的艾蒿、菖蒲等草药扎在一起，作驱虫避邪之用，也可用蜀葵营造节日的氛围。

重阳节：人们常用菊花、桂花、竹菊酒表示庆贺，民间还有配戴茱萸消灾避难的习俗，香港人则互送菊花、玫瑰和兰花。

冬至：常用的柏树枝预示冬天的来临。

"六一"儿童节：可用粉色和淡黄色的插花，也可用火鹤与小菊做盆艺插花。

"七一"党的生日：正值荷花盛开之际，荷花、睡莲和红莲象征廉洁奉公的情操。

"八一"建军节：可在室内摆放苏铁，歌颂战士们英武顽强的精神。

"十一"国庆节：常用一串红表示热烈的祝贺，也可用桂花表示这一天无限荣光。

② 国外节日、庆典用花的寓意

情人节（2 月 14 日）：常用玫瑰、百合和郁金香等花送给情人。

复活节（3 月 21 日）：常用白色百合告慰死去的人。

秘书节（4 月 21 日）：常用中、小朵花做成的花篮、花束、花艺饰品送给秘书，以慰劳她一年的辛苦工作。

母亲节（五月第 2 个星期日）：用康乃馨、月季为主的胸花、花束、花艺制品送给母亲报答养育之恩，而日本则用凌霄花。

儿童节（6 月 1 日）：用多头小石竹花，把粉色和淡黄色为主的插花作为儿童节用花，祝愿孩子健康成长。

父亲节（6 月第 3 个星期日）：用铁线莲、花叶常春藤等蔓性花卉装饰礼品。日本用盆景或白色花卉送与父亲，表示祝贺。

万圣节（10 月 31 日）：欧美用观赏南瓜（橙色为象征色）做灯笼、面具或门旁、窗边的饰物，以示庆祝。

圣诞节（12 月 25 日）：常用欧洲冬青、云杉做圣诞树，表示报答恩惠之意。也常用圣诞花环，它是由欧冬青、一品红和光泽叶片、亮红果实、各色花朵、彩带制成的，表驱除妖魔、爱的永恒。

（2）节日、庆典用花的选择

① 乔木和灌木　用来突出植物造景的竖向构图，丰富景观的设计空间，使整体设计空间更灵活、丰满、富于变化、更具生命力和感染力（图2-35）。

② 插花　插花花艺有着鲜明、亮丽的色彩及鲜活的生命力，雅俗共赏，因而具有极强的艺术感染力和装饰美化效果，广泛应用于节日、庆典用花。根据插花的艺术风格可以分为东方式插花、西方式插花和现代自由式插花3种；根据花材的性质可以分为鲜花插花、干花插花、人造花插花和混合插花（图2-36）。

③ 草花　包括一二年生花卉、球根花卉及多年生宿根花卉。园林景观植物造景对草花的品质要求很高。通常应具备3个条件：一是花色，要求花色明亮鲜艳，有丰富的色彩幅度变化，花期一致；二是叶色，要求红、绿、黄、银白，与花色形成明显反差；三是株高，要求整齐一致、低矮，一般10～40cm的矮性品种为宜；四是花序，要求花序水平展开，花朵大或繁多（图2-37）。

图2-35　乔木和灌木　　　　　图2-36　插花　　　　　　　图2-37　草花

2. 会议用花

（1）会议用花的种类

会议用花主要包括盆花和插花两种。盆花和插花形式多样、活泼生动，能迅速营造一种亲切、和谐、热烈、欢快的气氛。

（2）会议用花的选择与布置

会议的会场有大、中、小之分，会场根据会议的大小、性质等来布置。

① 小型会议的会场用花　一般以椭圆形排成一圈，中间留有低于台面的花槽或留出空的地面（图2-38）。低于台面的花槽中可以摆设花卉或观叶植物，也可进行插花布置，高度一般不高于台面10cm，以免影响视线。

② 中型会议的会场用花　将会议桌排列成"口"字形，中间留出空地，空地上用盆花排列成图案或自然式，也可用大堆头式的西方花艺布置（图2-39）。这种布置方式不但能充实空间，缩短人与人之间的距离，还可活跃气氛，让人宛如置身于生机勃勃的自然之中。

③ 大型会议的会场用花　重点是主席台的布置。主席台布置在前排，台口用若干排盆花整齐摆放，后排盆花高于前排，但要低于台口1/3，前排盆花下面并用低矮观叶植物做烘托，以不暴露花盆为佳（图2-40）。主席台上所用鲜

图2-38　小型会议的会场用花

图 2-39　中型会议的会场用花　　　　　　　图 2-40　大型会议的会场用花

花高度不超过 20cm，宜用下垂性的插花做点缀。主席台的后排摆放高大整齐的观叶植物作背景。在主席台一边的独立讲台上，可用鲜花做弯月形或下垂式的装饰。有的特大会议规格较高，可在主席台后排用鲜花做大型花艺布置，并在主席台的两侧摆放高大的观叶植物和大型组合插花做对称的布置。同时还需考虑会场四周和会场背后的植物布置，使之整体之间相互呼应，以突出会议隆重、壮观和热烈的气氛。

　　大型会议有反映主题的开幕式花饰，如进入会场的大厅空间较大，可以有规律地点缀花饰以渲染气氛。在设有主席台的会场，可根据台面的长度，设计 1～3 组花饰。台下若设有嘉宾席，可根据情况设计小型的水平型插花。圆桌会议的中间可放置 1～2 盆水平型插花；若中间为空地，则可在会议桌两头摆放若干盆水平瀑布型的插花，中间摆放一些观叶盆栽；若空地大，也可设计反映主题的大型花艺作品。在接待室或会客室中的茶几和花几上可放置插花。主宾茶几的花饰可比普通茶几的更加华丽。

　　3. 商业装饰用花

　　(1) 商业装饰用花的意义

　　在有限的环境里寻找绿色的世界和舒适的精神生活，植物永远是人类最好的伴侣，人们喜爱植物的色彩美、形态美、芳香美，更爱植物赋予的寓意。

　　用绿色植物作为装饰用花进行室内软装潢，是当今世界装潢行业流行的总趋势。近年来绿色植物装饰开始大量地进入商业，使商场、商务会所、商务楼等室内和室外多了一道有生命的绿色风景线 (图 2-41)。通过有创意的植物配置，用各具美态的观赏植物进行绿化装饰，可丰富空间的层次，柔化建筑环境，营造出回归大自然的氛围，还可展现户主的个性和特色，创造出优美、温馨、时尚的商业装饰风格。

　　(2) 商业装饰用花的选择与布置

　　① 门厅装饰用花　　门厅是室外通往室内环境的必经之路，它由台阶、门廊组成，起着空间过渡、人流集散的作用。在装饰时，首先要考虑出入的正常通行和从内到外的空间流动感 (图 2-42)。门厅的布置大多按空间大小来装饰。空间较大、较宽敞的，多以对称的规则式布局法，中间用盆花堆叠成花坛，形成视觉中心，两侧用高大的观叶植物作陪衬，下面用低矮植物做烘托，让人从两侧进出，给人以开阔、舒展的感觉。一般浅色的墙面宜选择常绿、深色的花卉，深色的墙面宜用浅色花卉。

　　② 出入口装饰用花　　无论是建筑的入口还是外部空间的入口，都被人们视为植物装饰的重点，在建筑空间序列中占有"首席地位"(图 2-43)。因为入口不仅是"内"与"外"、"彼"与"此"的划分点，更为出来此处的人留下难忘的第一印象，用植物加强与美化入口

图 2-41　商业绿化装饰

图 2-42　门厅装饰用花

图 2-43　出入口装饰用花

可以说是"画龙点睛"，在入口处进行绿化组织是要首先满足功能要求，不要影响人流与车流的正常通行及阻挡行进的视线。另外，入口的绿化还要能反映出建筑的特点。

强调出入口的绿化方法一般有诱导法、引导法、对比法。诱导法是在入口处种植明显的植物，让人在远处就能判断出此处为入口；引导法是将通道入口的道路两旁对植绿化，使人在行进过程中视觉被强迫性地引到入口；对比法是在入口处变化树种、树形、绿化的颜色等使人的视觉连线受到阻断，引起人们对入口的注意。

③ 大堂装饰用花　现代建筑格局的变化使其功能不断提高和完善，大型商场、机关等建筑，都设计有高大宽敞的大堂。大堂中的布置应满足其功能的需要（图 2-44）。在设计布局上要因地制宜，布置的植物既有区域隔断的功能，又有过渡和引申空间的作用。空间宽敞高大的大堂应用巨木参天的观叶植物作为主景，中间穿插高低有序的低矮植物，使之形成热带山林的自然景观。有的大堂背景设有山石、飞瀑或小桥流水，植物的配置更是恰到好处，形成自然之趣，宛若天成。

4. 家居装饰用花

图 2-44 大堂装饰用花

城市的美取代不了自然的美，在享受家居现代化"硬件"的同时，更需要让大自然回到室内，让人与有生命的植物亲近，改善生活质量，提高生活情趣。植物迎合了人们精神上的需要，使人们在繁忙的工作之余多了一份精神快餐和一份绿色的享受。目前居室内的植物组合布景属于室内软装饰类的新兴学科，它表现了一种社会时尚，已成为现实生活中人们关注的热点。

(1) 家居装饰用花的原则

① 协调统一，相互呼应　用植物布景应注意与建筑和装饰风格、室内陈设、家具形态、颜色、质地以及灯光配置、光线明暗相协调、相适应（图 2-45）。通过植物布景做媒介，达到和谐一致，使诸因素各尽所能、互相辉映，在统一种求变化，在变化中求统一。若房间内光线较强，家具、墙面呈浅色，则宜选用色彩鲜艳的花卉，宜给人一种宁静柔和感觉，这样深浅浓淡相互衬托，才能营造出一份温馨和谐的家庭氛围。

② 主次分明，合理搭配　植物布景是一个有机整体，不同的季节里植物摆放位置都有主与次、重点与一般的合理布局问题，各个季节应有不同的花卉，使植物布置依时而变，不断更新，新鲜且具有活力（图 2-46）。如春天可选用丁香、马蹄莲等花卉；夏天可选用茉莉、百合、菖兰等；秋天可选用米兰、小雏菊等；冬天可选用仙客来、水仙花等。在布景过程中，如能突出季节性花卉，会令人感到更有情趣。

植物摆放位置也是主次分明的重要方面，如客厅一角放置大型植物，则茶几上就应放置小型的插花作品或盆栽植物，以小见大衬托出客厅中大型植物的布景效果。总之，室内植物摆放应大小合理搭配，全是体量小的花会显得没有主题，缺乏节奏感，布景收不到应有效果；全是体量大的花卉显得拥挤繁杂，影响生活，所以摆放时应注意主次分明，以视觉效果好为标准。

③ 点、线、面有机结合　中国的传统文化如绘画、插花、造园等艺术都十分强调点、线、面的运用与结合，使整体画面有动势、有均衡感，室内花卉布景也应掌握这一原则（图 2-47）。花卉不宜太多、太杂，种类过多、色彩太杂会影响布景的整体效果。室内面积较小的空间，可运用点状布置方式，即选用叶片细小、体态轻盈秀丽、植株较矮的植物。室内布景的另一种形式是线状布景，线状有横线、垂线和曲线。一般横线排列多在窗台上、阳台栏杆上、庭院墙根，放置同类型的花卉造景形成横线状。垂线、曲线多半是将藤蔓或柔软枝条的植物悬空吊挂。在比较宽敞的客厅内，可选用叶面宽大且有一定高度的植物形成块面，改变和调节室内的色彩和空间，让人有一种亲切、回归自然的心理感受。室内植物布置只有做到点、线、面三者有机结合，才能形成一幅幅生动的艺术画卷，使植物与周围环境产生"呼应"、"和声"与"共鸣"。

图 2-45 协调统一，相互呼应

图 2-46 主次分明，合理搭配

图 2-47 点、线、面有机结合

（2）家居装饰用花的特点

家居装饰用花能作为现代生活的一种时尚，具有陶冶情操，增加乐趣；净化空气，有利于健康；美化环境，调节气氛的特点。

（3）家居装饰用花的设计要素

① 玄关花卉装饰 玄关是从室外到市内的过渡地带，是居室进门处的一个隔断（图 2-48）。因房型不同或房主风格不同而千差万别，没有一个定式。大多用花窗、玻璃、鞋柜等作隔断。玄关装饰是主人居室风格的首次展示，其优美的布置能给人留下良好的印象。风姿绰约的鲜花枝叶，或永不凋谢的藤条、干燥花、人造仿真花都可做玄关装饰的材料。

② 客厅花卉装饰 客厅是家人活动和亲朋好友相聚交流的场所，现代居室设计讲究大客厅小卧室，这是充分体现了客厅功能的重要性和多样性，主人可根据自己的爱好、修养和个性，植物装饰调节气氛，改变空间，满足家人和客人多方面的欣赏要求。装饰客厅花卉布景应掌握以下 3 点。

a. 因地制宜，考虑整体视觉效果。客厅面积较小时，宜选用体量小、植株矮的观叶植物、盆栽植物、垂吊花卉、艺术插花和水培植物，配以单枝、数枝水养花卉或迷你型插花作品、盆栽植物。宽敞的客厅可采用组合布景（图 2-49），植株高大的可落地摆放，中小型的植物放在茶几和矮柜上，还可吊挂一些藤蔓植物，使布景具有立体效果，增加室内美感。客厅一般都与阳台连接，应考虑室内外绿化在视觉上的相互渗透，融为一体，增加深远感。

图 2-48 玄关花卉装饰

图 2-49 宽敞的客厅花卉组合装饰

b. 观赏与实用结合，以不影响生活为标准。植物放置一般应靠边，不宜居中，大的植物应放在墙角、沙发后，不要影响行走。

c. 充分考虑植物习性。我国地处北半球，室内朝南的部位采光最佳，客厅虽然阳光和通风条件相对都比较好，但毕竟是室内，即使是朝南的客厅也得不到阳光长时间的直射。

③ 餐厅花卉装饰　餐厅的功能都是一样的，就是人们就餐的场所。用植物装饰餐厅在现实生活中较为普遍，如在餐桌上放上一款插花，在餐厅的窗台上、餐具柜或酒柜上放上观叶植物，可是就餐者心情舒畅，食欲大增（图2-50）。餐厅要求卫生、安静、舒适，所以在装饰布置时宜以简练随和为主格调，以淡雅、清爽、明丽的色调为佳。在餐厅绿化装饰时应考虑以下几个因素。

a. 宜用暖色调，或色彩比较鲜艳的插花作品。暖色调使人大脑神经兴奋，刺激食欲，特别是亲朋好友聚餐，给人一种热情友好的感觉。

b. 忌用浓郁香味或异味的花卉，特别是餐桌上的花卉，有时就餐时也放在餐桌上，如香气太浓或有异味，会冲淡食品的原有香味。

c. 注意花卉、花器的卫生和造型，餐桌花卉是近距离欣赏，要考虑造型别致，色彩宜人等因素，给人以美的享受。

④ 卧室花卉装饰　卧室是人们休息、睡眠的场所，具有很强的私密性。卧室绿化装饰布置宜体现温馨、宁静、舒适的情调（图2-51）。卧室摆放的植物宜少而精，且以仙人掌类植物为佳。主要是因为大多数植物白天在阳光下进行光合作用，释放氧气；而在夜间进行呼吸作用，释放二氧化碳，会使室内二氧化碳浓度提高，不利于人体的健康，而仙人掌类植物的气孔在白天是关闭的，光合作用制造的氧气到晚上才释放，对人们的身体健康有好处。卧室绿化装饰应根据不同年龄层次有所区别。

图 2-50　餐厅花卉装饰

图 2-51　卧室花卉装饰

a. 夫妇卧室：夫妇卧室的绿化装饰应突出以香为主的特点。应选择红玫瑰、扶郎、蝴蝶兰、茉莉花、满天星等带香味植物，既美观又具有清香；另外，在窗台上也可摆放一些向阳性植物，如米兰、杜鹃、一品红等，在角落处也可装饰一些观叶植物，如绿萝、彩叶芋、鹅掌楸、巴西木等。

b. 儿童卧室：儿童卧室的绿饰首先要考虑到孩子的个性、喜好，还要考虑实用性、安全性、启发性，要突出活泼、亮丽的特点。儿童居室宜选用儿童喜爱的、具有鲜艳色彩和特殊形状的花卉。如彩叶草、三色堇、变叶木、生石花、松鼠尾、孔雀竹芋、兔子花等姿态奇特的植物，以培养儿童热爱大自然的情趣，启发儿童的思维。不要放置太高大、有毒和带刺的植物，也不要用悬吊装饰，以免发生意外。不宜使用儿童喜爱触摸的含羞草，因其体内含有含羞草碱，能引起人的毛发脱落、眉毛稀疏等过敏反应。

c. 老年人卧室：老年人卧室的绿饰以清新淡雅、管理方便的常绿花卉为主，如小型苏铁、仙人掌、兰花、龟背竹等，郁郁葱葱，象征老人长寿、平平安安；同时可以改善睡眠环境，有利于老人健康。老人房不宜放置垂吊植物，以确保老人的安全。对喜静的老年人的住房，宜放置些观叶植物，如兰花、米兰、吊兰、伞草、孔雀木、文竹、铁线蕨等，一般要求叶片纤细，这类植物给人一种温柔、轻松、宁静的感觉，有利于消除疲劳。也可选用一些小型盆景和有轻微香味的植物，将它们安置在床头柜上，可以在一定程度上起到安定情绪和催眠的作用。若卧室主人喜爱观赏素雅的花朵，可选用带有偏冷的白色、蓝色、紫色的花卉，如茉莉、瓜叶菊、八仙花等。

⑤ 书房花卉装饰　一杯茶、一支笔、一本书、一台电脑……静静地思考人生、静静地享受生活，这是怎样的一种生活情调。书房是阅读、写作的场所，书房的花卉布置与其它场所不同，因此，在布置时需要营造一种优雅舒适、宁静安谧的气氛（图2-52），以利于主人聚精会神地阅读，不受外部环境的纷扰。因此，应选择体态轻盈、姿态潇洒、文雅娴静、气味芬芳的植物，如文竹、兰花、君子兰、吊竹梅、常春藤、棕竹、吊兰、米兰、茉莉、含笑、南天柱等摆放，以点缀墙脚、书桌、书架、博古架，配合书籍、古玩等，形成浓郁的文雅氛围。书房的花卉不易色彩太艳，品种数量不宜太多，要有利于环境的清静，选择花卉既要考虑适合环境又要突出个人爱好和修养，让你喜爱的花卉陪伴着你，使你有份好心情进行工作和学习。

图 2-52　书房的花卉装饰

5. 阳台、窗台花卉装饰

（1）含义

高层建筑日益普遍，利用阳台、窗台绿化美化环境就显得特别重要。阳台、窗台花卉装饰是指按照植物的生物学习性、观赏特性及栽植目的，在阳台和窗台上或结合阳台和窗台布置各类花卉、果树、蔬菜和药用植物等的装饰形式。国外将绿化美化的阳台、窗台称为窗园。

（2）阳台、窗台花卉装饰的原则

① 安全性原则　阳台、窗台花卉装饰，都属于高空立体绿化的范畴，因此安全性极为重要。主要包括防止摆放的种植容器坠落，稳固阳台、窗台外侧安装的种植槽，防止浇水施肥时出现滴漏等问题。

② 遵循环境艺术布局　阳台、窗台花卉装饰的目的是创造一个舒适、美观、和谐的自

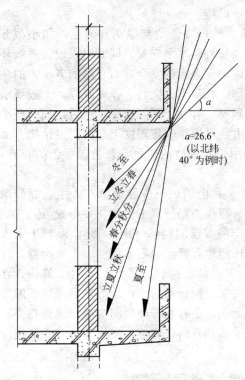

图 2-53　阳台内的日照变化图

然小环境，是植物栽培与环境艺术的巧妙结合，既要充分了解各种植物的生态习性，又应遵循环境艺术布局原则，尽量体现阳台装饰的美感。

③ 巧用空间布局　阳台、窗台的空间有限，需巧妙利用，既要注意整齐美观，避免杂乱无章，又要注意层次，适当留有空间，不使花盆和其它物品堆积过多。

④ 色彩的合理搭配　阳台、窗台花卉的色彩设计，应与周围环境的景观、建筑的整体立面景观及室内的色彩协调统一，同时考虑阳台的功能，并依据不同的季节选择不同的植物。如炎热的夏季应选择冷色调的植物，给人以清爽的感觉；冬季应选择暖色调的植物。居家阳台、窗台还要根据个人爱好来选择植物。

(3) 阳台、窗台花卉的选择

一般阳台面积有限，在植物种类选择上应掌握常绿小乔木、小灌木、草花或藤蔓植物相结合的原则。同时尽量选择不易发生病虫害、观赏价值高、易于养护管理的植物种类，尽可能达到月月有花可赏、季季有色彩变化，甚至秋有果实可尝、增添情趣。

阳台的朝向不同，光照条件各异。充分了解阳台的这些特点，选择适宜的植物种类，才能真正达到阳台绿化的目的（图2-53）。

① 朝南阳台、窗台　此类阳台通风好，光照充足，日照时间长，昼夜温差大，白天温度高，夜间温度低，蒸发量大，空气干燥。大部分喜光好热的植物，都适宜在此类阳台上种植和装饰。如天竺葵、大丽花、半支莲、月季、吊兰、文竹、凤仙花、米兰、仙人掌类、芦荟及盆栽苹果、盆栽桃、盆栽山楂等。此类阳台在气候温暖地区一年四季均可应用。

② 朝北阳台、窗台　朝北方向的阳台，全天大部分时间只有散射光，气温较低。此类阳台应选择耐阴的花卉，如吊兰、文竹、含笑、四季海棠、散尾葵、万年青、橡皮树、虎尾兰、龟背竹、南天竹、变叶木、栀子、发财树等。朝北阳台养花以春、夏、秋三季为最佳季节。

③ 朝东阳台、窗台　上午有阳光直射，午后只能见散射光。此类阳台适宜栽培短日照和稍耐阴的植物，如蟹爪兰、君子兰、兰花、杜鹃花、朱顶红、一品红、马蹄莲、山茶等。

④ 朝西阳台、窗台　上午不能见到直射阳光，而午后却阳光直射且光照强度大，时间较长。多选择蔓性植物，如葡萄、羽叶茑萝、牵牛花、金银花、凌霄、紫藤等。

(4) 阳台、窗台花卉的布置形式

① 阳台的类型及花卉布置形式　阳台从平面形式上可分为内阳台（凹阳台）、外阳台（全挑阳台）、半挑阳台及转角阳台等；从结构上分为透空栏板阳台、实心（封闭式）栏板阳台，有的在栏板的不同部位设有种植槽。阳台植物配置时，根据不同的阳台结构及面积大小，充分和巧妙地利用空间，灵活布置。通常阳台花卉布置有以下几

种方式。

　　a. 棚架式：于阳台四角立竖杆，上方缚横杆，构成棚架；或在阳台的外边角立竖杆，于竖杆肩缚竿或牵绳，形成栅栏状篱架。这种形式适应于南向河西向阳台（图2-54）。

　　b. 花沿式：将大小、高矮、观花、观叶和色彩、姿态各异的植物配置在栏沿上，显得错落有致。是当前最常见、也是最简单的一种阳台绿化形式（图2-55）。

　　c. 花栏式：在阳台围栏外侧设置托架，固定花槽或花盆，种植菊花、万寿菊、半支莲、一串红等色彩艳丽的一、二年生草花，美化围栏外侧（图2-56）。

　　d. 悬垂式：用小巧的容器栽植吊兰、蟹爪兰、彩叶草、鸭趾草等，悬挂于阳台顶板上，美化立体空间；或在阳台栏沿内侧稍低位置悬挂小型容器，栽植藤蔓或披散形植物，使其枝叶越过栏沿而悬挂于阳台之外，美化围栏（图2-57）。

　　e. 附壁式：在围栏内、外侧的容器中种植地锦、凌霄等具有吸盘或气根的木本藤蔓植物，绿化围栏和附近墙壁。可在较小的栽培面积中获得较大的绿化效果（图2-58）。

　　f. 梯架式：在较小的阳台上，为了扩大种植面积，可利用阶梯式或其他形式的盆架，在阳台上进行立体盆花布置（图2-59）。

图 2-54　棚架式

图 2-55　花沿式

图 2-56　花栏式

图 2-57　悬垂式

图 2-58　附壁式

图 2-59　梯架式

　　g. 综合式：将以上几种形式合理搭配，体现综合的美化效果，在实际中应用较为普遍。如果面积许可，阳台上甚至可布置小型山石水体，创造园林逸趣（图2-60）。

图 2-60　综合式

② 窗台花卉布置形式　窗台花卉装饰通常以窗为界，分为室内窗台花饰和室外窗台花饰两种。室外窗台花饰式建筑立面的组成部分，要注意建筑的整体协调美，同一幢建筑的花卉装饰应该力求协调和统一。窗台花卉装饰通常有以下方式。

a. 植槽式：因为普通楼房的窗台面积比较小，植槽最好悬挂在窗台外侧，不占窗台空间。植槽通常宽20cm左右，高15～20cm，长度依据窗台的大小而定。悬挂在窗台正面的，可种植低矮或匍匐的一、二年生花卉，如矮牵牛、半枝莲、美女婴、金鱼草、矮鸡冠、凤仙花等。窗台两侧的植槽，可种些爬藤植物，如红花菜豆、羽叶茑萝、旱金莲、文竹等，以竹竿、铁丝或细麻绳等牵引，使花卉缠绕其上，既美化了环境，又遮住了夏天的烈日（图 2-61）。

b. 悬盆式：在窗台的上方空间悬挂一些横杆，其上悬吊盆花。悬盆式可选择低矮或悬垂式的花卉，如仙人掌、蟹爪兰、玉米石、盾叶天竺葵、吊兰、常春藤等（图 2-62）。

c. 摆盆式：在窗台上摆花，这是比较灵活而简易的方法（图 2-62）。

图 2-61　植槽式

图 2-62　悬盆式与摆盆式

6. 室内花卉应用

（1）室内花卉应用的意义

① 改善室内小环境　由于室内空间的封闭性以及各种化学材料的使用，导致室内污染日趋严重。室内植物枝叶有滞留尘埃和补充对人体有益的氧气等作用，因此运用植物释放氧气、吸附有害气体、增湿、产生负离子等生态功能则是改善室内环境的重要途径之一。

② 美化室内空间　植物是生命与和平的象征，是构成室内空间重要的美学要素之一。室内植物具有观花、观叶、观果等多种素材，不仅带来了大自然的气息，也为室内空间带来丰富的色彩和质感（图 2-63）。植物不仅可美化建筑空间，而且与室外的植物景观相呼应，

图 2-63　花卉美化室内空间

沟通了人们在不同的活动空间中与自然的交流。

③ 组织室内空间　不同空间通过植物配植，达到突出该空间的主题，并能用植物对空间进行分隔。

在室内环境美化中，植物绿化装饰对空间的构造也可发挥一定作用。如根据人们生活活动需要，运用成排的植物可将植物空间分为不同区域；攀援上格架的藤本植物可以成为分隔空间的绿色屏风，同时又将不同的空间有机地联系起来。此外，室内空间如有难以利用的角隅（即"死角"），可以选择适宜的室内观叶植物来填充，以弥补房间的空虚感（图 2-64），还能起到装饰作用。运用植物本身的大小、高矮可以调节空间的比例感，充分提高室内有限空间的利用率。

近年来，许多大、中型公共建筑的底层或层间开辟有高大宽敞、具有一定自然光照且有一定温、湿度控制的"共享空间"，用来布置大型的室内植物景观，并辅以山石、水池、瀑布、小桥、曲径等，形成一组市内游赏中心。

还有很多超市和商场内的绿化设计非常成功。还建设了全气候、室内化的商业街，成为多功能的购物中心。为提高营业额，商家都很重视植物景观的设计，使顾客犹如置身露天商场。不但有绿萝、常春藤等垂吊植物，还有垂叶榕大树、应时花卉及各种观叶植物。底层或层间常设置大型树台，宽大的周边可供顾客坐下略事休息。

④ 调和室内环境的色彩　根据室内环境状况进行植物装饰布置，不仅仅是针对单独的物品和空间的某一部分，而且是对整个环境要素进行安排，将个别的、局部的装饰组织起来，以取得总体的美化效果。经过艺术处理，室内植物装饰在形象、色彩等方面使被装饰的对象更为妩媚。如室内建筑结构出现的线条刻板、呆滞的形体，经过枝叶花朵的点缀而显得灵动。装饰中的色彩常常左右着人们对环境的印象，倘若室内没有枝叶花卉的自然色彩，即使地面、墙壁和家具的颜色再漂亮，仍缺乏生机（图 2-65）。绿叶花枝也可做门窗的景框，使窗外景色更好地映入室内，不悦目的部分用植物遮蔽。因此，室内观叶植物对市内的绿化装饰起到很重要的作用。

⑤ 陶冶情操　绿色植物所显示出的蓬勃向上、充满生机的力量。人们可以从植物那里得到许多的启示，使人更加热爱生命、热爱自然，陶冶情操，净化心灵。不同的植物，其展示给人们的不同色彩、姿态和性格，因此东西方人给不同的植物赋予了不同的象征和含义，比如我国喻荷花为"出淤泥而不染，濯清涟而不妖"，象征高尚情操；喻竹为"未曾出土先有节，纵凌云霄也虚心"，象征高风亮节；称松、竹、梅为"岁寒三友"；梅、兰、竹、菊为"四君子"等。

图 2-64　花卉装饰室内角隅

图 2-65　花卉调和室内环境的色彩

植物在四季时空变换中形成典型的四时即景：春花，夏果，秋叶，冬枝。不同的季节展示植物不同的色彩和形态，时迁景换，美轮美奂。室内植物是室内高雅的装饰品，是生命科学、美学与文学的总和，在室内空间之中用植物布景，使人心旷神怡，陶冶情操，是一种艺术的享受与熏陶。

植物之美具有以下几种类型：植物的自然形态美、植物的色彩美、植物的造型艺术美、植物的陈设组合美。

(2) 室内环境的特点

室内环境与室外环境不同，室内不同部位的生态环境有很大差别，要使盆花在室内充分体现旺盛生机，布置中需科学分析环境的差异和植物在该条件下的反映，在此基础上再加以艺术的布局，使植物的自然美表现得更集中、更突出，更有益改善室内环境，有益于身心健康。

① 室内的光照环境　室内光照一般仅为室外全光照的 20%～70%。因此，光因子是室内条件下影响植物生长的第一限制因子。只有根据不同的室内光照条件，科学地选择耐阴性不同的观赏植物才能实现室内植物设计的目的。

不同花卉对光照的需求不同。一般而言，强阴性花卉可以在 1000～1500lx 光照强度下正常生长，阴性花卉在 5000～12000lx 条件下可正常生长。半阴性花卉适于 12000～30000lx 环境条件，阳性花卉需要 30000lx 以上的光照才能生长。

室内环境的自然光分布与当地的地理位置、建筑的高度、朝向、采光面积、季节、室外遮荫情况等众多因素有关。例如在北方 2 月份五层楼的南窗台，晴天中午最亮出为 26000lx，此时距窗 7.5m 远的位置光照仅为 700lx。在室内北向较阴处，白天仅为 20～500lx。光照弱是室内植物冬季生长量减少甚至休眠的主要原因。室内不仅光照弱，而且光源方向固定，植物会因向光性而导致株型不整齐。

② 室内的温度环境　大部分室内植物的最高培育温度为 30℃ 左右，原产热带花卉生长的最低温度一般为 15℃，原产亚热带花卉生长的最低温度为 10～13℃，大多数室内花卉在 15～24℃ 生长茂盛。而人类工作、休息的室内温度一般为 15～25℃。因此适于人类的温度可以满足大部分原产温带、亚热带及部分热带花卉的正常生长。室内温度条件与

自然相比，不利于植物生长的方面主要是室内昼夜温差较小，甚至常常会有夜间温度高于白天的状况。

③室内的空气环境　由于很多细菌在不通风的情况下迅速繁殖，使植物生病枯死，所以室内需要适当地进行通风。

空气中的二氧化碳都是植物光合作用的主要原料和物质条件。这2种气体的浓度直接影响植物的健康生长与开花状况。树木有机体主要元素中，碳占45%、氧占42%、氢占6.5%、氮占1.5%、其它占5%，其中碳、氧都来自二氧化碳，提高二氧化碳浓度可大大提高植物光合作用效率。因此，有时在植物的养护栽培中应用了二氧化碳发生器等。

空气中还常含有植物分泌的挥发性物质，其中有些能影响其它植物的生长，如铃兰花朵的芳香能使丁香萎蔫，洋艾分泌物能抑制圆叶当归、石竹、大丽菊、亚麻等的生长，还有的植物具有杀菌驱虫的作用。

④室内的湿度环境　大多数室内观叶植物要求空气的相对湿度为40%～70%较为适宜，而原产热带丛林的花卉需空气湿度70%～90%才能正常生长。只有原产干旱地区的花卉如仙人掌类（图2-66）等可在10%～30%的空气湿度正常生长发育。人类生活适宜的环境湿度为40%～70%。在北方冬季没有加湿设备的条件下，室内湿度一般为18%～40%，多数植物生长不良。因此，空气湿度也是限制室内植物生长发育的不利条件。

图2-66　原产干旱地区的仙人掌类

（3）室内花卉的选择

用于室内装饰的花卉材料分为植物材料与非植物材料。

凡是适合于室内栽培和应用的绿色植物，我们称其为室内植物。一般室内的光线比户外弱很多，因此室内植物对光线的需求程度必须比一般的植物低，才有可能短期或长期在室内生长或存活。室内植物除观叶植物外，还有鲜切花、干花和盆景等。

非植物材料主要是指仿真植物，如绢花、塑料花、干花等人造花。由于这些材料可以长期保存，深受人们欢迎。

①植物材料　用于室内装饰的植物材料按装饰功能分主要有观叶植物、插花用的鲜切花、盆景、干燥花等。按栽植方式分主要有单株栽植、组合盆栽、水栽、瓶栽（图2-67）等。

②非植物材料　非植物材料主要是仿真植物。仿真花是一种以自然界花卉或花卉的

某一部位作为模拟对象，由人工制造的产品。仿真花是最典型的仿真植物，它最诱人的地方是可以将鲜花的瞬间美丽定格为永恒。近年来，随着科技的发展，人造花卉的造型艺术水平不断提高，越来越被人们所接受，已成为一种家饰时尚潮流，一种流行趋势。仿真花的品种、造型、颜色不断变化，不断推陈出新（图2-68），在用料方面也打破了过去单一品种材料制花的传统，而大胆运用了丝、纱、麻、涤纶、毛巾、无纺布、木片、纸张等新材料。

图 2-67　瓶栽花卉

图 2-68　仿真花

（4）室内花卉应用形式与景观设计

① 室内花卉应用形式

a. 与建筑风格的统一：在古香古色的大厅，用苍劲的松柏盆栽和盆景来装饰就显得和谐统一；宽敞明亮建有水池的大厅则可用椰枣、榕树和铁树等装饰，创造一种南国风情；宏伟的大厅要用高大挺拔的大型植物，如南洋杉、芭蕉等植物，显的气度雄伟；如果大厅内建有江南风格的园林，则可配置几丛翠竹，显的灵秀清雅，有超凡脱俗之感。

b. 与季节、节日的协调：在夏季可以放置使人感觉清凉的植物，如：冷水花、网纹草；在喜庆的节日里，应摆些鲜艳的花卉，如碧桃、小苍兰、瓜叶菊、仙客来、一品红和蝴蝶兰等。

c. 与空间的大小相适应：在选材时首先要根据空间的大小，选择体量、高度适宜的植物，一般的原则是面积较大的空间选择体量较大、叶片较大的植物，如龟背竹、马蹄莲、大花君子兰、斑叶万年青等花卉；当房间举架高时可选择有一定高度的植物，如巴西木、发财树、白玉兰等，也可以布置一些悬挂植物对高处进行美化，或布置攀援植物，如常春藤、吊兰等；在较小的空间则应选择体型较小巧的植物，如肾蕨、孔雀竹芋等。

d. 与室内色彩相协调：利用植物叶、花、果的不同色彩特点进行美化居室是室内绿化美化的重要组成部分，而在布置时要与家具和其它的装饰材料、装饰物的色彩进行协调配合，形成既有对比又有调和的统一体。

② 室内花卉装饰布置的原则

a. 与室内设计总体风格协调：隆重的会场要求严肃庄重的气氛，宜选用形态整齐、端庄、大体量的盆花组成规则线与点与主体，色彩宜简单不宜复杂。一般性庆祝会或纪念会场，宜创造活泼轻松的气氛，所用盆花体量不必太大，花卉色彩可适当丰富，色调热烈，布置格局不必整齐严肃，盆花组成的点与线可增加些变化。在一般居室要创造舒适、轻松宁静的气氛，摆设不宜过多，色彩宜淡雅。

b. 装饰的风格布局要与环境协调：即与建筑式样、室内布置整体的风格、情调以及家具的色彩、式样相协调。在东方式建筑、家具陈设环境下，盆花配以松、竹、梅、兰、南天竹、万年青、牡丹等，再配上几架就觉十分相称。在现代化建筑与陈设的环境中常配以棕竹、椰枣、绿萝、朱蕉或垂吊花卉更感妥帖。

c. 遵循形式美的基本规律：室内花卉设计要遵循艺术的基本规律，尤其注意多样统一原则的运用。通过确定主要的植物种类及其数量、主要的色彩要求的统一；通过植株的高低、质地、色差、花期、栽培方式等要素获得丰富的效果。

d. 遵循科学性和生态性原则：根据植物的生长习性、生态习性、观赏特性，在室内不同的光分布区域内，选择适宜的花卉种类及植株体量进行合理配置。同一地段或同一容器中的花卉应选择对光照、土壤、水分等需求相近的花卉组合。群落的构成也以喜光植物在上方、喜阴植物在下方的原则布置。有异味及经研究有挥发性毒素的花卉种类不宜在室内应用。

③ 室内花卉的布置设计

a. 风格：室内绿化装饰应首先做到与环境相协调、和谐。建筑的形式，整个室内的情调、风格，家具的式样以及地面、墙面等诸多因素都影响到室内植物装饰的内容和形式。在花卉景观的设计中，要与不同的布置位置和目的相适应；要根据植物本身的生态习性和栽培特点来布置；要与主人的性格、职业、生活习惯等相适应。

b. 布局：植物作为室内花卉景观设计的要素之一，对组织、装饰美化室内空间有着重要的作用。运用植物组织室内空间大致有以下几种手法。

ⅰ. 内外空间过渡与延伸。植物是大自然界的一部分，人们在绿色植物的环境中，会感到身处在大自然。将植物引进室内，使室内空间兼有外部大自然界的因素，达到了内外空间的自然过渡。将自然界植物引入室内空间，能使人减少突然从外部自然环境进入到一个封闭的室内空间的感觉。为此，我们可以在建筑入口处设置花池、盆栽或花棚，在门廊的顶部或墙面上作悬吊绿化，在门厅内作植物组景（图 2-69），也可以采用借景的办法，通过玻璃和透窗，使人看到外部的植物等手法，使室内室外的绿化景色互相渗透，连成一片，即使室内的有限空间得以扩大，又完成了内外过渡的目的。

ⅱ. 限定与分隔空间。建筑内部空间由于功能上的要求，常常被划分为不同的区域。如宾馆、商场及综合性大型公共建筑的公共大厅，常具有交通、休息、等候、服务、观赏等多种作用；又如开场的办公室分为工作区与过道。在这些多种功能的空间中，可以采用绿化的手法把不同用途的空间加以限定和分隔，使之既能保持各部分不同的功能作用，又不失整体空间的开敞性和完整性。限定与划分空间常用手法是利用盆花、花池、绿罩、绿帘、绿墙等方法做线形分隔或面的分割。某些有私密性要求的环境，为了交谈、看书、品茶、独饮等，都可以用植物来分隔和限定空间，形成一种局部的小环境（图 2-70）。用花墙、花池、桶栽、盆栽等方法来划分空间，分隔透景、漏景，又略有隐蔽性的私密空间。布置时还要考虑到人行走及坐下时的视线高度。

ⅲ. 调整空间。利用植物绿化，可以改造空旷的空间（图 2-71）。在面积很大的空间里，可以筑景造园，或利用盆栽组成片林、花丛，既能改变原有空间的空旷感，又能增加空间中的自然气氛。空旷的里面可以利用绿化分隔，使人感到其高度大小宜人。

图 2-69　花卉内外空间过渡与延伸　　　　　　　　　图 2-70　花卉限定与分隔空间

图 2-71　花卉调整空间

ⅳ．柔化空间。现代建筑空间大多是由直线形和板块形构件所组合的几何体，使人感觉生硬冷漠。利用室内绿化种植物特有的曲线、多姿的形态、柔软的质感、悦目的色彩，可以改变人们对空间的印象并产生柔和的情调，从而改善原有空间空旷、生硬的感觉，使人感到尺度宜人、亲切（图 2-72）。

ⅴ．空间的提示与向导。现代大型公共建筑的室内空间具有多种功能。特别是在人群密集的情况下，人们的活动往往需要提供明确的行动方向，因而在空间构图中能提供暗示与向导是很有必要的，它有利于组织人流和提供活动方向。具有观赏性的植物由于能强烈的吸引人们的注意力，因而常常能巧妙而含蓄地起到提示与指导人们活动的作用。在空间的出入口、变换空间的过渡处、廊道的转折处、台阶坡道的起止点，可设置花池、盆栽作提示，以重点绿化突出楼梯和主要道路的位置，借助有规律的花池、花丛、盆栽或吊盆的线形布置，可以形成无声的空间诱导路线（图 2-73）。

ⅵ．装点室内剩余空间。在室内空间中，常常有一些空间死角不好利用，这些剩余空间，利用绿化来装饰往往是再好不过的。如在玄体下部、墙角、家具或沙发的转角和端头、窗台或窗框周围，以及一些难以利用的空间死角布置绿化，可是这些空间景象一新，充满生气，增添情趣（图 2-72）。

图 2-72　花卉柔化空间

图 2-73　花卉空间的提示与向导

ⅶ. 创造虚拟空间。在大空间内，利用植物，通过模拟与虚构的手法，可以创造出虚拟空间。例如利用植物大型伞状树冠，可以构成上部封闭的空间；利用棚架与植物可以构成周围与顶部都是植物的绿色空间，其空间似封闭又通透（图 2-74）。

ⅷ. 美化与装饰空间。以婀娜多姿具有生命力的植物美化与装饰室内空间，是任何其它物品都不能相比的。植物以其多姿的形态、娴静素雅或斑斓夺目的色彩、清新幽雅的气味以及独特的气质作为室内装饰物，创造了市内绿色气氛，是人们美化室内空间最好的选择。利用植物装饰空间、家具、灯具或烘托其它艺术如雕塑、工艺品或文物等，都能起到装饰与美化的作用。

ⅸ. 利用流动性创造动势空间。水和石都是绿化材料之一。利用流动的水营造构成水幕式的水墙，或在上下自动扶梯侧旁营造跌水流水，都能创造出有动势的空间（图 2-75）。流动的水给人以清新悦目的感受，并能改善室内的温度、湿度，这是现代大型公共空间常采用的手法。

图 2-74　花卉创造虚拟空间

图 2-75　花卉利用流动性创造动势空间

c. 色彩：色彩是一个完全可见的要素，是光波在物体表面的反射。室内植物装饰的形式要根据室内的色彩状况而定。如以叶色深沉的室内观叶植物或颜色艳丽的花卉做布置时，宜用淡色调或亮色调的底色，以突出布置的立体感；居室光线不足、底色较深时，宜选用色彩艳丽或淡绿色、黄白色的浅色花卉，以便取得较为理想的衬托效果。不同墙壁的颜色选配不同色彩的室内植物，如蓝色的墙壁，不应配深绿色植物，否则室内感觉比较压抑。室内绿化装饰中植物色彩的选配还应随季节变化及布置用途不同做必要的调整。

d. 质感：质感是设计对象或设计要素可视或可触摸的表面属性。室内植物装饰设计的质感主要是通过植物来决定的。质感可以分为粗、中、细 3 个基本类型。质感细腻的植物通常有较小的叶片并呈精致的形态，如竹芋类。室内植物的材料需要根据室内环境的具体条件进行选择，应选用能适应室内生态环境的种类或品种。初选某观赏植物时，可进行尝试性的布置，对植物的生长情况进行观察，使其本身的特征能够更好地体现出来。室内植物常选用适宜长期摆放和观赏的植物，这类植物一般比较耐阴、喜温暖，其中观叶植物占很大比重。目前，国内外观叶植物迅速发展起来，观叶植物占整个花卉栽培收入的比重不断增加。室内植物与室内的色彩整体协调，是影响室内质感的因素。

e. 形态：形态是客体或空间真实的三维影像。室内空间形态随设计风格、空间性质不同而有很大变化。植物材料形态的变化范围更广，树冠的形态各不相同，植物的器官，如枝、叶、花、果形态丰富，还有许多异形植物，如鹤望兰、佛焰苞等。植物是有生命的，其形态在生长的过程中会不断地变化，设计者在设计的过程中要把植物的生命变化考虑在内，从而激活空间。因此，在室内绿化设计时，首先要了解空间面积、结构及几何形状，还要了解室内的采光情况、温度、湿度等适合植物生长的自然因素，然后根据这些客观条件来规划，精心设计植物形状、植物放置的空间占有比例的大小、植物摆放的位置，以及植物的数量安排等，使植物与空间形状相协调。按植物的栽植方式，可将其设计成孤植、对植和群植。

f. 氛围：将自然界存在的植物适宜地从室外移入室内，或直接在室内建造园林，可以赋予室内大自然的气息。它丰富了室内的空间，活跃了室内气氛。利用植物、水、石在现代化的室内建造景观，是室内绿化最为理想的方法。按照设计主选材料的不同可将氛围划分为 4 个种类：以植物为主的景园、以石为主的景园、以水为主的景园和以赏声为主的景园。

第五节 鲜切花的应用

一、鲜切花的含义与特点

1. 鲜切花的含义

花卉等观赏植物除能地栽、盆栽，达到美化、彩化环境外，还能提供用于装饰的花枝、绿叶和果枝等，这种切取的茎、叶、花、果，作为装饰的材料称鲜切花（叶）。鲜切花可以用于制作花束、花篮、花环、花圈、佩花，以及用于插花制成瓶花，盆插花等。

以鲜切花为素材，插入容器中，组成一件精致美丽，富有诗情画意的花卉装饰品即为花艺。花艺创作选用的素材是有观赏价值的植物的各个器官，如花、果、叶片、枝条等，素材的观赏价值体现在对其姿态、色彩、芳香的选择与表现；其次，花艺集造型艺术、语言艺术、思想艺术于一身，每一件花艺品，都在空间中呈现一定的外形轮廓和造型，都是一种优美的空间艺术的体现，或呈现流畅的曲线形（如 S 型、L 型），或是创作成规则的几何图形（如三角形、扇形、球形），或根据创作的主题形成一定的空间造型以配合表达主题。

花艺作品用美丽的素材、色彩与造型向读者倾诉着自然之美丽，生活之美好，用无声的语言为人们创造了"此时无声胜有声"的意境与氛围。

花艺中的许多创作，往往表达了作者一种强烈的思想感情，使花艺作品具有明确的主题内含，寓于作品中，与欣赏中共享。

2. 鲜切花的特点

任何艺术都有着有别于其它艺术的自身特点，花艺作品具有装饰性、随意性、临时性的特点。花艺作品可以装饰人们的生活空间、人生的任何机缘与时刻，装饰时空广泛。有些信手拈来、随心所欲的花艺创作无论从选材、创作和主题表达方面，均体现了一种不拘格式、自由灵活的随意风格。

① 装饰性强　花艺作品极具渲染烘托气氛，富有强烈的艺术感染力，最容易美化环境。由于花艺作品的形体大小、色彩和意境等都可随环境、季节、创作者的情感来组织和表现，因此花艺最宜与所要美化装饰的环境气氛取得和谐一致，产生美感，由此达到明显的艺术效果，并且美化装饰环境的速度也最快，而盆景、盆花等需要培养相当长的时间，才能显现其艺术效果，发挥最佳观赏特性。

② 作品精巧美丽　花艺作品一般体量比较小，造型比较简洁，常以质取胜，是精、巧、美的艺术品。

③ 随意性强　花艺的随意性、灵活性比较大，花艺的创作和作品的陈设布置都比较简便和机动灵活。创作者即便没有合适的或正规的工具和容器，没有高档而鲜艳的花材，只要有一把剪刀和一个能盛水的器皿，如烟灰缸、茶杯、碗、碟等，配以宅旁的绿叶或田间路边的野花小草，甚至于瓜果蔬菜等，均可随环境的需要进行构思造型，或随时随地取材，现场即兴表演。花艺作品的陈设布置同样也可随需要而挪动或重新布置。

④ 时间性强　花艺作品的时间性比较强，要求构思、造型迅速而灵活，由于鲜切花花材水养不会很持久（干花例外）、观赏期有限，因此，需要迅速制作和布置，并经常更换花材，重新布置，故花艺作品更适用于短时间、临时性的应用。

花艺作品对婚礼、生日庆贺、会场及探祝活动的装饰，均有一定的临时性，可以随需要任意增减，临时性强，使用方便。

⑤ 具有生命性　与其它艺术相比，花艺创作由于使用的是有生命力的、鲜活的植物材料，更使花艺作品赋有艺术生命力和强烈的感染力。

二、鲜切花的应用

（一）鲜切花的礼仪应用

1. 花束

花束即能信手握于手中的花卉装饰品。花束是用花材插制绑扎而成，具有一定造型，是束把状的一种插花装饰艺术形式。因其插作不需任何容器，只需用包装纸、丝带等加以装饰即可，故插作简便，快速，尤其是携带方便，成为最受欢迎的一种礼仪插花装饰艺术，普遍应用于各类社交活动中，如迎接宾客、探亲访友、婚丧嫁娶等。从造型上，花束可分为单面观和四面观花束。

（1）花束的特点。

① 造型　规则对称，单面观或四面观。常见的造型有扇面形、球形、瀑布形、下垂形等（图 2-76）。

② 素材　花束由骨架花、焦点花、主花、点缀花、背景叶（衬叶）等材料完成。

③ 色彩　鲜艳明快，或清丽素雅，以鲜艳或典雅的色彩为主进行创作。

④ 包装与饰物　可做各种包装，添加各种饰物。目前花束的包装多采用双层多角包装形式。

⑤ 保湿处理　脱脂棉保湿、花托固定和保湿处理，专用花托内的花泥具有固定素材和提供水分的作用。

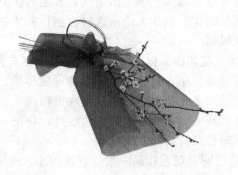

(a) 单面花束

(b) 圆形花束

(c) 特殊造型花束

图 2-76　花束类型

⑥ 新娘捧花　可做成球形、瀑布形、下垂形新娘捧花，多用红玫瑰或白百合扎制，有下垂枝配合飘逸的造型（多为兰花）。

（2）花束的类型

花束在社交、庆典活动中应用很多，通常分两种类型。

① 礼仪花束　主要用于迎来送往和庆贺活动中。其主要造型有扇面形、三角形、圆锥形、半球形及自由式造型等。花材应选择品质优良、无刺激性、无污染，并且花期持久的种类。色彩以鲜艳明快为宜。插作时应避免使各花枝排成扁片或集取成团，前者呆板，后者杂乱。无论什么

造型，要保持花束上部花枝自然，下部尤其是握把部分要圆整紧密，整体造型有立体感，才符合要求。因此，插作时务必使每一花枝都按"以右压左"的方式重叠在手中，各枝相交在一点上，呈自右向左转的螺旋状的轴，然后用绳绑扎交点处。这样，花束造型不易变形。

② 新娘花束　也称新娘捧花，是专为新娘结婚时与穿婚纱礼服相配的一种花束，十分盛行。主要造型有圆形、倒 L 形，放射形、倒垂形、瀑布形以及各种自由式图形。花材选用要求更精致、常用月季、百合、马蹄莲、香石竹、兰花、霞草等。色彩搭配以协调、典雅的单一色或类似色为多。新娘捧花的造型、配色以及包装配饰等，都应当与新娘的体形、脸形、气质、服饰等协调一致。譬如身材修长的新娘，应选用圆形捧花；身材较矮胖者，宜选倒垂形捧花；端庄文静的新娘宜选瀑布形或倒垂形捧花；外向活泼的新娘宜选用自由式造型的花束。花色都应与婚纱礼服相协调，不宜多用对比色相配。配饰应与主花色相协调。

花束加包装纸和配饰十分重要，对此制作考究，多为暗纹木纹纸或木浆纸等。

花束的花材固定使用专用花托，将花依造型插入花托内的花泥中，此法比较简便。

(3) 花束的制作

花束的制作并不难，但为了更好地配置切花以增美观，仍应细心制作。花材种类不限，但应避免采用有钩刺、异味及茎叶花朵易污染衣服者，制作时，首先要选好作为中心的花材，待选好之后，再选择一些细小花朵和配叶，再选择花束的包装与配饰。

① 球形花束的制作　采用由内向外的素材插制方法，由焦点花的定位、到主花材的加入、点缀花加入、造型叶片与陪衬叶片插入、最后保湿与包装配饰处理的制作程序来制作（图 2-77）。

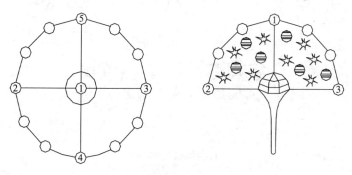

图 2-77　球形花束制作

② 扇形花束的制作　采用由上向下的素材插制方法，由骨架花的定位、到主花材的加入、焦点花的插入、点缀花加入、造型叶片与陪衬叶片插入、最后保湿与包装配饰处理的制作程序来制作（图 2-78）。

③ 花束配饰的制作　根据作品的需要，可以制作成各种造型的花束球和花束结（图 2-79）。

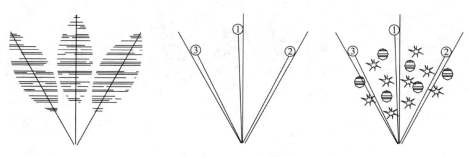

图 2-78　扇形花束制作

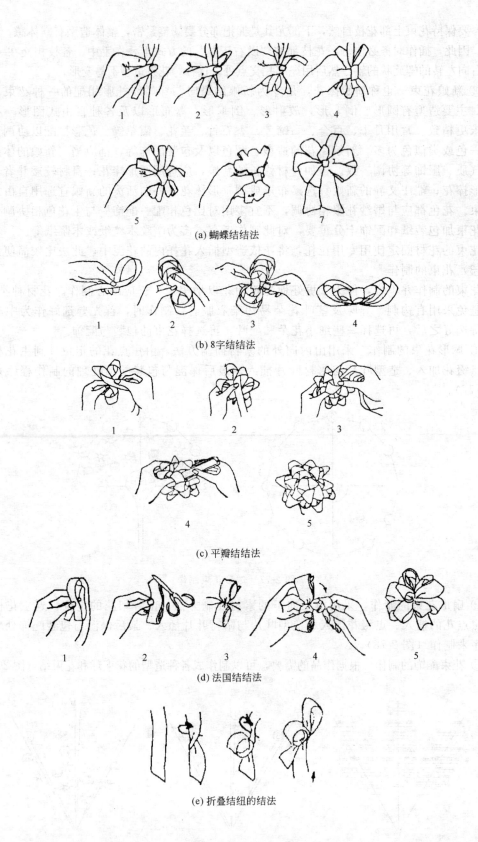

(a) 蝴蝶结结法

(b) 8字结结法

(c) 平瓣结结法

(d) 法国结结法

(e) 折叠结纽的结法

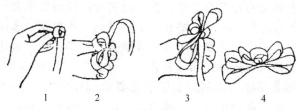

1   2   3   4

(f) 折叠结结法

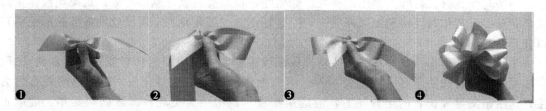

❶   ❷   ❸   ❹

(g) 缎带的基本结法

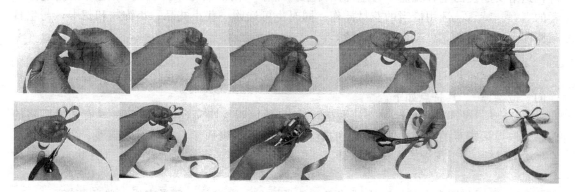

(h) 简易丝带花做法

图 2-79　花束配饰的制作

2. 花篮

　　花篮是以各种装饰性篮筐为容器，内插以鲜花的花卉装饰品制作成的插花装饰艺术品，是社交、礼仪场合最常用的花卉装饰形式之一，可用于开业、致庆、迎宾、会议、生日、婚礼及丧葬等场合，已成为婚礼喜庆及外事活动的馈赠佳品，越来越受到人们的喜爱。花篮尺寸有大有小，有婚礼上新娘臂挎的小型花篮，有私人社交活动中最常用的中型及中小型花篮，也有高至两余米的大型致庆花篮。花篮常用藤条、柳条、竹篾、塑料、陶器等材料制作而成，多由竹、藤或柳条等细木质类或塑料编制而成，质地轻柔和具艺术美感是它们共同的特点。造型上有单面观及四面观赏的形式，有规则式的扇面形、辐射形、椭圆形及不规则的L形、新月形等各种构图形式。花篮有提梁，便于携带，同时提梁上还可以固定条幅或装饰品，成为花篮整体构图中的组成部分。

　　花篮的形态大小不一，大者高宽超过 1m，可就地放置，小者不足 30cm，放在桌上或作配饰用。供花篮用的切花要求丰满、茎长、整齐，对于细软姿态不适者可缠细铁丝扶持，插花时，选插填衬的配叶材料，然后插入主要花卉，篮环或篮身高大者，也需饰以不易干枯的花朵、绿叶及彩带等。另外宜选用质地轻巧而不过分硕大的花材，这样易与花篮取得协调感。

　　插作构图时，除了为烘托热烈欢快气氛而作的庆典花篮外，一般都不宜插成枝叶繁重、花朵紧密的结构，更不宜把篮把和篮沿全部遮挡住，而应当特意适当地显露出来，作为构图的一部分，才能表现出篮花的特点及篮把、篮散沿圆滑的弧线之美和框景作用。

一般篮花多用于各种庆典、生日、婚礼等庆贺活动，庆典花篮多用在开业祝贺、开业周年纪念、大型活动的开幕式或文艺晚会闭幕式等场合。这类花篮一般体量较大，常用规格为1.5～2.5m落地式大花篮（有连体式和分解式——分成上、下2～3层，用时合为一体）。构图多采用对称的扇面形或等腰三角形。上层篮花要求端庄大方，下层腰花的构图可稍微活泼，但应与上层插花呼应。常用花材以唐菖蒲、月季、香石竹、菊花、百合为主，不同季节搭配一些时令花材。衬叶主要用苏铁叶、棕榈叶、鱼尾葵或软叶刺葵叶等。这类花篮体量高大，花材多，插作时应特别加固好篮把，固定好花泥（可在花泥上罩铁丝网或绑扎尼龙绳），以使重心稳定。

生日花篮多为小型桌饰花篮。造型比较活泼多变，主要应根据作者或过生日者的喜好、要求而定。花材选用应有一定的针对性。习惯上送给母亲的生日花篮，以粉色的香石竹为主；送给祖父母等长者的生日花篮，应选用松枝、鹤望兰为主花，寓意松鹤延年、健康长寿；送给女朋友的生日花篮，可全部用月季花插作（花枝数与年龄相同）。还可根据过生日者的喜好、特点、选用恰当的花材插作。同时也可选购一些小礼品、小饰物和贺卡，与生日花篮配合一并赠送，更显得高雅热情。

（1）花篮的特点

花篮是插花艺术的一种特殊形式，其最明显的特点是用于插花作品的插花容器是各种各样的"造型篮"。其特点如下。

① 造型　规则式或自然式（艺术花篮），可单面观或四面观，或者一些具有艺术风格的作品采取灵活随意的构图形式，常见的造型有三角形、扇面形、球形、椭圆形、塔形等。

② 素材　制作花篮的素材有骨架花、焦点花、主花、点缀花、背景叶（衬叶），花材种类丰富多变。

③ 色彩　花篮多采用艳丽明媚的多个色彩组合完成或单一色彩完成（单色花篮）。

④ 饰物　可添加饰物或小礼品，增加花篮的变化与礼仪性。

⑤ 容器　使用各种造型花篮，其造型、大小、篮筐深浅、颜色、质地均可随意选择（图2-80）。

图 2-80　花篮

（2）花篮的分类

① 按规格分类　大型篮（规格超过1m）、中小型篮（规格在30cm～1m之间）、微型篮（规格在10cm之内）。

② 按艺术风格分类　商用花篮、艺术花篮。商用花篮只要用于社交礼仪场合使用，艺术花篮主要用于艺术欣赏和艺术创作。

③ 按色彩分类　色块（多色）花篮、双色花篮、单色花篮。

常见花篮作品中，有单色篮和双色篮；有中小型篮，也有大型篮；有礼仪花篮，也有艺术风格浓厚的艺术欣赏篮供大家欣赏与制作（图 2-81）。

图 2-81　各种花篮

（3）花篮的制作

花篮的制作技术：无论采取何种形式的造型，花篮的制作一般都需要图 2-82 所示的步骤：按照造型设计首先完成立体造型的一个平面的骨架花材的定位与造型，然后加入焦点花、加入造型的主花材、加入点缀花和衬叶、最后加入造型叶片和背景叶片，再依次按照上述顺序完成其它平面的花材定位。

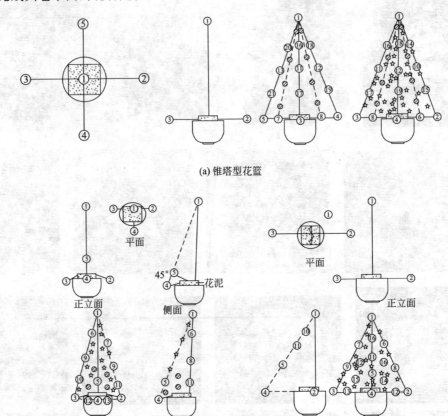

(a) 锥塔型花篮

(b) 尖塔型花篮

(c) 三角型花篮

图 2-82　花篮制作

3. 桌饰

桌饰是指装饰于会议桌、接待台、演讲台、餐桌、几案等位置的插花装饰。在实际生活中应用的非常普遍。因其常使用花钵作为容器，因此也被称作钵花。桌饰一般置于桌面中央（如中餐桌、圆形会议桌和西餐桌等）或一侧（如演讲台、自助餐台、双人餐桌等）。桌饰可以是独立式或组合式，会议主席台、演讲台等还常结合桌子的立面进行整体装饰。从造型上，可以有单面观、四面观，构图形式多样，有圆形、球形、椭圆形等对称的几何构图，也有新月形、下垂形等各种灵活多变的不规则式构图，构图主要取决于桌面的形状、摆放的位置及需要营造的气氛。花钵有普通式和高脚式，因此桌饰也可以做成低式桌饰和高式桌饰，桌饰的高低取决于装饰的场合和需要营造的气氛（图 2-83）。

（1）桌饰的特点

桌饰是用来装饰水平面（桌面、台面）的花卉装饰品，其特点如下。

① 造型　规则式，以球形（椭球形）为主，四面观，大型桌饰往往组合成各种图案（图 2-84）。

图 2-83　桌饰

图 2-84　大型桌饰

② 素材　多使用骨架花、焦点花、主花、点缀花、背景叶（衬叶）等素材完成作品。

③ 色彩　色彩设计多鲜艳明亮，或根据所装饰的水平面的色彩进行色彩的设计与选择。

④ 容器　使用各种专用花钵。

（2）桌饰的制作

桌饰的制作，无论采取何种形式的造型，桌饰的制作一般都需要图 2-85 所示的步骤：按照造型设计首先完成立体造型的一个平面的骨架花材的定位与造型，然后加入焦点花、加入造型的主花材、加入点缀花和衬叶、最后加入造型叶片和背景叶片，再依次按照上述顺序完成其它平面的花材定位。

4. 婚礼花饰

婚礼的庆典场面也可以用鲜花装饰，会使婚礼倍感隆重而浪漫，高雅和温馨。

婚礼插花是为了增加婚礼或热烈欢快，或温馨浪漫的气氛，用鲜花进行各种装饰，是不可或缺的。婚庆作为人生的一件大事，备受新人的重视，而婚庆的系列用花，更为追求时尚和浪漫的年轻人所青睐。婚礼花饰主要包括新娘全身的花卉装饰，如头花与肩花、腰花、新娘捧花等；新郎与宾客胸前佩戴的胸花；花车以及婚礼不同场合的各种装饰，如入口处、接待处、宴会餐桌、新房等处的鲜花装饰。婚礼插花是各种礼仪插花装饰艺术中从花材选择、造型设计到制作都最为讲究的一种综合的花艺设计。从形式上除了小型的胸花、头花、肩花、腕花等，还有花束、花篮、桌饰等各种礼仪用花，新娘用花的花色和造型要根据新娘的身材、脸形、发型、气质、婚纱的色彩及造型等进行设计，新郎及宾客花饰、花车用花也都要与新娘用花协调，达到整体上主次分明，形式优美，相得益彰。

在西方婚礼中必用白花，因为白色象征着纯洁和圣洁；在中国的传统中，结婚必用红花——象征红红火火。在世界日益"缩小"的今天，婚礼用花的色彩已没有什么限制，全因个人的喜好而定。新人的花饰应是和谐的整体，包括新娘的手捧花（简称手花）、头花、肩

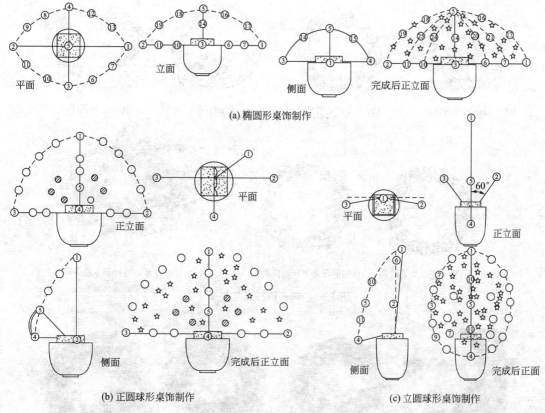

平面   立面

侧面   完成后正立面

(a) 椭圆形桌饰制作

正立面   平面

侧面   完成后正立面

(b) 正圆球形桌饰制作

平面   正立面

侧面   完成后正面

(c) 立圆球形桌饰制作

图 2-85 桌饰的制作

花、腕花、腰花及新郎的胸花。其中新娘的手花、头花及新郎的胸花最为重要。既然要求花饰整体的协调性，这些大大小小的花饰就应在色彩、用花品种、制作风格上尽量一致。

婚庆用花要求具备 4 个特点，即花大、色艳、新鲜、寓意美好。

花大，指两层含义，一指花朵的体量要大，二指花朵的开放度要大，即要选择处于盛花期的花朵。

色艳，指花朵的色彩要艳丽、浓烈，能体现喜庆的气氛。

新鲜，指离开母体时间较短，整体完好，损伤程度小。

寓意美好，指花本身的寓意要好，如百合寓意百年好合，天堂鸟寓意比翼双飞，红掌寓意心心相印，月季寓意爱情，文心兰寓意欢快愉悦的心情等。

婚庆的常用花主要是百合、红掌、天堂鸟、文心兰、蝴蝶兰、月季、剑兰、非洲菊、康乃馨、满天星、情人草、勿忘我等；常用叶片主要是巴西木叶、针葵、散尾葵、剑叶、龟背叶、水芋叶、文竹、蓬莱松、天门冬等。

（1）花环

是一种环状构图的花卉装饰品。

① 花环的特点 普通花环的容器为透景框或专用环形花泥环，婚礼用的花环用绿铁丝扎制而成；花环构图为环状，构图中心为花环的"眼"；"眼"部的特殊处理，用不同的花材、色彩或不同的构型来突出花环的"眼"；普通花环直立摆放或悬挂欣赏，婚礼用花环主要装饰于新娘的头部（图 2-86）。

② 花环的制作（图 2-87）

a. 完成花环的环状构图：先将绿铁丝做成与新娘头部大致吻合的圆环，再将常绿衬叶

(a) 焦点在圆心的花环

(b) 焦点在边缘的花环

(c) 自由式花环

(d) 心形花环

(e) 圆形花朵均匀排列　(f) 圆形花朵不规则排列

(g) 花环：麦杆菊、松果等

图 2-86　花环的特点与类型

图 2-87　花环的制作

固定于圆环上，将主花枝玫瑰、兰花以环状构图均匀的插于花环上。也可以用花枝与衬叶直接围成花环，再插花进行花环的创作。

b. 花环的"眼"部处理：在花环的构图中心（即新娘头部前额的位置）用兰花等作焦点花插成与环状构图其他位置不同的构图形式，可将兰花向环内或环外突出和延伸，打破环状构图，以突出花环的中心部分。

c. 填充配花：将满天星或情人草均匀的填充于主花之间，使花环造型丰满而浪漫。

如果将花环缩小到手腕大小，用上述方法即可完成手腕花的制作。

（2）发髻花（头花）与胸花

尽管发髻花与胸花的佩戴位置不同，但是制作的基本方法大体是一致的。

① 发髻花　是装饰在新人发髻上的花。主花一般用月季、百合、文心兰、蝴蝶兰，色彩以浅色系为主，如白、粉、黄色等。体量大的用 2～3 朵，体量小的用 3～5 朵，配花用满天星、情人草、勿忘我等点缀花，配叶常用文竹、蓬莱松、天门冬等。制作

时按照造型设计用绿胶带将花叶通过绿铁丝组合在一起成串状或放射状。花、叶组合时忌混用多个品种，即一个花卉品种配一个叶材品种。绿铁丝和花梗忌暴露在外，以免损伤头皮和影响观瞻。完成后用发夹或发胶将花叶固定在头发上（图2-88）。

图 2-88　新娘头饰

② 胸花　是装饰在新人胸前的花。主花一般用月季、非洲菊、蝴蝶兰等，配花用满天星、情人草、勿忘我等，配叶用文竹、蓬莱松、天门冬等。制作时将单一的主花、配花、配叶按照造型设计用绿铁丝和绿色胶带纸扎制，忌暴露包装材料，以免损伤服装和影响观瞻。胸花的色彩与大小要和新人的服装与身材相协调。胸花一般用1～2枚别针固定在服装上，要求服帖不倒状。胸花一般制作6枚，新人及双方的父母各一枚（图2-89）。

（3）肩花、腰花与腕花

腰花、肩花、腕花是分别装饰在新娘婚纱上的腰部、肩部、手腕部的花卉装饰品（图2-90）。

① 肩花与腰花　尽管肩花与腰花的佩戴位置不同，但是制作的基本方法大体是一致的，制作要求类似胸花。腰花装饰呈三角形布置，肩花装饰呈倒三角形布置，造型追求飘逸下垂的风格。

图 2-89　胸花

用肾蕨或文竹等衬叶做成放射状的背景，在叶片中心处适当加入若干枝主花玫瑰，然后再加入适量的满天星或情人草做配花，在花枝基部绑扎丝带作为装饰，并同时进行保湿处理。

肩花与腰花的制作应与其它新娘服饰花相配合，所采用的花材与色彩要协调，只是肩花与腰花的体量要比胸花的体量大，同时，肩花与腰花要制作成带有下垂花枝或叶枝的线性形状（如可使用石斛兰、安祖花、蝴蝶兰、文心兰、常春藤、文竹、剑叶、巴西木等），与新娘礼服线形相配合，以免产生突兀感。

② 腕花　腕花的制作要求类似头花，但主花要用小体量花，制成后的条状花两头要预留弯钩，接合时彼此勾住形成环，便于戴在手腕上。

（4）婚礼花束（捧花、手花）

捧花是用于新人手捧的花束，是新人鲜花装饰的主要用花。采用花托配合花束的造型设

(a) 肩花

(b) 腕花

伴娘腰花(亦可做手捧花)
(c) 腰花

图 2-90 各种婚礼花饰

计进行花枝固定。值得一提的是，近年来由于花束设计与制作技术的发展与进步，在花店的经营中，出现了许多造型浪漫飘逸的艺术感极强的婚礼花束。至于新娘需要的其他花饰如肩花、腕花、腰花等等可根据具体情况取舍，不一定全部都用。

　　婚礼花束款式丰富，有圆形、下垂形、三角形、瀑布形和不规则造型等多种形状。主花一般用百合、月季、红掌、天堂鸟、蝴蝶兰、文心兰、剑兰等。配花用满天星、情人草、勿忘我等。配叶用蓬莱松、天门冬、肾叶、巴西木叶、八角金盘叶等。制作时先插入主花，然后在其外围添加配花、配叶，最后用若干张包装纸包装花梗叶梗，扎上蝴蝶结，外露花朵和叶片。最后加配饰。捧花的款式和大小要求与新人身高和服装相协调，捧花握手处以手握舒适为宜。捧花的色彩以单纯的浅色系为主。

捧花是为了装扮新娘而设计的。常可见到琳琅满目的新娘捧花款式（图 2-91）。

(a) 圆形 　　　　　 (b) 球形

(c) 下垂形 　　　　　 (d) 瀑布形

图 2-91　新娘捧花

a. 圆形：是最大众化的婚礼用花形式，也是较传统的花束款式。花束的造型以圆形为主，适合身材小巧或文静的新娘使用。

b. 下垂形：下垂形捧花造型变化性极大，以下垂和放射造型常见，可华丽，可清新，也是较受欢迎的款式。以高挑、气质佳的新娘或豪华且有长裙摆的礼服最能匹配了。

c. 瀑布形：瀑布形捧花与下垂形相似，也是极具人气的款式。抛射状的线条像瀑布般飞跃而下，可夸张，可柔美，动感十足的造型，让人爱不释手。高挑、高贵型的新娘可选择华丽的款式，若再与有长裙摆的礼服搭配的话，将是完美的最佳组合了。身材娇小的新娘可采用高雅的兰花为主花，做成简约的风格。瀑布形捧花从构图上可分为两部分，上侧近椭圆形，下侧是一条向下延伸的弧线，两部分组合在一起使捧花造型犹如下垂的瀑布，流畅，自如。瀑布形捧花洒脱，美丽，造型易与婚纱协调，是一种受欢迎的设计形式。

d. 球形：球形捧花的造型以圆球形为主，造型给人以怡人可爱、玲珑自然的感觉，比较适于户外或别开生面的婚礼。甜美可爱的新娘手拿此款捧花将会益发可人俏丽。

e.滴水（水滴形）：是瀑布形的小巧变形，造型更加活泼玲珑、自由奔放，适合清纯和小巧的新娘使用。

　　f.各种艺术造型：近年来由于花束设计与制作技术的发展与进步，在鲜花的经营中，出现了许多造型极具浪漫飘逸艺术感的婚礼花束。艺术造型花束无论在造型设计、素材选择、色彩配合得便感方面都非常具有艺术魅力（图2-92）。

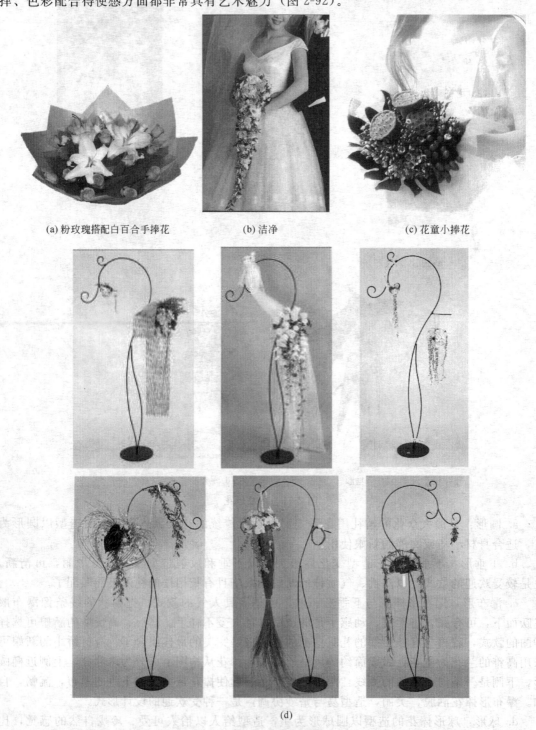

(a) 粉玫瑰搭配白百合手捧花　　　　(b) 洁净　　　　　　(c) 花童小捧花

(d)

图 2-92　各种造型捧花

新娘的花饰应当根据新娘的各方面条件来设计，不可千篇一律地追随潮流，在设计时要考虑新娘的身材、礼服款式、颜色及欣赏习惯等因素。如身材较高的新娘宜用下垂形手花，身材娇小的新娘适合传统的圆形手花；白色拖地婚纱最宜配白色的花饰，以旗袍为礼服则适合搭配线条简练的花饰设计；稳重淑女型性格的新娘宜用传统而华丽的单色设计，活泼的少女性格的新娘配用明亮缤纷的多色设计会更显妩媚动人。

（5）婚礼花篮

与花篮制作相同。在用花与色彩上与普通花篮有所不同，主要为了烘托婚礼气氛，多采用鲜艳明亮的色彩，在素材的选用上以玫瑰、鹤望兰、兰花、百合等为主。

（6）婚礼桌饰

与桌饰制作相同。在用花与色彩上与普通桌饰有所不同，主要为了烘托婚礼气氛，多采用鲜艳亮丽的色彩，在素材的选用上以玫瑰、安祖花、百合等为主。

（7）婚礼花车

近年，迎接新娘的车辆也常用鲜花装扮，称为花车。花车通常装饰在车头及车尾，用花车专用的带吸盘的花泥插制。用于花车的花材应选用持水的鲜花及叶材，过于娇嫩易脱水的鲜花最好不用。

① 婚车鲜花装饰的部位　婚车鲜花装饰包括车头、车顶、车门、车尾、车框 5 个部分的鲜花装饰。

a. 车头：车头是整辆婚车装饰的主要部分，也是婚车观赏的重点，装饰的好坏，直接影响整体效果。因此，车头鲜花装饰是整车装饰的关键。

ⅰ. 形式：常见的形式是用西方式插花装饰艺术风格来装饰，用较多的花叶组合成一个相对规则的图案，给人以大气、热烈、喜庆的气氛。也有用东方式或现代自由式插花装饰艺术风格来装饰的，用较少的花叶组合成不规则的图案，给人以新颖、别致、浪漫的感受。用 1～2 个心形等图案来装饰，也较为常见。

ⅱ. 部位：用西方式插花装饰艺术风格来装饰时，常置于前车盖中央位置，用东方式或现代自由式插花装饰艺术风格来装饰时，常置于车前盖的一左一右或一前一后。

ⅲ. 制作：将带有塑料吸盘的花泥牢牢地固定在车体上，然后根据造型设计，依次插入铺垫叶、轮廓花（造型用）、主体花（大体量花）和填充花（小体量花），最后在上述花材的空隙处适当插入填充叶，这样既体现了虚（指叶）、实（指花）结合的插花要求，又遮盖了固定材料（图 2-93）。

ⅳ. 要求：一要将花泥牢固地吸附在车上，以免车速过快，花的造型受损。二要控制高度，以不影响司机行车安全为标准，其高度一般在 30cm 之内。三要花叶混用，体现自然美。四要遮盖花泥、吸盘等固定用材料，避免暴露固定用的附属材料（图 2-94）。

b. 车顶：以往车顶鲜花装饰较少，一是制作困难，二是形状易变，但它独特、新颖、别致，目前正被越来越多的新人所青睐。

ⅰ. 形式：常见的形式以下垂的瀑布形造型为主，用东方式、西方式或现代自由式插花装饰艺术风格来装饰的较常见。

ⅱ. 部位：主要装饰在副驾驶座位的车体外顶部，也有装饰在车顶中央部位的，忌装饰在驾驶员座位的车体外顶部，若不是瀑布形插花则无妨。

ⅲ. 制作：制作程序基本与车头鲜花装饰一致，插花体量虽小，但固定的部位是在一个较大的曲面上。固定难度大，固定时必须要牢固，可将部分花叶用胶带纸固定在车体上。

ⅳ. 要求：同车头鲜花装饰要求基本一致，但插花的高度宜控制在 20cm 之内。

图 2-93　花车车头做法

c. 车尾：车尾装饰也十分重要，往往会影响整体效果，相对于车头装饰来说则比较容易。因不受驾驶员视线和行驶时风力较大等因素影响，创作的空间和发挥的余地很大，但在实际装饰中往往过于简单，这在装饰时必须引起注意。

ⅰ. 形式：大多同车头鲜花装饰相同，也有用单心或双心交叉图案装饰的，规则或不规则的形式较多，可自由发挥。

ⅱ. 部位：大多装饰在后车盖的中部，也有装饰在左部或右部或一前一后位置的，装饰在后排后玻璃窗上的较少，但效果很好。若装饰在后车盖与车尾接合处也很别致。

ⅲ. 制作：装饰在后车盖上，同前车盖装饰的制作程序一致。若装饰在后排后玻璃窗上或后车盖与车尾接合处，则难度相对较大。如选用心形图案，有空心和实心两种，其制作过程为：首先将装有心形图案的花泥吸足水分，用胶带纸、吸盘牢固地把它固定在车体上。然后插入鲜花，如月季、非洲菊、百合等，以单品种为宜，忌两个品种以上混用，最后用叶材填充空隙处和花泥上。

ⅳ. 要求：同车头鲜花装饰的要求基本相同，高度和款式不受严格限制，较为自由，但整体要协调、统一。

d. 车门：车门鲜花装饰必不可少，能起到画龙点睛的作用。普通的装饰以 1～2 朵月季、非洲菊、康乃馨配以少许叶材花卉，品种忌混用，用包装纸包装，扎上蝴蝶结，再用包装带、胶带纸将其固定在车门的把手上即可。若是高档的装饰，则用红掌、百合、文心兰、蝴蝶兰等高档花配以少许叶材、满天星、情人草等配花，扎成小束花，再将其固定在车门把手上。

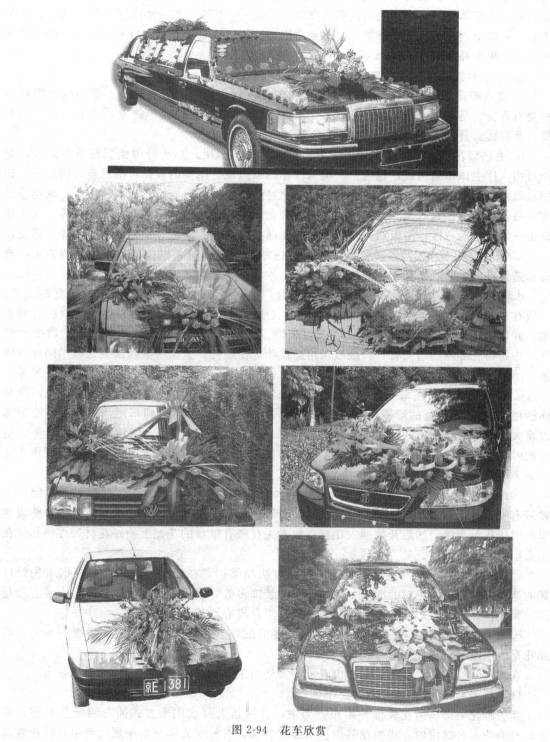

图 2-94 花车欣赏

e. 车体边缘：用百合、红掌、月季、非洲菊、康乃馨、西洋兰花等配以天门冬、蓬莱松，或点缀满天星、情人草、勿忘我等点缀花，一朵一朵地用胶带纸或吸盘组成单体或串状，固定在车体边缘。单体间的间隔距离以 15～30cm 不等，花朵小则距离短，花朵大则距离长。花朵要盛开，色彩要鲜艳，固定要牢固，并不留痕迹。花材和叶材忌混用，即单个品种的花配单个品种的叶。

② 花车的类型　花车装饰一般有以下 5 种类型。

a. 散点型花车：即将鲜花均匀地分布在车身各处，配以彩带和饰物。常用的植物材料种类有百合、马蹄莲、香石竹、玫瑰、石斛兰、红鹤芋、蝴蝶兰、鹤望兰、情人草、满天星、常春藤、肾蕨、文竹等。

b. 主题型花车：即将鲜花装饰集中布置在车头、车尾。车头处因面积较车尾处大，花饰可由一件主体作品构成，也可由一组两件作品来组成。图案的设计可根据新人的意愿，如用玫瑰插成两颗心交叠一起与穿过的一支丘比特爱神之箭所共同组合的模纹图案；或鹤望兰为主枝构成的"比翼双飞"图案；或一对百合花为主枝构成的"百年好合"图案等。无论花饰由一件还是两三件作品组成，都要使整组作品相互协调、呼应，给人以浑然一体的感受。

c. 浪漫型花车：配合各种色彩浪漫的彩色纱饰和装饰物，以白色、粉色色调为主，素材和造型自由灵活，将花车装饰成色彩浪漫、纱饰朦胧、温馨怡人的类型。

d. 喜庆型花车：通常都采用多种花材组合，用五彩缤纷的花色来表现喜庆热烈的气氛。一般在车头前方缀上彩结，用 2～3 条细彩带（或金银丝带）从车头前方拉到车顶后直到车尾，并饰以彩结。车身周围也用彩结点缀装饰。在车头顶上用花泥吸盘吸住，然后插上鲜花，中间和底部应选用文竹、肾蕨或八角金盘叶等作烘托。造型一般较规则，以半圆球形居多。所用花材大多以象征爱情的玫瑰花为主，也用洋兰、马蹄莲、百合、菖兰、满天星等。

e. 豪华型花车：在车头上将花泥吸盘固定一个位置（可在正中，也可偏斜一些，视具体造型而定），用较宽的彩带从车头一角拉到另一角，再从车顶拉到车尾，并用双面胶缀饰以宽大的蝴蝶结。使用的鲜花多为名贵的红掌（安祖花）、蝴蝶兰、鹤望兰、文心兰等。陪衬的叶材也使用较漂亮的巴西木叶、姜叶、鸟巢蕨叶、绿萝、龟背叶、蓬莱松等。豪华式花车如采用自由式造型较活泼浪漫。

③ 花车的制作　固定物的安放。采用各种形状具有真空吸盘的花泥进行双重固定：先将带有吸盘的花泥放于花车车头前方中间靠副驾驶位置的一侧，以免影响司机视线，使吸盘牢牢吸住花车车体，然后开始插入花材；或者先在带有吸盘的花泥上插好花材，再将其放在车头牢牢吸住和固定。

a. 花材的插入：花车装饰与桌饰的制作方法相类似，在插制过程中，要根据事先设计好的造型或构图进行花材的固定。例如花车的装饰多数是使用心形的吸盘容器，内装心形花泥，将花枝插在其上，按照心形花泥的形状，组合成心形花卉装饰品。

b. 配饰：对花车插花完成后，将一些必要的配饰如彩纱、飘带、小饰物逐一布置，增加花车的浪漫与装饰性（图 2-95）。

在现代婚礼花艺设计中，同样出现了许多造型浪漫飘逸的艺术感极强的婚礼花车。

（8）新房鲜花装饰

新房鲜花装饰以插花装饰艺术布置为主，有的新人喜欢用东方式插花装饰艺术形式布置，有的新人喜欢用西方式插花装饰艺术形式装饰，有的新人则喜欢用现代自由式插花装饰艺术形式装点。但无论用哪种插花装饰艺术形式，必须做到与居室的装修和家具的风格相统一，与居室的空间大小和环境相协调。新房鲜花装饰的范围主要包括客厅、书房、卧室、餐厅等四个空间。

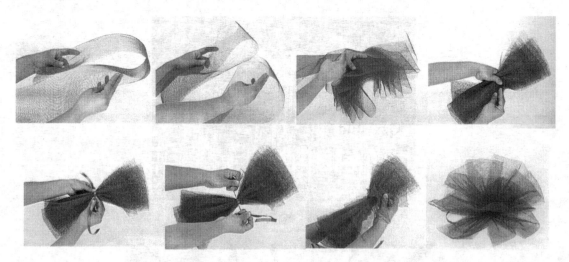

图 2-95　配饰的制作

① 客厅　客厅是居室中最大的空间，是家人会客、休息的场所。插花形式宜采用西方式。这种形式的插花装饰，用花数量较多，色彩浓烈艳丽，能营造出喜庆、热情友好的待客气氛。常用的主花是天堂鸟、百合、红掌、剑兰、月季、文心兰、蝴蝶兰等花大、色艳、寓意美好的花材。配花为满天星、情人草、勿忘我等。配叶用针葵、巴西木叶、剑叶、蓬莱松、天门冬等。常见的形状为规则的几何图形，如圆型、椭圆型等。一般布置在茶几中央，其体量大小占茶几面积的 1/4 为宜，高度以不影响彼此交流的视线为标准。若客厅较大，除茶几上装饰鲜花外，还可在沙发转角或墙角等处，布置直立型和三角型或 L 型插花作品。

② 书房　书房是家人看书、学习的地方，空间范围不大，宜布置东方式插花装饰。这种风格的插花装饰艺术，使用的鲜花不多，只需几支鲜花配以少许绿叶，插在一个传统的盆或竹筒内，便能产生一种较好的观赏效果。给一对新人形成高雅文致的氛围，制作新婚书房用的插花装饰时，先用青枝绿叶类材料，勾勒出插花的造型，常用的材料是百合、菊花、文心兰、水芋、非洲菊等主花。最后用情人草、勿忘我等点缀花和配叶填充空隙处。造型简洁明快，花色高雅浪漫，一般只用 1～3 种花即可。在书柜的顶部也可布置一盆下垂型的插花装饰。

③ 卧室　卧室空间相对较小，宜布置东方式或现代自由式插花装饰。许多新人喜欢浪漫格调的插花装饰，东方式插花装饰艺术布置基本与书房布置相同。现代自由浪漫式插花装饰艺术可即兴发挥，任意造型，花叶自由搭配，或将不加修饰的百合、月季、满天星等插入花瓶，以单个品种配少许叶材为宜。色彩以白、粉等清雅、素洁的浅色系为主，为新人营造浪漫温馨的新婚感受。

④ 餐厅　餐厅装饰主要是餐桌的鲜花布置。餐桌是供新人或客人用餐的，布置的鲜花要求无刺、无毒、无花粉、无异味、无病虫害痕迹。宜选几朵鲜花配以少许绿叶，布置精巧，用白色台布作铺垫，摆上几瓶高档酒和几只高脚酒杯，点缀一些色泽亮丽的水果如柠檬、苹果、葡萄等，再配以鲜花和绿叶，使餐桌布置别具一格，情趣盎然。

（9）婚宴鲜花装饰

高档次的婚宴鲜花装饰，主要包括宴厅大门或门厅装饰、主桌装饰、宴会厅柱子装饰、宴会厅墙体装饰、主婚人司仪讲台布置等（图 2-96）。

① 宴会厅大门或门厅　大门或门厅是宴会厅的入口，它的装饰会给来宾留下第一印象，也预示婚礼的规模和层次，因此，对门厅的装饰力求盛大气派或喜庆典雅。制作时先按照插

图 2-96　婚礼花艺一角

(a) 婚礼宴会厅大门的花卉装饰

(b) 婚礼门厅的花卉装饰

(c) 婚礼宴会厅装饰

图 2-97　婚礼宴厅的花卉装饰

花装饰的设计用构件物做出造型设计的轮廓与支撑框架，然后固定花泥，再插入花材、叶材，最后用点缀的花叶填充空隙处，并遮盖花泥（图 2-97）。

②　主桌　一般装饰在婚宴餐桌中央，布置一盆四面观，较低矮的西方式插花装饰艺术，并在餐具与菜肴间空隙处用圆形或梅花型圆环造型布置与主体桌饰呼应的配饰，形成图案组合，烘托婚礼的热烈氛围，制作时先将天门冬或蓬莱松等碎小的叶材摆放出图案框架，宽度

根据桌面大小而定，然后在其上插入西洋兰、月季、百合等鲜花，最后用满天星等碎花点缀，花叶品种以单个为宜，也可多个混用。形成圆型鲜花制成的图案。主桌用鲜花要求同文中提到的餐桌鲜花一致。

③ 宴厅柱子　将下垂型的插花装饰布置于厅柱上，布置的部位宜在柱子离地面3/4处。先将花器固定在柱子上，装入吸入水分的花泥，花泥必须高出器皿口10cm，将鲜花和叶材固定在花器内，然后插入下垂的主花材和叶材，下垂长度约占柱子长度的1/3为宜。最后插入填充的点缀花叶，也有用藤环作花器的，在环的下半部制作下垂型插花。柱子上的鲜花一般装饰在正面，也可在两面，甚至四面全部装饰。

④ 宴厅墙体　与门柱的鲜花装饰手法基本相似，但形式可多种多样，直构图、横构图、规则或不规则的造型均可，体量也可适当增大，数量根据环境大小而定，2至数只不等（图2-98）。

图 2-98　宴厅墙体

⑤ 主婚人司仪讲台　类似于大型会议发言人讲台的布置。采用下垂型布置手法。先将吸足水分的花泥置于花器中，呈下垂型插入鲜花和叶材，要求花色丰富，体量较大，高度应控制在主婚人脸部以下。

（10）婚礼用花的注意事项

婚礼用花由于代表着喜庆、吉祥之意，所用的花材鲜艳、亮丽（如百合、彩色玫瑰、安祖花、非洲菊、各种热带兰花），所设计的造型新颖别致，灵活随意。在设计与制作过程中要注意以下几点：注意婚礼服饰花要与新娘服装色彩的配合协调一致，所用素材色彩的选择要能烘托婚礼的喜庆与气氛，要特别注意尊重当地婚俗和当事人对花卉种类和色彩的喜好。

a. 婚礼花车的花卉装饰一般不能太高，以免妨碍司机视线，发生影响行车安全的问题。

b. 如果在冬季装饰婚礼花车，要在车体表面吸附吸盘处事先喷洒少量热水，给车体表面固定处加热，以免车体表面温度过低，吸盘无法吸附固定。

c. 婚礼花艺中避免使用有污染、有异味的花材，以免对婚礼造成不良影响。

d. 作好插花装饰品的保湿处理。

5. 花圈

花圈是用花朵和衬叶制成的圆形至椭圆形的花卉饰品，在多数国家的丧葬和哀悼仪式中应用，具有怀念和崇敬之意。中国多用冷色调做主花材，暖色调做次花材，只起点缀作用，有肃穆，哀悼的气氛。西方人对冷、暖色的选择不堪严格，也有以暖色系为主花材制作花圈的。常用的花材有黄色和白色的百合、唐菖蒲、菊花、马蹄莲，点缀花用满天星、勿忘我，

图 2-99 花圈

衬叶用苏铁，散尾葵，大叶黄杨等（图 2-99）。

（1）花圈的特点

① 在圆环或圆盘上插成的花卉装饰品，用以表达纪念、哀悼的情感，烘托悲痛气氛。

② 容器为透景框，专用花泥环或圆盘。

③ 构图为环状或圆形造型。圆环的上下中心和圆形的圆心为构图中心。

④ 构图中心部的处理用不同的花材、色彩来突出强调。

⑤ 色彩素淡雅致，以寄哀思，以黄色和白色、蓝紫色为主色调。

⑥ 素材常用菊花、马蹄莲、勿忘我等完成，以示哀痛。

⑦ 加支架支撑，常缀挽联致哀。

（2）花圈的制作

① 固定物的安放　根据造型设计选择适合的固定物，将充分吸水的固定物安放好。

② 主要花材的加入　将选择好的素材按照主花材、点缀与陪衬花材依次插入。

③ 构图中心的完成　选择与主花材色彩、种类、花型不同的焦点花，按照构图设计插入中心位置，完成空间定位。

④ 加支架支撑　缀挽联以表示致哀（图 2-100）。

图 2-100　花圈的制作

6. 服饰花

装饰人体各部位的鲜花饰品称服饰花。

（1）服饰花的特点

① 由于多装饰人体的部位，因而体量小巧，用花量少，多使用衬叶。

② 造型与构图简单，以三角形、放射形为主，色彩明快，与服装色彩协调，以装饰为主。

③ 服饰花临时性强，不用容器，无需保湿处理。

④ 多用于会议、晚会、婚礼等场合佩用（图 2-101）。

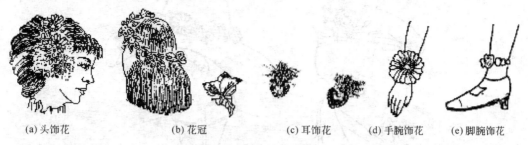

(a) 头饰花　　(b) 花冠　　(c) 耳饰花　　(d) 手腕饰花　　(e) 脚腕饰花

图 2-101　服饰花的特点与类型

(2) 服饰花的种类

有头花、发髻花、帽花、肩花、胸花、腰际花、腕花等种类。

① 发型花饰（头花、发髻花）　插在头发上的花卉装饰。常见的形式有以下几种（图 2-102）。

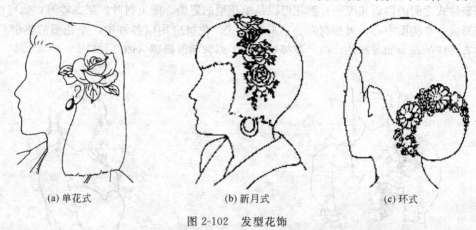

(a) 单花式　　　　　　　(b) 新月式　　　　　　　(c) 环式

图 2-102　发型花饰

　　a. 单花式：以一朵中型或大型花做主花，配上 2～3 枚衬叶，突出主花的花形美。也可用尼龙纱、丝带花等做衬托。披肩发多选用这种花型，佩戴在耳侧。

　　b. 新月式：以 3～5 朵中型花做为构图中心，以小花做衬花，两端用衬叶或丝带做适当点缀。整体造型似新月型，佩戴在左（右）侧，与头部轮廓吻合，各式短发型都适用。在选择做构图中心的中型花时，花型，花色要力求协调，种类也不宜过多，两三种即可。

　　c. 环式：配戴于发髻上，成环形或半环形。整体造型可以有构图中心，也可不形成构图中心，花朵匀称分布。以选择中小型花朵为好，切忌将发髻完全遮盖，失去美感。

　　可选择花朵开放持久的热带兰类做主花，常见使用的花材及衬叶还有香石竹、栀子花、茉莉花、霞草、文竹、吊兰等。各花朵和衬叶也用细铁丝串接，完成后用绿色胶带包裹，适当喷水保持花朵新鲜，但注意不能污染服装。

　　② 帽花饰　帽子上的花卉装饰，使用场合与发型花饰相近。帽子上点缀花卉，风格、款式应与帽子和服饰协调，表现庄重典雅或奔放洒脱的气质。主要形式有单侧式及周边式两种。单侧式装饰在帽子的一侧，用 3～5 朵花组成一个构图中心，再用衬花、衬叶相配。整体上呈不规则三角形或菱形。周边式把花饰做成环形，点缀在帽边。环形构图上花朵的摆设可以有构图中心，也可以均匀分布，并根据具体情况加些丝带点缀（图 2-103）。

　　③ 肩花饰　用花卉点缀装饰肩膀服饰处的装饰形式。肩花的格调也应与服饰式样与风格统一，通常肩花饰只佩戴在左（右）一侧，前面可垂到胸前，背后可延伸到腰部，在肩处形成一个构图中心，花饰下端可用丝带或衬叶点缀，用别针固定在肩上，鲜花、丝绢花都可

图 2-103　帽花饰

做为肩花饰的花材，以花朵持久的蝴蝶兰等应用较多（图 2-104）。

④ 腕花饰　佩戴在手腕上的花饰。文艺演出、婚礼礼服以及舞会等场合都可运用，并应注意与服装款式之间的协调和统一。腕花可以是单花型的造型、配上衬叶、尼龙纱等；也可由 3～5 朵主花形成一个构图中心，再加衬花、衬叶的形式。花材应用以各种中，小花型的热带兰为多，或加些有香味的花朵如茉莉花，白兰花等更增加了温馨和浪漫感（图 2-105）。

图 2-104　肩花饰　　　　　　　　　　　　图 2-105　腕花饰

⑤ 胸花饰　也称襟花，是会议及礼仪活动中广泛应用的装饰形式。男士胸花装饰在西装口袋上侧或领片转角处；女士佩戴在上衣胸前，显示出庄重，典雅的高贵气质。制作胸花体量不宜过大，用花不可过繁，以 1～3 朵花型美丽的中型花做主花，配上少量衬花和轻巧的衬叶即可完成。主花材的色彩不仅应根据礼仪活动的性质不同而有所区别，更要考虑服饰的色彩和质地进行精心选择。如会议用花庄重典雅；婚礼用花温馨明快；哀悼性用花则以冷色调为主。此外，尼龙纱，丝带等配饰物的色泽也要与主花协调（图 2-106）。

（3）服饰花的制作

以胸花为例（图 2-107）。

① 将背景叶片按照构图设计做固定，形成胸花的基本造型和背景。

图 2-106　胸花饰

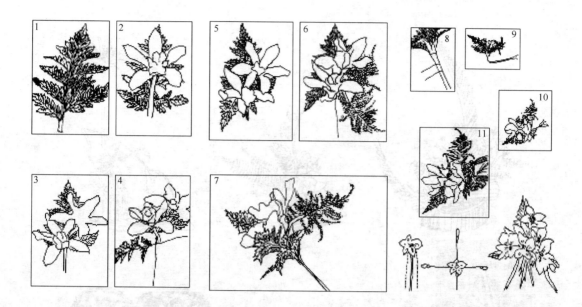

　　1-按设计的大小制作胸花，将鳞毛蕨叶片作为背景叶；2-在鳞毛蕨的右上方放1枝兰花；3-在鳞毛蕨的左下方也放1枝兰花；4-放1枝鳞毛蕨，方向朝下，然后作整体组合；5-弯曲铁丝，紧紧压住根部；6-在右下方放1枝文竹；7-用30号铁丝缠住根部，扎紧，适当地留一些长度后剪断；8-在铁丝上缠绿胶带；9-将铁丝距离拉开；10-别在胸前时，要弯曲铁丝，使花朝向正面；11-在根部安上缎带结，插上胸花针别在胸前。

图 2-107　胸花的制作

　　② 将主要花材依据造型设计依次加入，并做初步固定。
　　③ 加入点缀花和衬叶。
　　④ 固定和保湿处理、配饰处理。

（二）插花艺术欣赏

1. 艺术插花

（1）小品花

　　小品花的造型无一定规则，其要点是强调花材配合要谐调自然。即花与叶、枝与枝之间，无论是长度、色彩及线条变化等均需配合谐调得体，构图灵活轻松，独具风韵。

　　小品花构图简洁、小巧玲珑，也是由三枝主体花枝构成骨架的自然式插花装饰艺术的简略形式，在构图中省略了配饰枝，只采用中心枝造型，或者再适当添加从枝作为陪衬就可完成整体构图。其造型特点是先插中心枝，随即插从枝，然后根据需要适当点缀配花配叶。其花器体量小巧、花材少，适宜点缀装饰小环境，摆置于小型的家具，如茶几、床头柜、书架、书桌、居室角隅处的三角形花架上（图 2-108）。

（2）自由插花（现代花艺）

　　自由插花装饰艺术是一种从选择花材，到构图配色和构思都极为灵活自由的插花装饰艺术表现形式（图 2-109）。

　　现代花艺，融合了东西方传统插花的优点，既讲究东方式的线条韵律，又注重西方式的艳丽色彩，兼顾装饰性和深远的意境。现代花艺的花材选择丰富，创作手法多变，其造型是从东方式传统插花装饰艺术和西方式传统插花装饰艺术的花形上发展、变化而来的。同时现

图 2-108　小品花欣赏

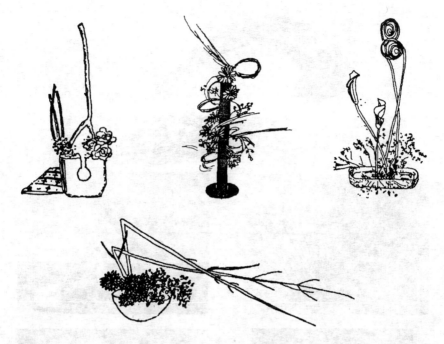

图 2-109　自由插花装饰艺术

代花艺也受到其它门类现代艺术的影响，使之更加为现代人所接受和喜爱，折射出现代文化的内涵和底蕴。一件出色的现代花艺作品常常给人以耳目一新的感受（图 2-110）。

2. 干花设计

干花，就是指通过各种干燥方法，包括物理的和化学的方法，使盛开的鲜花的花朵脱水干燥，并保持其原有的花形与花色，也可使其脱色后再重新染成理想的颜色，用这种方法加工制成的干燥无水分的花朵就称为干花。干花花艺即指以干花为花材的插花。

干花是永不凋谢的花材，使用年限可长达 10 余年之久。可以制作干花的植物主要有麦秆菊、千日红、芦苇、香蒲、狗尾草、鸡冠花、早熟禾、八仙花、败酱草、二色补血草等，干花花艺简便易行，不必水养，花器既可用花瓶，也可用浅盆，不论花器形态如何，均以色彩淡雅者为佳，其中白色花器最为常用，金属花器也常见使用。瓶插干花时，花材固定方法同于普通瓶花；盆插干花时，可用干花花泥或细铅丝网固定干花花枝。干花花艺构图艺术原则同于普通花艺，色彩配置宜和谐自然，形态与花器与环境适宜。干花花艺大多采用图案式的插法，花材用量较大，花枝插置较稠密，讲究干花枝的群体美。干花花艺形式盛行于欧美国家。

（1）干花的艺术特点

干花分为立体干花与平面干花两种类型。平面干花也称干花，它是将自然界中的植物材料经脱水、保色、压制和干燥处理而成的植物制品。将平面干花素材按花的色彩、形态、质感、韵律等特点适宜搭配，可构成一幅幅生动活泼的干花艺术画。干花艺术是干燥花产品的一支新秀，目前在我国虽然刚刚起步，但已受到普遍的青睐。它具有以下几个特点。

① 花材应用广泛　用于干花的花卉材料十分广泛。不仅大朵的花材如芍药、牡丹、月季、山茶等可以用来做干花，野花小草也可用于干花作品。所用的花材不一定要从生长繁茂的植株上采摘，可以利用花卉生产或插花等工艺制作时疏剪下的花蕾、花朵、叶片进行压制。

图 2-110 主题明确的现代花艺设计

② 保持本色 与漂白、染色的立体干燥花相比，干花是用保色的方法尽量保持花材的本色，所以干花制品具有真实感、亲切感。

③ 表现原植物形态与自然环境 干花材料不仅可以再现原植物的形态特征，还可以再现植物生长的自然环境，构成使人向往的优美风景画。这些画面具有自然、真实、质朴感，是其他绘画方法不可比拟的。

④ 清洗保洁 干花画由于表面受到玻璃、塑胶、薄膜的保护可以清洗保洁，因而保存时间也比立体干燥花长久。近年来，采用对干花画表面新的密封工艺，不仅使画面容易清洗保洁、携带方便，而且使画面立体感增强，备受人们喜爱。

(2) 干花艺术的发展与风格

① 干花艺术的由来与发展 最早的干花源于 16 世纪意大利的植物标本制作，17 世纪开始传入欧美等国。19 世纪日本明治维新时代干花艺术传入日本，20 世纪 50 年代，由于干燥剂的发展，日本的干花艺术得以迅速发展，趋于世界领先地位。20 世纪 80 年代初，干花艺术由日本传入我国台湾，使干花艺术在台湾蓬勃发展。目前，世界上从事干花艺术的国家有日本、中国、伊朗、美国、丹麦、乌克兰、荷兰、德国、法国、意大利、匈牙利、英国等。

我国的干花艺术是从 20 世纪 80 年代中、后期开始兴起的。初始是用枫叶、野花等材料制成贺卡、书签等简单制品。由于对干花保色和干花艺术的科学研究，目前已使我国在干花技术与干花画制作工艺上有了较大的发展，制作的大型干花艺术作品也达到了出口的水平。

② 干花艺术的风格　干花艺术作品的风格虽然多种多样，但由于东西方文化的差异，基本可以分为欧洲风格与亚洲风格两类。

a. 欧洲干花注重于品位格调，特别是色彩的典雅、画框的古意。构图方式多采用图案式或抽象式，明快而精致显示了西方文化的风格品位。

b. 亚洲干花多采用自然写生或写意的构图风格，具有真实感。其中日本的一些流派讲究多用花材，以厚重密满为构图原则，用花量很大，并多采用背景着色，显示画面的立体效果；而中国则尝试国画式构图方式，以显示中国文化清雅脱俗的风格与品位（图2-111）。

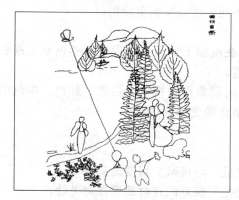

图 2-111　平面干花压花作品

（3）干花工艺中花材的选择

植物用于干花的材料主要是叶子和花，其次是茎（即枝条），少量的还可用一些果实。但不同植物的叶与花由于质地不同、颜色不同，干花效果则存在很大的差异，所以在进行干花作品的制作时，选择适宜的花材、叶材显得至关重要。

① 叶材的选择　通常草本植物与落叶树的叶子质地都比较薄，柔韧性好，挺而不脆，多属于草质质地。这种类型的叶子是最适宜干花用的叶材。

还有一类植物的叶子是肉质的，如昙花，叶肥厚饱满，叶内含水量高是比较难以压制的叶材，但如果处理得当，也是用于干花制品中较好的叶材。

② 花材的选择　干花中最主要的花材就是花瓣。不同种花在花瓣颜色、形态、结构、质地上区别很大。在选择花材时应从以下几点考虑：a. 选择颜色鲜艳且保色容易的花，如白、黄、蓝色花保色比较容易，红、粉色花保色较难；b. 选择单瓣花、复瓣花或重瓣性少的花。如其他条件适宜，如花瓣过于重瓣也可拆开压制应用；c. 选择花瓣厚薄适中，含水量少的花；d. 选择刚刚盛开的新鲜花材，切忌选用凋谢的花。

③ 枝条的选择：a. 选择幼嫩和质地柔软的枝茎；b. 选择经过压制处理后，能够平整的枝茎；c. 选择形态自然弯曲、缠绕和分枝优美的枝茎；d. 对坚硬、粗壮的枝条可用利刀剖解后再压制。

（4）植物材料的压制方法

将植物材料快速脱水干燥，使植物细胞失去活性，不再进行代谢活动，从而达到保色目的。介绍几种常用的方法。

① 快速脱水干花法　将花材平压在折叠好的吸水纸上，3层吸水纸两侧各放一张厚纸板，将其夹紧，以避免花材收缩。把压好的花材放在60～100℃的干燥箱内，即可快速脱水干燥，保持形态不变。如将干花夹板放入微波炉中，只需几分钟，就可脱水干燥。

用快速脱水法压好的花材多脆而易碎。

② 硅胶脱水干花法　材料放入干燥器中，将容器密封后放在温度为 20℃左右、比较干燥的室内，3～4 天后花材即可干燥。

硅胶脱水干花法压干的花材保持花卉的自然颜色，还保持了花材的柔韧，使其姿态逼真。

③ 简易干花法　用快速脱水干花法的厚纸板夹 3 层至 4 层压了花材的吸水纸，夹紧后放在比较干燥且温度在 20℃左右的室内，数日后，花即可干燥。但此法需注意，每日应该换干燥吸水纸一次，至干燥时为止。也可用厚书代替夹板与吸水纸，书上需压以重物，否则花会在失水时收缩。

将花材放在一层吸水纸内，用熨斗（温度不要过高）熨干熨平。此法花材干燥时间快，但不是所有的花材都适用，每种花材所适宜的温度不同，所以要慎重使用。

（5）植物材料的护色方法

① 花材色变现象、产生原因及防止措施　花材在压制干燥过程中发生的颜色变化现象称色变现象。色变现象有多种，现介绍几种常见类型。

a. 褐变：植物花材在压制干燥过程中变为褐色的现象称为褐变。白色、红色、粉色的花极易褐变。为了不使花材发生褐变，现介绍几种防止褐变的方法。

ⅰ. 压制植物花材时尽量快速脱水；

ⅱ. 在压制干燥过程中尽量降低温度；

ⅲ. 利用真空塑封机把压制好的花材塑封在真空袋中，可减少褐变现象；

ⅳ. 为防止由光照引起的花材褐变现象应尽可能把压制好的花材放置在避光处；

ⅴ. 利用热烫、重金属盐溶液浸泡等化学护色方法，可以减弱酶活性而防止花材褐变。

b. 褪色现象：有颜色的花材在压制干燥过程中出现颜色变浅，甚至发生无任何颜色的现象称褪色现象。促使花材褪色的原因很多。在压制容易褪色的花材之前，要进行化学药剂处理，使化学药剂与花所含色素发生络合反应，从而促使花材的色素稳定性增强，保护花材不褪色或减缓褪色现象。

c. 颜色迁移：有些植物花材压制干燥过程中，花瓣的色泽由一种颜色变成另一种颜色的现象称颜色迁移。克服花材颜色迁移的主要方法是降低花材的 pH 值。用酸性溶液对该类花材进行浸泡，当浸泡的花材达到所需 pH 值时，将花瓣捞出压制干燥，花材就不会再发生颜色迁移。

d. 色泽由浅变深：只要把花材浸入脱色剂中数分钟或数秒钟再进行压制，即是理想颜色的花材。

e. 微生物使花材色变：在压制干燥花材的过程中，微生物的存在不仅会引起植物材料的变质腐烂，其代谢后的产物还会参与色素的降解反应。

防止花材腐烂等现象可用以下措施：a. 采摘回来的花材在红外线灯下照射 10～20min，可杀死花材表面的微生物、细菌、病毒，也可使花瓣尽快干燥，除去潮湿，从而去除花材表面残留的大量有害物质。b. 将采摘的花材放置在塑料袋中，用甲基托布津进行喷洒消毒，封好塑料袋 10～20min，再用红外灯与吹风机共同烘干，且消毒与压制均应快速。这样压制的花材不但达到防腐目的，也达到了保色目的。

② 植物材料的护色方法：植物材料在压制干燥过程中，能否尽量保存其原有的色泽，得到理想的观赏效果，是压制花材的技术关键。从护色途径上，可将护色方法公为物理护色和化学护色两类。

a. 物理护色法：是通过控制温度、水分、光和干燥介质等外界条件，保持植物材料色泽艳丽的方法。前文所叙述的各种花材压制方法均属物理护色法。

b. 化学护色法：是利用化学药剂与植物材料的色素发生化学反应，从而保持或改变原

110　　花卉应用与设计

有色素的化学结构和性质的方法。利用化学护色方法可以增加色素的稳定性，调节植物材料的内部环境，如细胞内的 pH 值，可防止色素降解，抑制微生物的活动等。又可分为叶片与花色两种护色法。

ⅰ. 绿色叶片护色法：在处理液中加入一定量的硫酸铜和醋酸，在一定温度下，便能获得较理想的绿色叶材。

ⅱ. 花色护色法：明矾、氧化锌、氧化锡、氧化亚锡等都是可提供络合金属离子的药剂，形成比较稳定的络合物，提高色素的稳定性，从而达到护色的目的。此外，调整花材中的 pH 值，也可起到保持花色的作用。如柠檬酸、酒石酸能使花材 pH 值下降，可使含花青素类的红色素花材较好地保持红色。

（6）干花材料的保存方法

压好的花材要注意保存，否则从空气中吸收水分、氧气会使花材变色或腐烂，也易遭受虫蛀。所以花材的保存主要是从防霉和防虫两方面考虑。主要方法如下：

① 将压好的花材按不同种类合并分类，然后按不同种类的花材分别保存；

② 将同类的花材放在干净的吸水纸上，然后将其密封于塑料袋中；

③ 放置花材的库房须干燥、避光、不透风，为防止虫蛀可放少许灭虫药物；

④ 贮存花材的柜子最好全封闭，以防透光。

⑤ 经过微波处理的花材可长久保存，花材保存之前如用微波处理 3～5min，可达到长期存放的效果。

（7）干花艺术作品的制作

① 干花艺术作品的种类：干花艺术作品的种类繁多，大致有以下几种类型。

a. 纪念卡类：有各类贺卡、书签、明信片、名片、请柬、礼仪电报等。

b. 封皮装饰：如笔记本、影集、包装盒等的封皮装饰。

c. 生活用品装饰：如灯罩、沙发靠垫、手袋、胸针、装饰盘、餐垫、盘垫等。

d. 装饰画：制作成小型或大型干花装饰画装饰居室，既自然温馨又浪漫典雅。

常见的用干花制成的装饰品还可用来装饰玻璃器皿、首饰盒，甚至用干花来装饰服装。

② 干花艺术作品的构图原则　干花艺术作品是利用真实的花材在平面上构图，以表达作品的意境美、构图美、画面美、色彩美。因此，首先应了解花材自身的形态、色彩、质感等特点，根据这些特点进行不同主题的构图。

a. 形态：花材、叶材的形态多种多样。花材形态的多样性是构成美丽生动的干花艺术作品的重要因素之一。

b. 色彩：干花材料的色彩十分丰富，恰当地应用色彩配合，可使作品色彩既丰富又和谐，这也是构成优美干花艺术作品的重要因素之一。

c. 质感：根据主题选择质感不同的花材进行构图，也是一幅干花艺术作品成功的重要因素之一。

如何使平面造型的花材在较小的画纸上表现出较为生动的立体效果，必须了解和运用干花构图的一些基本原则与技巧，避免作品变成"贴花工艺"。

a. 干花艺术作品构图时焦点（主题中心）不可过多，否则画面过于松散、杂乱。通常焦点只有一个，副焦点可配置 1～2 个，使画面产生动感的变化。

b. 利用花材点、线、面的形态特点，使之有机协调地结合，以达到画面的动态平衡。在视觉焦点放置宽大的叶子和花朵，构成画面的主体部分。运用枝条、花梗、叶边缘的线条巧妙地展现在画面中心及四周，构成线条之美。

c. 干花艺术作品的构图重心平稳，所以画面的对称很重要。点状花材与线状花材是使画面产生动态均衡的重要因素。

d. 干花艺术作品的色彩重点在于衬托该花所要表现的意境与特色。由于不同色彩将产生不同的艺术效果，所以在构图时首先要考虑作品的主题内涵，然后再广泛运用色彩知识给以配合。不同色彩给人以不同的温度感、体积感、距离感、重量感和情趣感。各种明度色彩互相搭配，可产生不同的感情效果。多色彩的配合，常以较鲜艳的色彩来强调主题，但色彩过多，又常使主题模糊不清。所以恰当地掌握原色、间色、复色、补色等色彩之间的关系，适度地运用色彩，使作品中的色彩既有一定的变化对比，又有整体的一致谐调，才能构成一幅色彩调和优美的作品。

e. 干花艺术作品中花材的量感也很重要。一幅好的、充实的作品花材的数量一定要适中，切不可过多或过少。

f. 干花艺术作品的空间、距离、间隔都有一定的比例。空间指画中留白的面积以及各花材之间的距离。画面上的空间是必需的，它可以起到调节画面节奏的作用。一幅作品中的花材与空间适宜比例应以5∶3的黄金分割比例为最美、最安定。

g. 在风景画的造景构图中，确定主题后，要处理好近景、中景、远景的关系，使干花构成的画面形成生动的立体效果。干花艺术作品主要是利用花材的不同产生立体感。

h. 利用花材做不同层次的部分重叠，可形成花影疏密的感觉。

i. 干花艺术作品以自然质朴为特色，越是原始自然，越能传达它的本来风貌。因此，在表达自然写生时，背景越单纯素雅越好。

j. 干花艺术作品中同类花材的摆放水平也会影响画面的艺术效果。

③ 干花艺术作品的构图方法　干花艺术作品的构图方法很多，但归纳起来主要有以下几种。

a. 图案式构图：图案式构图主要是按一定的几何图形或字母图形设计画面。如干花艺术作品中常见的几何图形有圆形、椭圆形、拱形、水平形、三角形、正方形、菱形，悬吊形等；常见的字母图形有S形、U形、C形、L形、倒T形等。图案式构图方法多用于装饰性的小型干花画中或各类贺卡、书签、请柬、纪念卡等。因主要用于装饰，故画面结构紧凑，色彩艳丽，变化有规律。

b. 自然写生式构图：干花艺术作品的自然写生构图方法是以表现花卉的自然性状为基础的一种写实风格。它是将大自然中生长的花卉美景移情到室内的生活环境中，让人们能长久地感受自然的美感。

c. 绘画式构图：绘画式构图属于写意风格的构图，这种构图方式主要是表现精神的内涵，以一定量的花材表现最深远的意境。绘画式构图又可分为国画式写意法及风景画写意法两类：

ⅰ. 国画风格构图法：国画式的干花艺术作品是利用花材的自然色彩和形态，对花材稍加修剪和分拆整理，形成具有中国画风格的画面（图2-112）。

ⅱ. 自然风景式构图：自然风景式构图在表现意境的壮丽广阔的前提下着重表现近景、中景、远景的关系。在制作时以不同色彩的花材在不同层次上进行大面积的堆叠，可达到油画式的效果。但花材耗量过大，不宜多做（图2-113）。

d. 抽象式构图：抽象式构图是根据作者的想象和情绪设计的较为随意的自由式构图方式。它是用来表达作者的某种意念，设计上超越花材自然的本质与姿态，大胆分解植物本体，由另外的形式加以组合，画面具有丰富的想象力和创造力，甚至大胆的表现力（图2-114）。

④ 干花艺术作品的制作

a. 制作时所用的工具：镊子；快速干燥好的材料最好用乳白胶或双面胶纸固定；构图剪裁花材、处理背景用剪刀、美工刀、铅笔、水彩、彩笔等。

b. 干花作品的选材与设计：根据主题需要选取花材与样纸。在样纸上用铅笔轻轻勾画出底样，然后再将花材按底样贴到图纸上。

图 2-112　国画风格构图法

图 2-113　自然风景式构图

图 2-114　抽象式构图

c. 花材的组合：在花材压制时，单瓣的、体积小的花可整朵压干；而对重瓣的、大朵的花整体压制效果则不佳。对于这类花材在压制时应该把花瓣各部分拆散分解后干燥。在干花画制作时就要把分解的花瓣再重新组合恢复成整朵花材的美丽容颜。花卉组合技巧关系到干花艺术作品的精细程度。花朵组合愈精细，越能表现作品的意境。

d. 背景处理：干花艺术作品如需进行背景着色处理的，应先在样纸上处理好背景。背景以水彩、水粉或彩笔直接涂抹，但颜色不要过深，以淡雅为宜。

e. 花材的粘贴：根据设计的底样进行花材的粘贴。粘贴时先贴最下层的花材，再贴上层部分的花材；先贴焦点或中心处的花材，后贴陪衬及边缘的花材。掌握由下及上、由里到外的粘贴原则。通常是在花材较厚实部位涂以少许胶，以能固定住花材即可。

⑤ 干花艺术作品的画面保护

a. 塑料覆膜保护：是将粘贴好花材的纸卡用塑胶膜塑封。过塑的干花艺术作品如花材是护色的，通常保存7～8年不会褪色。

b. 密封镜框保护：将干花艺术作品装置在尺寸合适的玻璃镜框中，将镜框四周有缝隙的地方都用树脂胶、蜡、透明胶等密封住，在作品纸卡的背面与镜框连接处应放置干燥剂、防腐剂或防虫剂，以防受潮、腐烂或虫蛀。如果能把镜框抽真空后密封，效果更佳。镜框的档次较高，作为礼品馈赠十分高雅，只是工艺需进一步改进。

c. 真空压封：利用高分子薄膜对干花艺术作品进行真空压封，使花、膜形成一体，不仅增强了干花艺术作品的立体感，而且表面可以清洗，携带方便，同时也增加了干花艺术作品的艺术魅力，是礼品馈赠之佳品（图 2-115）。

图 2-115 干花作品

除了以上的保护方法外，干花艺术作品放置的环境也很重要。为了能较长时间保存，干花艺术作品一定要避免放置在潮湿的地方；为防止高温紫外线对花材的还原褪色，要绝对避免花材和作品被阳光直接照射。

第六节　水生花卉的应用

一、水生花卉的观赏特点与类别

1. 水生花卉的观赏特点

水作为一种晶莹剔透、洁净清心，既柔媚、又强韧为一体的自然物质，以其特有的形态及所蕴含的哲理思维，不仅早已进入了我国文化艺术的各个领域，如诗文、绘画、音乐、戏曲等方面，而且也已成为园林艺术中不可缺少的、最富魅力的一种园林要素。古人称水为园林中的"血液"、"灵魂"。古今中外的园林，对于水体的运用非常重视。

各类水体都有它的植物配置，不论是静态水景，还是动态水景，都离不开植物来创造意境。水生花卉与园林设计要素之间相互配合，可以增加园林的观赏性，因此水生花卉具有以下几个特点。

① 丰富园林水体景观　水是园林的灵魂，是构成景观的重要因素。水生植物以其洒脱的姿态、优美的线条、绚丽的色彩点缀水面和堤岸，加强水体的美感。

② 强化园林意境　在我国，园林中不仅利用水生植物的形态风韵创造园林景观，还经常把许多文化内涵赋予水生植物。如宋代周敦颐的《爱莲说》"出淤泥而不染，濯清涟而不妖"，把荷花的自然习性和人的思想品格联系起来，使人们对荷花的欣赏不仅赏其自然之美，还延伸到对其高贵品格的崇敬，加强了园林景观的意境美。所以，应进一步挖掘、整理水生植物丰富的文化内涵，为创造美好的水生植物景观提供丰富的源泉，如苏州拙政园的"听雨轩"创造出了"蕉叶半黄荷叶碧，两家秋雨一家声"的诗情画意（图2-116）。

图 2-116　苏州拙政园的"听雨轩"

③ 改善水景水质　水生花卉除了独特的造景功能外，还能吸收、分解、过滤和转化水体污染物和有毒、有害物质，起到净化水体的作用。岸边的水生植物还具有固土护岸的作用。

2. 水生花卉的类别

水生植物是指生长在水体、沼泽地的植物，包括草本和木本植物。与其它植物明显不同的习性，主要表现在对水分的要求和依赖远远大于其它各类，因此也构成了其独特的习性。中国水生植物资源丰富，高等水生植物就有近300种，根据其生活习性和生态环境，国内外各有不同分类方式。目前国内通用的分类方法是把水生植物分为4类。

① 挺水植物　根生长于泥土中，茎叶挺出水面，绝大多数有茎、叶之分，直立挺拔，花色艳丽，花开时离开水面。如荷花（图2-117）、芦苇、莲、雨久花、慈菇、菖蒲、花菖蒲、旱伞草等。

② 浮叶植物　也称浮水植物，根生长于泥土中，茎细弱不能直立，叶片漂浮于水面或略高于水面，花开放时近水面。如睡莲、野菱、王莲（图2-118）、芡实、莼菜、荸荠等。

图 2-117　荷花

图 2-118　王莲

③ 漂浮植物　根不生于泥中，植株漂浮于水面之上，可随水漂移，在水面的位置不易控制，以观叶为主。如凤眼莲、大漂、紫萍、浮萍等。

④ 沉水植物　整个植株沉入水中，通气组织特别发达，叶多为狭长或丝状，以观叶为主。如金鱼藻、网草、苦菜等。

二、水生花卉的选择及常见应用的种类

1. 水生花卉的选择

（1）建造一个生态平衡、没有水藻的水域环境为前提

要做到这点，需要叶片覆盖水面的植物来创造和实现，在春季长叶片的水生植物中，睡莲科水生植物的作用和地位最为重要，深水型水生植物或浮水型水生植物也能起到这样的覆盖作用。因此，要想得到一个生态平衡的水域环境，水体表面积大约1/3区域要被叶片所覆盖，而且该水域必须长有大量的深水型水生植物。

（2）结合水景的用途和类型进行选择

当水池中种植的具有某种特殊用途的植物达到一定限量时，可以选择种植一些其它类型的植物，注意这些植物应与水池的设计相匹配。为了尽情享受水面反射给人们带来的乐趣，可以种植那些低矮的沉水植物，它们可以一直生活在水面下而不被人们看到。

（3）充分考虑水生植物的花期进行选择

当建造一个观赏性的水池时，最值得考虑的问题是该水池中所种植植物的开花期。大多

数开花的水生植物，包括睡莲科水生植物，夏季是它们生长最好的时期。由于夏季开花的植物在秋季与春季不开花，这段时间必须由秋季和春季开花的品种来弥补。因此在植物的选择上应选用不同的种类，已达到和谐的效果。

（4）注意结合植物的生长习性

大多数开花植物都需要阳光，因此水域的表面不应被任何长的、高的、浓密的，尤其是生长在水池南面的水边植物所遮蔽。

（5）宜选择种植当地的乡土植物

乡土植物是区域性的宝贵生物资源，是千百年来，经过自然选择和自然淘汰后留下的珍贵物种。在"物竞天择，适者生存"的大自然法则面前，只有这些乡土植物是经历千百年风雨考验而遗留下来的最适应当地自然条件，最能抵抗当地经常发生的天然或人工灾害。乡土植物的生物学特性如下。

① 适应性　乡土植物是在一个地区特定环境条件下稳定存在的植物。它们土生土长，千百年来在那生长发育，繁衍后代，具有对当地环境最高的适应能力。

② 多样性　在这一稳定的植物品种中，生长着千姿百态的，各具特色的植物。可以根据城市绿地的不同条件、不同环境，选用不同植物材料。

③ 抗逆性　它们在当地世代繁衍，与当地的气候、土壤环境融为一体，所以不管狂风暴雨，不管霜寒雪冻，不管烈日酷暑，在各种自然灾害前都可以安然无恙。

④ 观赏性　由于适宜的环境，植物的各种生理生化与生态功能都能正常运转，能充分地展示出它的观赏性能。具体表现在植株生长茂盛、枝叶浓密、花朵艳丽、果实丰硕，可发挥最大的观赏效果。

⑤ 珍贵性　乡土植物中相当一部分在目前处在濒危状态，是珍贵稀有植物，列为国家重点保护对象。把它保留下来，加速繁殖，作为绿化材料，既保护发展了珍稀树种资源，又能提高人们的生态环境意识。

⑥ 经济性　乡土树种取材方便，育苗容易，地产地种，随种随取，免去长途运输，成活率高，管理省工，寿命长，成本低。由于生长旺盛，叶面指数高，也能最大限度地发挥绿地功能和生态效益，所以采用乡土树种绿化最经济实惠。

2. 水生花卉常见种类的应用

（1）驳岸绿化树种的选择

水边绿化树种首先要具备一定耐水湿能力，另外还要符合设计意图中美化、彩化、线性化的要求。

我国从南到北常见应用的树种有：水松、蒲桃、小叶榕、高山榕、水翁、紫花羊蹄甲、木麻黄、椰子、蒲葵、落羽松、池杉、水杉、大叶柳。垂柳、旱柳、水冬瓜、苦楝、悬铃木、枫香、枫杨、三角枫、重阳木、柿、榔榆、桑、柘、梨属、白蜡属、柽柳、海棠、香樟、棕榈、无患子、蔷薇、紫藤、南迎春、连翘、棣棠、夹竹桃、桧柏、丝棉木等。

英国园林中水边常见的树种中，观赏树姿的有垂枝柳叶梨、巨杉、北美红杉、北美黑松、钻天杨、杂种柳、七叶树、北非雪松等；色叶树种有红栎、水杉、中华石楠、鸡爪槭、英国栎、北美紫树、连香树、落羽松、池杉、卫矛、金钱松、日本槭、血皮槭、糖槭、圆叶槭、檀木、银杏、北美枫香、枫香、金松、花楸属、北美唐棣等；变叶树种有灰绿北非雪松、灰绿北美云杉、金黄挪威槭、金黄美洲花柏、金黄大果柏、紫叶山毛榉、金黄叶刺槐、紫叶榛、紫叶小檗、金黄叶山梅花、全黄叶接骨木等；常见的花灌木有多花四照花、杜鹃属、欧石楠、红脉吊钟花、花楸属、八仙花、圆锥八仙花、北美唐棣、山楂属等。

（2）水面的植物配植

水面景观低于人的视线，与水边景观呼应，配以水生植物，更具观赏特性（见表 2-4）。如杭州植物园的湖面上种植了一片萍蓬，金黄色的花朵挺立水面，与水杉倒影相映，犹如一幅优美的水面画。北京北海公园东南部的一片湖面，遍植荷花，体现了"接天莲叶无穷碧，映日荷花别样红"的意境，每当游人环湖漫步在柳林下，阵阵清香袭来，非常惬意。值得注意的事，对待一些污染严重、具有异味的水面，则宜配植抗污染能力强的凤眼莲、水浮莲以及浮萍等，布满水面，隔味防污，使水面犹如一片绿毯或花地，同时通过种植些野生的水生植物，如芦苇、蒲草、香蒲、慈菇、杏菜、浮萍、槐叶萍、水底植些眼子菜、玻璃藻、黑藻等，使水景野趣横生。

表 2-4　园林中常见水生植物

种名	科属	生活型	生态习性	园林应用
菖蒲	天南星科	挺水	喜温暖、喜光	可栽于浅水中或作湿地植物，是水景工程中主要观叶植物
石菖蒲	天南星科	挺水	喜温暖、喜湿	适宜水景岸边及水体绿化，可盆栽观赏
水菖蒲	天南星科	挺水	喜温暖、喜湿、稍耐寒	可栽于浅水中或作湿地植物，是水景工程中主要观叶植物
海芋	天南星科	挺水	喜温暖、耐阴	可栽于浅水中或作湿地植物，是水景工程中主要观叶植物
水芋	天南星科	挺水	喜高温、全日照	可栽于浅水中或作湿地植物，是水景工程中主要观叶植物
黄菖蒲	鸢尾科	挺水	耐寒、适应性强	可栽于浅水中或作湿地植物
花菖蒲	鸢尾科	挺水	喜光、喜湿	可栽于浅水中或作湿地植物
黄花鸢尾	鸢尾科	挺水	喜光、喜湿	可栽于浅水中或作湿地植物
燕子花	鸢尾科	挺水	耐阴	可植于河边、湖边形成花圃
溪荪	鸢尾科	挺水	喜温暖湿润	适宜水景岸边绿化
千屈菜	千屈菜科	挺水	喜强光、喜温暖	适宜丛植或片植于池边、岸边
再力花	茗叶科	挺水	喜光、不耐阴	适宜植于水池或湿地
水葱	莎草科	挺水	喜光喜凉爽湿润	适宜水景岸边或水景园中的后景材料，或用于净化水体
花叶水葱	莎草科	挺水	喜温暖湿润	适宜水景岸边或水景园中的后景材料，或用于净化水体
荸荠	莎草科	挺水	喜温暖、阳光充足	适宜水面绿化或岸边、池旁的点缀
旱伞草	莎草科	挺水	喜温暖、喜光、极耐阴	适宜植于溪流、湿地或水景岸边
纸莎草	莎草科	挺水	喜温暖、全日照	适宜植于水景岸边的阳光充足处
黄花蔺	花蔺科	挺水	喜温暖湿润、通风良好	适宜水景岸边或水景园中的后景材料
水烛	香蒲科	挺水	喜温暖、喜光	适宜丛植或片植于水池、湖畔或作水景的背景材料
芦苇	禾本科	挺水	抗寒耐旱、性强健	适宜作水景园中的背景材料、也可点缀于桥、亭、榭等
芦竹	禾本科	挺水	喜温暖、水湿	适宜作水景园中的背景材料，也可点缀于桥、亭、榭等
花叶芦竹	禾本科	挺水	喜温暖、喜光	适宜作水景园中的背景材料，也可点缀于桥、亭、榭等
蒲苇	禾本科	挺水	喜光、耐寒	适宜作水景园中的背景材料，也可点缀于桥、亭、榭等

种名	科属	生活型	生态习性	园林应用
茭白	禾本科	挺水	喜温暖、水湿、不耐寒	适宜浅水区绿化布置
慈菇	泽泻科	挺水	喜温暖、喜光	适宜湖边、岸边阳光充足处布置
泽泻	泽泻科	挺水	喜光喜湿、耐寒耐阴	适宜作水景园中配置或盆栽布置庭院
灯心草	灯心草科	挺水	喜湿	适宜湖边、岸边丛植或片植
海寿花	雨久花科	挺水	耐高温、性强健	适宜水池、湿地及河塘绿化美化
水生美人蕉	美人蕉科	挺水	喜光、怕强风、适应性强、耐寒性较弱	适宜大片的湿地自然栽植,也可点缀于水池、湖畔或用于浅水区绿化
耐水湿的陆生美人蕉	美人蕉科	挺水	喜光、喜湿、适应性强	适宜水池、岸边及湿地绿化或用于浅水区绿化
水鬼蕉	睡莲科	挺水	喜温暖、湿润	适宜水景岸边绿化
荷花	睡莲科	挺水	喜温暖、喜光	适宜水体绿化,是水景园中必备的挺水植物
萍蓬草	睡莲科	浮叶	喜温暖、喜光	适宜大型水盆或水池栽培
睡莲	睡莲科	浮叶	喜光	适宜水体绿化,是水景园中必备的浮叶植物
田字萍	萍科	浮叶	适应性强	适宜水景岸边绿化
荇菜	龙胆科	浮叶	性强健、喜静水	适宜静水体绿化
浮萍	浮萍科	漂浮	喜温暖、湿润	适宜水体绿化
野菱	菱科	漂浮	喜温暖、不耐寒	适宜水体绿化
水鳖	菱科	漂浮	喜温暖、稍耐寒	适宜水体绿化
黑藻	菱科	沉水	耐寒	适宜水体绿化
苦草	菱科	沉水	喜温暖、耐阴	适宜水体绿化
菹草	眼子菜科	沉水	喜低温	适宜水体绿化
竹叶眼子菜	眼子菜科	沉水	稍耐寒	适宜水体绿化
金鱼藻	金鱼藻科	沉水	喜光	适宜水体绿化
水藓	水藓科	沉水	喜温暖、半遮阴	适宜水体绿化
水蓼	蓼科	沉水	适应性强	适宜水景岸边及水体绿化

三、园林水体的花卉应用与景观设计

1. 园林水体的花卉应用

植物是造园的重要因素,有了它才可显示和保持园林的生态美,而植物的生存必须依靠水。水是植物的生命之源,园林水体主要包括湖、池等静态水景及河、溪、涧、瀑、泉等动态水景。

（1）湖的花卉应用

湖是园林中最常见的水体景观。如杭州西湖、武汉东湖、北京颐和园昆明湖、南宁的南湖、济南大明湖,还有广州华南植物园、越秀公园、流花湖公园等都有大小不等的湖面。

如杭州西湖湖面辽阔、视野宽广,沿湖景点突出季节景观（图 2-119）,如苏堤春晓、曲院风荷、平湖秋月等。春季,桃红柳绿,垂柳、悬铃木、枫香、水杉、池杉新叶一片嫩绿;碧桃、东京樱花、日本晚樱、垂丝海棠、迎春先后吐艳,与嫩绿叶色相映,春色明媚,确似一袭红妆笼罩在西湖沿岸。西湖的秋色更是绚丽多彩,红、黄、紫色具备,彩叶树种丰富，有无患子、悬铃木、银杏、鸡爪槭。红枫、枫香、乌桕，三角枫、柿、油柿、重阳木、紫叶李、水杉等。

（2）池的花卉应用

在较小的园林中，水体的形式常以池为主。为了获得"小中见大"的效果，植物配植常突出个体姿态或利用植物分割水面空间，增加层次，同时也可创造活泼和宁静的景观。

苏州网师园，池面才410m²，水面集中，池边植以柳、碧桃、玉兰、黑松、侧柏等，疏密有致，既不挡视线，又增加了植物层次。池边一株苍劲、古拙的黑松，树冠及虬枝探向水面，倒影生动，颇具画章。在叠石驳岸上配植了南迎春、紫藤，络石、地锦等，使得高于水面的驳岸略显悬崖野趣。

图 2-119　西湖沿湖景点突出季节景观变化

图 2-120　溪涧绿化

无锡寄畅园的绵汇池，面积1667m²。地中部的石矶上两株枫杨斜探水面，将水面空间划分成南北有收有放的两大层次，似隔非隔，有透有漏，使连绵的流水似有不尽之意。

杭州植物园百草园中的水池四周，植以高大乔木，如麻栎、水杉、枫香、岸边的鱼腥草、蝴蝶花、石菖蒲、鸢尾、萱草等作为地被，在面积仅168m²的水面上布满树木的倒影，因此水面空间的意境非常幽静。

（3）溪涧与峡的花卉应用

溪涧式自然山涧中的一种水流形式。在园林中小河两岸砌石嶙峋，河中少水并纵横交织，疏密有致地布置大小石块，水流激石，涓涓而流，在两岸土石之间，栽植一些耐水湿的蔓木和花草，可构成及其自然野趣的溪涧。《画论》中曰："峪中水曰溪，山夹水曰涧"，由此可见溪涧与峡谷最能体现山林野趣。

自然界这种景观非常丰富，如北京百花山的三叉垴就是三条溪涧，溪涧中流水淙淙，山石高低形成不同落差，并冲出深浅、大小各异的水池，造成各种水声。溪涧石隙旁长着野生的华北楼斗菜、升立藤、落新妇、独活、草乌以及各种禾草。溪涧上方或有东陵八仙花的花枝下垂，或有天目琼花、北京丁香遮挡，最为迷人的是山葡萄在溪涧两旁架起天然的葡萄棚，串串紫色的葡萄似水晶般地垂下（图2-120）。

杭州玉泉溪位于玉泉观鱼东侧，为一条人工开凿的弯曲小溪涧。引玉泉水东流入植物园的山水园，溪长60余米，宽仅1m左右，两旁散植樱花、玉兰、女贞、南迎春、杜鹃、山茶、贴梗海棠等花草树木，溪边砌以湖石，铺以草皮，溪流从矮树丛中涓涓流出，每到春季花影堆叠婆娑，成为一条蜿蜒美丽的花溪。

英国皇家园艺协会的威斯里公园，在岩石园下有两条花溪，溪边种满了五光十色的奇花异卉，鸢尾属的燕子花、鸢尾、道格拉氏鸢尾等；报春属的喜马拉雅报春、琥珀报春、高穗报春等与蓼属的拳参；各种落新妇栽培品种；牻牛儿苗属、岩白菜属、玉簪属、毛菱属等花卉妩媚动人。

日本明治神宫的花园布置既艳丽又雅致，是皇后经常游憩玩赏之处。花园中有一天然泉眼，并以此为起点，挖成一长条蜿蜒曲折的花溪，种满由全国各地收集来的花菖蒲，开花时节游客蜂拥而至，赏花饮泉。

2. 园林水体的景观设计

根据自然条件和造园意图，园林中的水体产生多种形式。不论水体在园林中是否处于主要地位，或成主景，或成配景，或成小景，无不借助植物创造出丰富多彩的水体景观。园林水体的景观从以下几个方面进行设计。

（1）水面的景观设计

园林中的水面包括湖面、水池的水面、河流和小溪的水面，大小不同，形态各异，既有自然式的，也有规则式的。水面景观低于人的视线，与水边景观呼应，最宜游人观赏。

① 宽阔水面的水生植物配置　水面具有开阔的空间效果，特别是面积较大的水面常给人以舒畅的感觉（图2-121）。这种水面上的植物配置模式应以营造水生植物群落景观为主，主要考虑远观，植物配置注重整体、连续的效果，水生植物应用主要以量取胜，给人以一种壮观的视觉感受。如杭州西湖的"曲院风荷"种植大面积的荷花、睡莲，盛夏时节就能创造出"接天荷叶无穷碧，映日荷花别样红"的壮丽景观。

图2-121　宽阔水面的水生植物配置　　　　　图2-122　驳岸的植物配置

② 小水面的水生植物配置　此类水面一般为池塘，单个池塘即能成为一个完整、精致的景观，各个单体彼此呼应，统一于更高一级的环境景观。该类水域的植物配置考虑近观，其配置手法细腻，注重植物单体的效果，对植物的姿态、色彩、高度有更高的要求，要注重该类水面的镜面作用，植物配置不能过于拥挤，一般不要超过面积的1/3，便于人们观赏水面和水中优美的倒影。

（2）水体边缘的景观设计

水体边缘是指水面和堤岸的分界线。水体边缘的植物配置既能装饰水面，又能实现从水面到堤岸的过渡，在自然水体景观中应用较多。一般宜选择浅水植物，如菖蒲、水葱、芦苇、鸢尾等。这些植物具有很高的观赏价值，对驳岸也有很好的装饰作用。如将芦苇成片种植于池塘边缘，能呈现出"枫叶荻花秋瑟瑟"的自然景观。

（3）驳岸的景观设计

园林中的水体驳岸有石岸、混凝土岸和土岸等。规则式的石头和混凝土驳岸在我国应用较多，线条生硬而枯燥，所以应在岸边配置合适的植物，使线条柔和。如苏州拙政园规则式的石岸边种植垂柳和南迎春，细长、柔和的柳枝垂至水面，圆拱形的南迎春枝条沿着笔直的石壁下垂至水面；自然式的石头驳岸具有丰富的自然线条，与在岸边点缀色彩和线条优美的植物相配（图2-122），使景色富于变化，驳岸曲折蜿蜒，线条柔和，岸边植物应自然式种植，应结合地形、道路、岸线配植，有近有远，有疏有密，有断有续，曲曲弯弯，自然有趣。

驳岸植物配植的艺术构图：

① 色彩构图　淡绿透明的水色，是调和各种园林景物色彩的底色。如南京白鹭洲公园水池旁种植的落羽松和蔷薇，春季落羽松嫩绿色的枝叶像一片绿色屏障，绿水与其倒影的色彩非常调和；秋季棕褐色的秋色叶丰富了水中色彩。

② 线条构图　平直的水面通过配植具有各种树形及线条的植物，可丰富线条构图。英国勃兰哈姆公园湖边配植钻天杨、杂种柳、欧洲七叶树及北非雪松，高大的钻天杨与低垂水面的柳条与平直的水面形成强烈的对比，而水中浑圆的欧洲七叶树树冠倒影及北非雪松圆锥形树冠轮廓线的对比也非常鲜明。另外，水边植物栽植的方式，探向水面的枝条，或平伸，或斜展，或拱曲，在水面上都可形成优美的线条。

③ 透景与借景　水边植物配植切忌等距种植及整形式修剪，以免失去画意。栽植片林时，留出透景线，利用树干、树冠框以对岸景点（图2-123）。如英国谢菲尔德公园第一个湖面，利用湖边片林中留出的透景线及倾向湖面的地形，引导游客很自然地步向水边欣赏对岸的红枫、卫矛及北美紫树的秋叶。一些姿态优美的树种，其倾向水面的枝、干可被用作框架，以远处的景色为画，构成一幅自然的画面。如水边植有很多枝，干斜向水面，弯曲有致，透过其枝、干，正好框住远处的多孔桥，画面优美而自然。探向水面的枝、干，尤其似倒未倒的水边大乔木，在构图上可起到增加水面层次的作用，富具野趣。

（4）堤的景观设计

堤在园林中虽不多见，但杭州的苏堤、白堤（图2-124），北京颐和园的西堤，广州流花湖公园及南宁南湖公园都有长短不同的堤，堤常与桥相连，故也是重要的游览路线之一。

图2-123　水边植物的透景

图2-124　白堤

苏堤、白堤除桃红柳绿、碧草芳菲的景色外，各桥头配植不同植物，苏堤上还设置有花坛。北京颐和园西堤以杨、柳为主，玉带桥以浓郁的树林为背景，更衬出桥身洁白。广州流花湖公园湖堤两旁，各植2排蒲葵，由于水中反射光强，蒲葵的趋光性导致朝向水面倾斜生长，富具动势。南湖公园堤上各处架桥，最佳的植物配植是在桥的两端很简洁地种植数株假槟榔，潇洒秀丽。

（5）岛的景观设计

岛的类型众多，大小各异。有可游的半岛及湖中岛，也有仅供远眺、观赏的湖中岛。前者在植物配植时还要考虑导游路线，不能有碍交通，后者不考虑导游，植物配植密度较大，要求四面皆有景可赏。

北京北海公园琼华岛，孤悬水面东南隅。古人以"堆云"、"叠翠"来概括琼华岛的景色。其中"叠翠"，就是形容岛上青翠欲滴的松柏犹如珠矾翡翠的汇积。全岛植物种类丰富，环岛以柳为主，间植刺槐、侧柏、合欢、紫藤等植物。四季常青的松柏不但将岛上的亭、台、楼、阁掩映其间，并以其浓重的色彩烘托出岛顶白塔的洁白。

杭州三潭印月可谓是湖岛的绝例（图2-125）。岛内由东西，南北两条堤将岛划成田字形的四个水面空间。堤上植大叶柳、香樟、木芙蓉、紫藤、紫树等乔灌木，疏密有致，高低有序，增加了湖岛的层次、景深和丰富的林冠线，构成了整个西湖的湖中有岛，岛中套湖的奇景，而这种虚实对比，交替变化的园林空间在巧妙的植物配植下，表现得淋漓尽致。纵观三潭印月这一庞大的湖岛，在比例上与西湖极为相称。

图 2-125　杭州三潭印月的景观设计

（6）桥的景观设计

园林中的桥，可以联系风景点的水陆交通，组织游览线路，变换观赏视线，点缀水景，增加水面层次，兼有交通和艺术欣赏的双重作用。园桥在造园艺术上的价值，往往超过交通功能。在自然山水园林中，桥的布置同园林的总体布局、道路系统、水体面积占全园面积的比例、水面的分隔或聚合等密切相关。园桥的位置和体型要和景观表现相协调。大水面架桥，又位于主要建筑附近的，宜宏伟壮丽，重视桥的体型和细部的表现；小水面架桥，则宜轻盈质朴，简化其体型和细部。水面宽广或水势湍急者，桥宜较高并加栏杆；水面狭窄或水流平缓者，桥宜低并可不设栏杆。水陆高差相近处，平桥贴水，过桥有凌波信步亲切之感；沟壑断崖上危桥高架，能显示山势的险峻。水体清澈明净，桥的轮廓需考虑倒影；地形平坦，桥的轮廓宜有起伏，以增加周边景观的变化。线条硬朗的桥，一般用水中的植物，如睡莲、荷花、菖蒲、芦竹、芦苇等植物，软化线条，增加景观的整体色彩及景观的可观性。

园桥的基本形式有：

① 平桥　外形简单，有直线形和曲折形，结构有梁式和板式。板式桥适于较小的跨度，如北京颐和园谐趣园瞩新楼前跨小溪的石板桥，简朴雅致。跨度较大的就需设置桥墩或柱，上安木梁或石梁，梁上铺桥面板。曲折形的平桥，是中国园林中所特有，不论三折、五折、七折、九折，通称"九曲桥"。其作用不在于便利交通，而是要延长游览行程和时间，以扩大空间感，在曲折中变换游览者的视线方向，做到"步移景异"；也有的用来陪衬水上亭榭等建筑物。如上海城隍庙九曲桥（图 2-126），四周的水面上用睡莲衬托桥的魅力。

② 拱桥　造型优美，曲线圆润，富有动态感。单拱的如北京颐和园玉带桥，拱券呈抛物线形，桥身用汉白玉，桥形如垂虹卧波。多孔拱桥适于跨度较大的宽广水面，常见的多为三、五、七孔，著名的颐和园十七孔桥（图 2-127），长约 150m，宽约 6.6m，连接南湖岛，丰富了昆明湖的层次，成为万寿山的对景。河北赵州桥的"敞肩拱"是中国首创，在园林景观表现中仿此形式的很多，如苏州东园中的一座。

图 2-126　上海城隍庙九曲桥的景观设计

③ 亭桥、廊桥　加建亭廊的桥，称为亭桥或廊桥，可供游人遮阳避雨，又增加桥的形体变化。亭桥如杭州西湖三潭印月，在曲桥中段转角处设三角亭，巧妙地利用了转角空间，给游人以小憩之处；扬州瘦西湖的五亭桥，多孔交错，亭廊结合，形式别致。廊桥有的与两岸建筑或廊相连，如苏州拙政园"小飞虹"；有的独立设廊如桂林七星岩前的花桥。苏州留园曲奚楼前的一座曲桥上，覆盖紫藤花架，成为风格别具的"绿廊桥"（图 2-128）。

图 2-127　北京颐和园十七孔桥的景观设计

图 2-128　苏州留园"绿廊桥"的景观设计

④ 其它类型　汀步，又称步石、飞石。浅水中按一定间距布设块石，微露水面，使人跨步而过。园林表现中运用这种古老渡水设施，质朴自然，别有情趣。将步石美化成荷叶形，称为"莲步"，桂林芦笛岩水榭旁有这种设施。

四、喷泉的花卉应用与花卉景观

1. 喷泉的花卉应用

据记载，早在我国汉代的上林苑中，就有"铜龙吐水"，这就是一种人工的喷泉，可见喷泉应用于园林已有二千余年的历史。现代城市中设置的喷泉已十分先进、灵活多变，花样翻新，可大可小，可高可低，喷射出的水，大者如珠，小者如雾，随着喷泉构筑物的形式、大小及水压等而产生高低不同、水态各异，形式多样的喷泉（图2-129），根据喷泉的种类可以将花卉的应用分为以下几种。

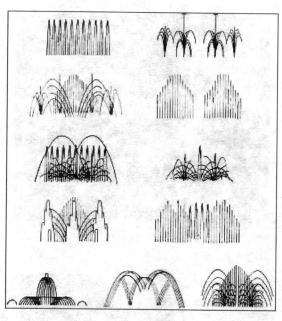

图 2-129　形式多样的喷泉

① 单线喷泉的花卉应用　单线喷泉是由下往上或向侧面单孔直喷，成一独立的抛物线（图2-130）。如表现游鱼吐水等。这类喷泉的花卉主要作为背景来布置，花卉作为背景烘托主景喷泉，使喷泉的表现力更加栩栩如生。

② 组合喷泉的花卉应用　组合喷泉是由多个单线喷头组成一定的图形或花样的喷泉（图2-131）。最简单的如高压的单线喷，在风力吹拂下，形成如"鹅翅"的形状。有的结合长形水池构成喷泉系列或排列一行成"水巷"，或水壁，水墙，有的以多个单线喷头指向同一目标物体，更多的是以单线喷头组合成几何形体或花样的喷泉，或与雕塑物相结合。这类喷泉一般位于水体的中心，因此花卉只能作为远景，形成配景。

图 2-130　单线喷泉

图 2-131　组合喷泉

③ 墙壁喷泉的花卉应用　喷泉直向墙壁喷射如打壁球般或水体直接由前面喷射而出（图2-132），而壁或为墙面，或为壁雕，多是具有特色的壁面，同时可以用各种水生植物装点面壁墙。

④ 花样喷泉的花卉应用　由粗细不同的单线喷头，或如珠状，或如雾状，构成较为复杂的各种花样（图2-133）。因为主景喷泉本身形态就很复杂，因此应采用线条简单的植物作为背景衬托。

⑤ 喷柱喷泉的花卉应用　集中相当数量的单孔喷眼于一处，齐喷如柱，或由许多水柱构成极为壮观的喷泉群（图2-134）。喷泉的线条向上延伸，整体视觉构图向天空延伸，因此采用密植大面积的树墙作为背景，可以烘托气氛。

图 2-132　墙壁喷泉

图 2-133　花样喷泉

图 2-134　喷柱喷泉

图 2-135　喷雾喷泉

⑥ 喷雾喷泉的花卉应用　由于一种设计构思的需要，或植物保养的需要，常常采用喷雾的水态。喷出的雾会随着自然风向及风力的大小而变化莫测：时而低回萦绕，遮挡着附近的水面，仿若水中的一片雾团；时而高耸入云，像是从水面升出来的一股浓烟；时而雾色凝重，衬托出一弯清澈的湖水；时而烟雾弥漫，犹如薄雾轻纱般笼罩着对岸的园景，整个喷雾散发出梦幻般的诗意，令人久久不忍离去（图 2-135）。室外的喷泉，常常与植物配植成各种相得益彰的关系，彩色的植物花卉配以晶莹的水体，更可增加景观之美。

⑦ 自然风向喷泉的花卉应用　这是一种利用风向转动仪，以自然风向、风力来控制喷泉的吹向与高低的喷泉。无风平静时，喷泉保持一般的直上高度，风大时泉水喷的高而大，随风而飘，能显示出风力的大小与风向（图 2-136）。利用自然风向的喷泉，形态优美，因此可以采用姿态舒展的植物作为陪景或点景。

⑧ 复合喷泉的花卉应用　在同一处较大的综合体喷泉中，利用各种构筑物小品如墙体、池边、盆花等，形成一个多层次、多方位、多种水态的复合喷泉，从喷泉不同的角度欣赏不同的水景：有的泉涌如柱，有的水花四溅；有的如玻璃般透澈晶莹；有的如浓雾笼罩；有的形如趵突；有的则为壮观的"花丛"，表现出丰富多彩的水景，耐人寻味。根据景观需要常

与植物配合成各种景观效果。

2. 喷泉花卉景观

喷泉喷吐跳跃，能吸引人们的视线，是
该景点的主题，而泉边叠石间隙若配植合适
的植物加以烘托、陪衬，效果更佳。在植物
的选择上，主要是选用挺水类型植物，如：
花蔺、水葱、慈菇、香蒲、燕子花、黄菖蒲、
马蹄草、纸莎草、旱伞草、海芋等都是良好
的选材。

图 2-136　自然风向喷泉

现代园林景观设计中，喷泉主要是以人
工形式在园林中运用，人造景观的喷泉水形，
使水成为一种奇特的艺术载体，强烈地冲击
着人们的视觉感官。

① 室内喷泉花卉景观　室内喷泉大多以音乐喷泉为主，音乐喷泉是集现代科技、音乐、
水景及艺术造型为一体的室内装饰品。也是一种小巧灵活、随环境音乐动态变化的可移动的
多功能室内观赏品。它把喷泉、盆景、鱼缸、雾化加湿综合为一体，把声、光、水、色和造
型艺术的组合渲染到极致（图 2-137）。它既可以观赏，又可以调节室内湿度、净化室内空
气，给人们带来美妙的生活情趣。可自用，也可作为礼品馈赠亲朋好友。

由于室内喷泉的彩色灯光能随着音乐节奏组合出无穷变幻，晶莹水珠能随着音乐的旋律
翩翩起舞，故常用在舞厅、酒吧、卡拉 OK、宾馆、展厅、商店、会议室、洽谈室、酒楼等
商业环境及家庭内，让客人在享受美妙音乐的同时还能欣赏到随音乐变幻的五彩水柱，新颖
神奇的感受让人流连忘返。当开启音控时，水柱随音乐节奏起伏响应，使悦耳的音乐具有流
动感和立体效应。在使用语控时，可使说话交谈获得水柱无声跳跃的敏感反应，具有独特的
人性化趣味。

如果设计小喷泉点亮小空间门厅、阳台等地方，面积比较小，如果不想按常规方法做隔
断、储物柜等，可以花点心思做个园艺小景（图 2-138）。园艺产品的种类很多，可以根据
家里的具体情况和自己的喜好自由组合搭配，相信会为家中增色不少。这个树脂假山喷泉由

图 2-137　室内喷泉景观

图 2-138　室内小喷泉景观

七八个梯田式的树脂叠水石层组成，水流一层一层地回环流下层次感很强。为了避免假山喷泉太突兀，可以配上树脂水池，里面再放上几朵荷花作点缀。翠竹、假山、池塘的巧妙组合，高低有致，放在门厅相当夺人眼球。

② 城市广场中喷泉花卉景观　城市广场是城市中由建筑物围合或限定的城市公共活动空间，是对建筑内部空间的延伸和补充，更被称为是城市的"客厅"。现代城市广场集交通、集会、宗教、礼仪、纪念、娱乐、休憩、观赏、社交等功能于一体，是城市公共活动的中心枢纽。现代城市广场设计中，许多设计者都将喷泉景观引入其中，通过喷泉自身活泼、变幻的特性给广场带来无穷活力，或流动、或静止、或喷涌、或倾泻，利用水体的可塑性渲染气氛，烘托主题（图 2-139）。如北京西单文化广场。

③ 城市公园景观中喷泉的应用　城市公园是改善城市生态环境的基本手段之一，现代城市公园的设计在内容上应满足多种功能要求，在风格上应博采众长，技术上应巧妙利用现有资源，并尽可能循环利用，设计手法更应简洁明快，自然流畅。而要做到这一切，水体的设计显得尤为重要（图 2-140）。城市公园不同于广场，其喷泉较为开阔，古人曾有"因高堆山，就低凿水"的说法，圆明园便是将沼泽地改建为公园的特例。现代公园喷泉设计首先应考虑人与自然、人与水体的亲密接触，使游人特别是儿童能够直接接触水面，感受水体的清凉怡人。为此在设计应用时，建议拆掉环水的栏杆，将绿绿的草坪、低矮的亲水平台、码头、小桥延伸至水面，使游人跨水观景，临水赏景成为易事。但考虑到安全需要，只可在专门开辟浅水区做此设计。

图 2-139　城市广场喷泉景观

图 2-140　城市公园喷泉景观

④ 小游园、屋顶花园中喷泉的应用　现代生活、居住区小游园面积往往不太大，在设计中为了追求简洁、明快的艺术效果，往往借鉴古代江南园林的造园手法，以小型水池或喷泉作为全园中心，将全园主要活动空间有机结合，达到"小中见大"的造园效果。在应用中使喷泉动静结合，疏密有致，达到绝佳的景观效果（图 2-141）。屋顶花园是现代景观与现代建筑相结合的产物，屋顶花园的景观既要与建筑融为一体，又要作为建筑的延伸和补充，使人们置身建筑之中便能感受到大自然的气息。随着新材料和新技术的不断发展，屋顶花园中设置喷水池、喷泉等水体已成为现实。屋顶花园水体设计应充分结合建筑主体承重结构设置，并应做好防水层、排水层、过滤层设计，使水体能够实现循环使用，从而节约资源。美国的宾馆屋顶花园、屋顶剧院在纽约的兴起给美国的居民、商人留下了深刻的印象。一些酒店也设计了屋顶花园，摆放盆栽植物，设置规则式的喷泉、葡萄棚架，使人们可以在上面举行大型晚宴、舞会。

⑤ 公共建筑中喷泉的应用　现代建筑装饰讲究突出自然与人的共享特征，要求建筑内外之间的联系有一个沟通，空间拥抱着外界自然，而外界自然连接着内空间人文景观，在共享空间内的大堂里造假山假水，喷泉与音乐回绕交织而成景观，让人得到无尽的心理享受。宏伟的建筑，因有了音乐喷泉而变得更为壮观，使凝固的音符——建筑由此而奏出时代的声音（图2-142）。人们认为，城市建筑将越来越科技化，使城市建筑更有生气，音乐喷泉就是其中之一。喷泉原是一种自然景观，现代建筑装饰性喷泉已成为由电脑控制水、光、音、色组成的艺术。喷泉造景也是建筑美学的一个课题，它同静的建筑产生对比，色彩的光、动听的乐、舞动的泉，使建筑更有生气。在我国的许多城市，都建有融喷泉、雕塑、灯光、绿地于一体的大型现代喷泉景观，以雄伟壮观之势，声光水色之韵，给人留下美好的印象。城市喷泉，显示了现代化都市的气魄，已成为现代都市建筑装饰的新景观，同时，它在净化城市空间等方面也有着不可低估的作用。

图2-141　小游园喷泉景观

图2-142　公共建筑中喷泉景观

⑥ 其它方面喷泉的应用　在工厂中，将生产和喷泉结合起来应用，如有的工厂有凉水池，需要水循环，就可在池内安装相关的喷头，利用水帘幕降温，从而在将热水水温降低的同时，又可观赏美丽的喷泉。还有在工作环境粉尘较多的地方也可设置适宜大小的雾化喷泉，可吸附空气中的微小粉尘乃至有害气体（图2-143）。这样，既能给工人增加视觉的美感，更能降低车间的粉尘污染有益于工人的身体健康。在一些小溪或排水渠里，也可选择适当的地点进行改造，做成一处别样的喷泉。

图2-143　厂区喷泉景观

五、跌水的花卉应用与花卉景观

1. 跌水的花卉应用

喷泉中的水分层连续流出，或成台阶状流出成为跌水。中国传统园林风景中，常有三叠泉、五叠泉的形式，外国园林如意大利的庄园，更是普遍利用山坡地，造成台阶式的跌水。

图 2-144　跌水与花卉应用

台阶有高有低，层次有多有少，构筑物的形式有规则式、自然式及其它形式，故产生形式不同、水量不同、水声各异的丰富多彩的跌水（图2-144）。水生植物不仅具有较高的观赏价值，还能衬托园林跌水的氛围，彰显一种景观和意境。同时吸收水体中的养分物质，对富营养化水体起到净化作用，让人们真正享受到碧波荡漾、鱼鸟成群的自然美景。

2. 跌水的花卉景观

叠水是一种高差较小的落水，常取流水的一段，设置几级台阶状落差，以水姿的变幻来造景，叠水较瀑布缓和，潺潺流水声更增幽远之意，在现代景观设计中，常采用叠水营造富有动势的景观环境。

利用水生植物进行园林跌水造景，除应具较高的观赏价值外，还要求在无需经常性人为管理的条件下，能保持自身的景观稳定。城市中的景观水体，增加了城市景观的异质性，在跌水花卉景观设计时可借鉴景观生态规划与设计原则，从以下几方面考虑。

① 整体优化原则　景观是一系列生态系统组成的，具有一定结构与功能的整体。在水生植物景观设计时，应把景观作为一个整体单位来思考和管理。除了水面种植水生植物外，还要注重水池、湖塘岸边耐湿乔灌木的配置，尤其要注意落叶树种的栽植，尽量减少水边植物的代谢产物，以达到整体最佳状态。

② 实现优化利用多样性原则　景观多样性是描述生态镶嵌式结构的拼块的复杂性、多样性，自然环境的差异会促成植物种类的多样性，而实现景观的多样性。景观的多样性还包括垂直空间环境差异而形成的景观镶嵌的复杂程度。这种多样性，往往通过不同生物学特性的植物配置来实现，还可通过多种风格的水景园、专类园的营造来实现。

③ 景观个性化原则　每个景观都具有与其它景观不同的个性特征，即不同的景观具有不同的结构与功能，这是地域分异客观规律的要求。根据不同的立地条件，不同的周边环境，选用适宜的水生植物。结合瀑布、叠水、喷泉以及游鱼、水鸟、涉禽等动态景观，将会呈现各具特色又丰富多彩的水体景观。

④ 遗留地保护原则　即保护自然遗留地内的有价值的景观植物，尤其是富有地方特色或具有特定意义的植物，应当充分加以利用和保护综合性原则。

六、园林水景园的花卉应用与花卉景观

1. 水景园的概念及类型

（1）水景园的概念

在古今中外的园林中，水景是不可或缺的造园要素，常被称为园林的血液或灵魂。园中有了水，便需要点缀水体的植物。水景园用一池清水来扩大空间，打破郁闭的环境，创造自

然活泼的景观。《园冶》指出："虚阁隐洞，清池涵月，洗出千家烟雨，移将四壁图书。"这清池涵月就是一幅画面。

正如英国园艺学家 Ken Aslet 等在《水景园》一书中写到的"水景园是指园中的水体向人们提供安宁和轻快的风景，在那里种有不同色彩和香味的植物，还有瀑布，溪流的声响。池中及沿岸配置由各种水生、沼生植物和耐湿的乔灌木，组成层次丰富的园林景观。"

Sue Spielberg 在《水景园》一书中引用 Sir Geoffrey Jellicoe 的话说"水的感染力来自遥远的宇宙，同时又近在眼前，它既使人轻松又使人振奋。"

这正是本书所涉及的水景园（water garden）的范畴，即水和水生植物两者均为水景园的主体造园要素，缺一不可。由于这类水景园常常以展示各种水生花卉作为建园的主要目的，所以也称为水生花卉专类园。

（2）水景园的类型

从设计布局上，可以分为规则式和自然式。通常，规则式水景园布置于庭园或规则式园林环境中，自然式水景园则布置于自然式园林环境中。规则式水景园中常由规则式池塘、运河、喷泉、跌水等水体组成。自然式水景园常由自然式构图的池塘、湖、溪流、瀑布、喷泉等水体组成。植物配置也分别以规则式和自然式布局。

从展示水生花卉的内容上，分为综合型及专类花卉展示型。前者以观赏性为主，结合各种水景类型，在水体不同区域种植多种水生花卉，一般水景园最为常用。专类园常常结合专类花卉的收集、育种、品种展示等科研及科普教育功能，如荷花专类园、睡莲专类园及花菖蒲专类园等。

2. 园林水景园的花卉应用

水景园的植物配植，主要是通过植物的色彩、线条以及姿态来组景和造景的。淡绿透明的水色是各种园林景观天然的底色，而水的倒影又为这些景观呈现出另一番情趣，情景交融，相映成趣，组成了一幅生动的画面。平面的水通过配植各种树形及线条的植物，形成具有丰富线条感的构图，给人留下深刻的印象。而利用水边植物可以增加水的层次；利用蔓生植物可以掩盖生硬的石岸线，增添野趣；植物的树干还可以用作框架，以近处的水面为底色，以远处的景色为画，组成一幅自然优美的图画。

不同的水景园，植物配植的形式也不尽相同。其中规则式的水体，往往采用规则式的植物配植，多等距离的种植绿篱或乔木，也常选用一些经过人工修剪的植物造型树种，如一些欧式的水景花园。自然式的水体，植物配植的形式则多种多样，利用植物使水面或开或掩；用栽有植物的岛来分割水面；用水体旁植物配植的不同形式组成不同的园林意境等。但最基本的方法仍是根据设计的主题思想确定水体植物配植的形式。以上海的太平桥绿地和延中绿地为例，来说明植物水景园的花卉应用。

① 上海太平桥绿地中的水景园　上海的太平桥绿地占地面积 4hm²，其中人工湖约 1hm²，占整个绿地面积的 1/4；湖面形状自然流畅，水体有收有放，还设有两个连接的小岛。以湖面为中心，北面是滨江游步道，南面是山体，整个布局简洁、明朗、流畅，形成了一个大尺度的水景园区（图 2-145）。

为突出水体平静、开阔、幽雅的美感，水景园采用了以下的花卉配置。

在湖滨的亲水台阶上，种植了胸径 40cm 的垂柳和香樟，柔条拂水，人水两相依，形成林荫湖滨道的景色。

以绿地南部的山体作为太平湖的绿色背景，通过植物的色彩和线条来烘托水体。表现在色彩上，以墨西哥落羽杉、湿地松、广玉兰、香樟、女贞等为背景，沿湖的岸边种植了大量的春、秋季色叶树种、小乔木如青枫、红枫、三角枫等；中、大型乔木如枫香、无患子、榉

图 2-145　上海太平桥绿地中的水景园

树、乌桕、喜树、栾树、香椿、臭椿、香樟等；还点缀了白玉兰、垂丝海棠、红叶李和杜鹃、金叶女贞、红叶小檗、草花等组成的矮灌木色带。隔岸远望，深绿的、草绿的、嫩黄的、金黄的、鲜红的色彩在水面的映衬下，色彩十分丰富。在线条构图上，在湖面的最凹处，种植了直线形的墨西哥落羽杉、湿地松，通过水平和垂直的强烈对比来加强水体的纵深感。在山体中，通过抬高地形（最高处为 5m），不仅形成浓密的山林，又强化了植物林冠线的起伏变化，丰富了水体的背景。山体中的每个山丘选用一二种主要树种，再点缀几株景观树种组成一个组团种植，如以香樟、银杏为主，点缀榉树、乌桕等，并不断的叠加，形成既有关联又有变化的背景层效果。浓郁的背景将湖水的静、石桥的白衬托得恰到好处。在临水处，还点缀了朴树、梅桩，其优美的姿态和清澈的水面共同组成了一幅优美的图画。

为强化植物的造型，突出水的平静、柔和，两个人工小岛分别以白玉兰和合欢为主题。其中，玉兰岛上种植了 2 棵树龄约 80 年的上海市市花——白玉兰；合欢岛上种植了 4 棵造型各异的庭院观赏树种——合欢。

②　上海延中绿地中的水景园　与太平桥绿地相比，上海延中绿地三处水景园的植物造景风格却迥然不同。延中绿地是上海市中心最大的一块公共绿地，占地 23 万平方米，其中，二处水景园是"一块茂密的生态林地，一条河流蜿蜒曲折迂回在密林山丘之间。河上弥漫雾气遂成水滴，缓缓流淌在由西向东鳞片状的河床上，汇聚成水流注入真正有水的河流之中。

图 2-146　上海延中绿地中的水景园

还有山丘上的风竹亭，四根高高的光纤柱子在夜间的景观颇有新意。"第三处是干河："以卵石铺砌的自然曲折的干河为主题，'河'两岸大小不一的卵石河道有机地组合在一起，用与水有关的元素来体现水的意境"。基于这一设计理念，在水体的植物配植上，多沿用了我国传统的植物配植手法（图 2-146）。

如第三处干河和一处水景园的植物配植主要考虑近观效果，比较注重植物的姿态和色彩搭配，近河道的两侧，种植了大量的柳树、朴树等具有俯瞰姿态的树种，以及桃花、青枫、红枫、海棠等开花或色叶灌木树丛，层层掩映，以加强水体的层次（图 2-147）。为体现"干河"景观，抬高了两侧地形，利用水杉、雪松、黑松、香樟、榉树等乔木来分割空间，利用山茶、红枫、青枫、桂花、杜鹃、红花檵木、金叶女贞等色叶乔、灌木植物组合成丰富的植物景观，以营造步移景异的视觉效果。为力求自然，在水景园驳岸处，结合地形，使草坪一直延伸到水体，形成疏林缓坡草坪景观，引导游人到水边观景；并且有断有续、曲曲折折地种植了大量的地被和黄馨、棣棠、杜鹃等矮灌木，它们细长柔和的枝条下垂到水面，活泼而富有野趣；在水边还种植了美人蕉、鸢尾、菖蒲等，丰富的植被将蜿蜒的河流装扮得分外绚丽。即便是"岛"的植物配植，在突出水的倒影效果的同时，也十分注重下木地被的植物选择，在一片水杉和池杉林中，种植了成片的水葱、萱草、黄菖蒲、玉簪、金丝梅、洒金蔓长春花、熊掌木、小叶栀子等 20 余种开花和色叶地被，简洁而自然（图 2-148）。

图 2-147　河道两侧植物配置

图 2-148　驳岸下木的地被布置

另一处水景园的植物配植手法则是一种"敞"的做法，颇具现代园林设计的风格。以成片的草坪为底色，以雪松、香樟、毛竹等树林为背景，沿着曲折的河岸线，点缀两组由二三棵造型羽毛枫和杜鹃、红花酢浆草组合的树丛，空间简洁、疏朗而明快。

从太平桥绿地和延中绿地的水体植物配植中可以看出，由于所表达的意境不同，水体的体量、形状等不同，植物配植的手法也就不相同。大的水体，主要考虑远观，植物配植注重整体的、大而连续的效果；小型的、曲折流畅的水体主要考虑近观，更注重植物单体的效果，近观的水体对植物的姿态、色彩、高度有特别的要求。同样是小型的水体，水池的深浅、宽窄，也是植物配植的一个要考虑的因素。如三处水景园的水池深度均不同，采用的配植手法也不尽相同，使空间的尺度恰当表达，景观科学合理的实现。

3. 园林水景园的花卉景观设计

无论大小水景园的花卉景观设计，与驳岸的距离都要求有远有近，有疏有密，切忌沿边线等距离栽植，避免单调呆板的行道树形式。但是在某些情况下，又需要造就浓密的"垂直绿障"。从园林水景园的花卉植物的在景观设计中采用以下步骤。

（1）确定设计对象

确定设计对象、仔细的考虑和认真的规划是把水景艺术装点到各类花园和庭院的关键。在花园内或某一地区建造水体时，要事先做好详细的计划，从建筑、铺路、假山到地形系统、树和固定的灌木，都要标注到图纸上。即使决定移植或移动一些植物，也要做好规划，并标出该地的方向以及特别背阴或向阳的地方。

当地的自然条件、空间大小、坡度、现有的岩石和植物都将直接影响我们的设计，而建造的方法取决于土壤的类型。

水景园功能明确后，园林水体一个极重要的要素就是它的位置，如果一个角落看起来像一个池塘，那么它显然就是一个可以安排的地点，而岩石和巨石砾都是很好的地基材料，即使是在不理想的背阴角落，只要注意随时清除树木的落叶，也会取得比较好的景观效果。

同时材料的选择取决于基础设计和预算。材料是可行范围内进行变动的要素之一，但是要与设计的主体保持一致。

（2）水生植物景观设计

① 水面景观　在湖、池中通过配植浮水花卉，漂浮花卉及适宜的挺水花卉，遵循上述艺术构图原理，在水面形成美丽的景观。配植时注意花卉彼此之间在形态，质地等观赏性状的协调和对比，尤其是植物和水面的比例。

② 岸边景观　水景园的岸边景观主要通过湿生的乔灌木及挺水花卉组成。乔木的枝干不仅可以形成框景、透景等特殊的景观效果，不同形态的乔木还可以组成丰富的天际线或与水平面形成对比，或与岸边建筑相配植，组成强烈的景观效果。岸边的灌木或柔条浮水，或临水相照，成为水景的重要组成内容。岸边的挺水花卉虽然体态矮小，但或亭亭玉立，或呈大小错落与水岸搭配，点缀池旁桥头，极富自然之情趣。线条构图是岸边植物景观最重要的表现内容。

③ 沼泽景观　自然界沼泽地分布着多种多样的沼泽生物，成为湿地景观中最独特和丰富的内容。在西方的园林水景中，有专门供人游览的沼泽园。其内布置各种沼泽生物，姿态娟秀，色彩淡雅，分布自然，野趣尤浓。游人沿岸游览，欣赏大自然美景的再现，其乐无穷。在面积较大的沼泽园中，种植沼生的乔、灌、草多种植物，并设置汀步或铺设栈道，引导游人进入沼泽园的深处，去欣赏奇妙的沼生花卉或湿地乔木的气根、板根等奇特景观。在小型水景园中，除了在岸边种植沼生植物外，也常结合水池构筑沼园或沼床，栽培沼生花卉，丰富水景园的观赏内容。沼泽园的形状一般与水池相协调，即整形式水池配以整形式沼床，自然式水池配以自然式沼园。

④ 滩涂景观　滩涂是湖、河、海等水边的浅平之地。园林中早就有对滩涂景观的运用，如王维诗"飒飒秋雨中，浅浅石溜泻；跳波自相溅，白鹭惊复下"生动描写的是滩涂的景色，另有湖边白石遍布成滩的白石滩。在园林景观中可以再现自然的滩涂景观，结合湿地植物的配植，带给游人回归自然的审美感觉。有时将滩涂和园路相结合，让人在经过时不仅看到滩涂，而且须跳跃而过，妙趣横生，意味无穷。

（3）水生植物景观细部设计

① 林冠线和林缘线的变化　林冠线是树冠与天空交接的线。林冠线及植物群落配置后的立体轮廓线，要与水景的风格相协调。如"水边宜柳"——是中国园林水旁植物配置的一种传统程式，正如《长物志》所述：垂柳"更须临池种之，柔条拂水，弄绿搓黄，大有逸致"（图2-149）。但是，水边植树也并不完全局限于一种形式。如三潭印月、曲院风荷的水池旁，都种了高耸向上的水杉、落羽松、水松等树木，也产生了较好的艺术效果。水杉等树木树种直立向上，于水平面一竖一横，符合了艺术构图上的对比规律。特别是水杉群植所形成的林冠线与水间对比所形成的效果还是比较协调的。这种与水面形成对比的配置方式，宜群植，不宜孤植，但同时要注意到与园林风格及周围环境相协调。

林缘线是树冠垂直投影在平面上的线。进行水边植物造景时应充分考虑到树木的立体感和树形轮廓，通过里外错落的种植，及对曲折起伏的水岸地形的合理应用，使林缘线、林冠线有高低起伏的变化韵律，形成景观的韵律美，几种高矮不同的乔灌草，成块或断断续续地

图 2-149　水杉群植所形成的林冠线

图 2-150　植物群落所形成的林缘线

穿插组合，前后栽种，互为背景，互相衬托，半隐半现，即加大了景深，又丰富了景观在体量线条、色彩上的搭配形式（图 2-150）。如在林缘栽植花灌木和球形植物，利用花灌木的低矮、枝繁叶茂和修剪成球或自然成球植物，丰富林缘线。如：迎春、丰花月季，连翘、洒金柏球、花石榴，形成一条曲折变化的花境。

② 透景线的预留　水边植物配置之所以需要有疏有密，原因之一是在有景可观之处疏种，留出透景线。但是水边的透视景与园路的透视景有所不同，它的景并不限于一个亭子、一株树木或一个山峰，而是一个景面。配置植物时，可选用高大乔木，加宽株距，用树冠来构成透景面。

③ 季相色相变化　植物会因春夏秋冬四季的气候变化而有不同形态与色彩的变化，映于水中，则可产生十分丰富的季相水影。大自然的季相色彩，莫如九寨沟的五彩池了，山林里的风摇动着漫山金秋的彩叶树，映入水中则似水中飘扬的一片彩幡，这一汪碧水，显示出晶莹闪烁般的美丽与神奇。

春季以粉红色的合欢树、垂吊着满树黄花的栾树，秋季以各种色叶木如枫香、槭类栽植于水边，都会极大地丰富水景的季相色彩。冬季，水边植物则可利用摆设耐寒又艳丽的盆栽小菊以弥补季相之不足。

④ 水面的处理　水面全部栽满植物的，多适用小水池，或是大水池中较独立的一个局部。在南方的一些自然风景区中，保留了农村田野的风味，在水面铺满了绿萍或红萍，如似一块绿色的地摊或红色的平绒布，也是一种野趣。在水面部分栽植水生植物的情况则较普遍，其配置一定要与水面大小比例、周围景观的视野相协调，尤其不要妨碍有倒影产生的效果。名贵植物品种，要栽在游人视距最清晰的视点上，宜充分发挥其观赏作用。

为了丰富水景，水体的植物配置不仅在水边和水面，更需要深入到水中水底，如一些自然泉水中有十分丰富的水草，也应考虑设置就近的观赏点细细玩味，不失为一种观赏自然的雅趣。

⑤ 安全设计　无论园中何处有水，安全因素一定要考虑。甚至在最浅的水塘里，小孩和小动物也可能会出现意外，最简单的解决方法就是用栅栏围筑池塘，但这会破坏池塘的美感。还有一个解决方法，用隐藏水源的手法建造池塘，或者建一个很小很浅的池塘，在需要的时候，能够把水排放出去，也是出于安全性设计的考虑。

第二章　花卉应用的基本形式

135

第七节　岩生花卉的应用

一、岩生花卉的观赏特点与类别

岩生花卉是指耐旱性强，适合在岩石园栽培的花卉。在园林中选用的一般为宿根性或基部木质化的亚灌木类植物，还有蕨类等喜阴湿的花卉，以及球根类和垫状一二年生草本（其中很多为常绿植物），也包括植株矮小的常绿针叶树和落叶乔灌木。

1. 岩生花卉的观赏特点

（1）岩生花卉的特点

① 植株低矮，株形紧密。大多数岩生花卉生长于千米以上的高山上，高山的温差大，温度普遍较低，即使夏季也会有积雪。高山上风力强劲，在这样严酷的环境条件下，植株只能以低矮或匍匐的形式，贴近地表层生长，或分枝紧抱形成垫状，这样既可以减少寒风吹袭，又能降低能量消耗。矮小、紧密的植株是岩生花卉对生存环境长期适应的结果。

② 根系发达，抗性强，耐干旱瘠薄土壤。高山上的低温强风和强烈辐射造成了这些地方干旱贫瘠，砾石裸露，在这种恶劣的环境中生存的岩生花卉形成了粗壮发达的根系，强大的根系提高了岩生花卉对干旱和瘠土的适应及抵抗能力。另外，植株的垫状体、小叶性、叶席卷、莲座叶、表皮角质化和革质化等外部形态的表现，都是花卉对干旱的适应方式。

③ 生长缓慢，生活期长。岩生花卉的年生长量较小，生长缓慢，其生态外貌多具很短的茎，茎叶伏地，叶间距短而花序极长，这也是为了降低能量消耗，抵御低温强风所产生的适应性。岩生花卉的生活期较长，基本上为多年生植物，少有一二年生植物。

（2）岩生花卉的观赏特点

① 岩生花卉大多花色艳丽，五彩缤纷。在生长期中能保持低矮而优美的姿态，观赏价值极高，如四季报春、龙胆、马先蒿等。这是由于高山上紫外线强烈，极易破坏花瓣细胞的染色体，阻碍核苷酸的合成。为了生存，岩生花卉的花瓣内产生大量的类胡萝卜素和花青素以吸收紫外线，保护染色体。类胡萝卜素使花瓣呈现黄色，花青素则使花瓣显露红、蓝、紫色。紫外线越强，花瓣内类胡萝卜素和花青素的含量就越高，花色就越艳丽。

② 岩生花卉的株形小巧玲珑。在相对狭小的空间里能够放置很多不同的植物。在一个岩石园中，可以采用不用高度、色彩的岩生花卉进行布置。

③ 岩生花卉能够保持周年观赏。多数高山花卉开花集中在春季和初夏，我们可以种植早春开花的球根花卉，如高山水仙花或番红花，种植晚花的岩生花卉，如半日花、福禄考或婆婆纳，种植秋季开花的仙客来或结浆果的白珠树等，以此来延长观赏季节，达到周年观赏。

④ 岩生花卉能够营造微型景观。在庭院、小花园或者土壤较黏、排水不畅的开阔花园中，岩生花卉可以栽在种植槽或高设花坛中，以营造微型景观。高设花坛还可以使这些小植物更接近于人眼的高度，特别适于塑微景观的营造。干砌石墙对于重瓣花类、欧洲苣苔类等喜欢生长在石缝中的植物来说也是潜在的种植场所，同时，墙顶也是悬垂植物理想的种植地方，如"瀑布"虎耳草。

2. 岩生花卉的类别

岩生花卉一般耐瘠薄和干旱，在形态上极具天然魅力。从不同的方面分类，岩生花卉可有三种分类方法。

（1）按自然分类系统分类

① 苔藓植物　大多是阴生、湿生植物，少数能在极度干旱的环境中生长。如齿萼苔科的裂萼苔属、异萼苔属、齿萼苔属，羽苔科的羽苔属，细鳞苔科的瓦鳞苔属，地钱科的地钱属、毛地钱属等。其中的很多种类能附生岩石表面，点缀岩石，还能使岩石表面含蓄水分和养分，使岩石富有生机，非常美丽。

② 蕨类植物　蕨类植物是一类别具风姿的观叶植物，很多常与岩石伴生，多为阴性岩生花卉，如石松科的石松属，卷柏科的卷柏属，紫箕科的紫箕属，铁线蕨科的铁线蕨属，水龙骨科的石苇属、岩姜属、抱石莲属，凤尾蕨科的凤尾蕨属等，都有许多青翠美丽的岩生种类。

③ 裸子植物　主要为矮生松柏类植物，如铺地柏、匍地龙柏等，均无直立主干，枝匍匐平伸生长，爬卧岩石上，苍翠欲滴；又如球柏、圆球柳杉等，丛生球形，近年在欧美育成很多匍匐低矮、垫状生长的常绿针叶松柏类资源，非常适合布置于岩石之间。

④ 被子植物　大多是典型的高山岩生花卉，不少种类的观赏价值很高。如石蒜科，百合科，鸢尾科，天南星科，酢浆草科，凤仙花科，秋海棠科，野牡丹科，马兜铃科的细辛属，兰科，虎耳草科，堇菜科，石竹科，花葱科，桔梗科，十字花科的屈曲花属，菊科部分属，龙胆科的龙胆属，报春花科的报春花属，毛茛科，景天科，苦苣苔科，小檗科，黄杨科，忍冬科的六道木属、荚蒾属，杜鹃花科，紫金牛科的紫金牛属，金丝桃科中的金丝桃属，蔷薇科的枸子属、火棘属、蔷薇属、绣线菊属等，其中都有很美丽的岩生花卉。

（2）按对光照的要求分类

① 喜光类　喜光类的植物主要有砂地柏、铺地柏、翠柏、球柏、松属、蔷薇属、枸子属、金老梅属、瑞香属、尧花属、金丝桃属、榆属、老鹳草属、金莲花属、庭荠属、碎米荠属、百合属、屈曲花属、景天属、乌头属、银莲花属、毛茛属、蓍属、凤毛菊属、龙胆属、珍珠菜属、婆婆纳属、黄芪属、蓼属等。

② 耐阴类　耐阴类的植物主要有粗榧、绣线菊属、忍冬属、荚蒾属、小檗属、十大功劳属、黄杨属、卫矛属、野扇花属、蔓长春花、络石、珍珠莲、沙参属、桔梗、落新妇属、升麻属、石蒜属、酢浆草属、六月雪、舞鹤草、鹿蹄草属、铃兰、虎刺、杜茎山、紫金牛、百两金、报春花属、马蓝属等。

③ 喜阴湿类　除蕨类、苔藓类外，喜阴湿类的植物还有秋海棠属、虎耳草属、冷水花属、赤车属、堇菜属、天南星属、凤仙花属、紫堇属、八角莲属、七瓣莲属、细辛属等。

（3）按在园林中应用的种类分类

① 草本类　抗旱和耐瘠土能力强，植株低矮或匍匐的多年生宿根及球根植物，符合以上条件且自播繁衍能力较强的一二年生草花，如石菖蒲、蝴蝶花、马蔺、点地梅、灯心草、红花酢浆草、麦冬、佛甲草、虎耳草等。

② 藤木类　如金银花、络石、薜荔、何首乌、常春藤、爬山虎、铁线莲、葛藤等。

③ 灌木及矮乔类　如偃柏、铺地柏、锦鸡儿、火棘、伏地杜鹃、岩生杜鹃、六道木、南天竹、南迎春等。

④ 蕨类　如凤尾蕨、石松、卷柏、铁线蕨、石苇、翠云草等。

⑤ 苔藓、地衣类　如岩生黑藓、裂萼苔、日本羽苔、地钱、光萼苔等。

二、岩生花卉的选择及常见应用种类

1. 岩生花卉的选择原则

岩生花卉生长在海拔千米以上的高山上，大都喜欢紫外线强烈、阳光充足和冷凉的环境条件，这类植物大多不适应平原地区的自然环境，在盛夏酷暑季节常常死亡。因此在实际工作中，多从宿根草花或亚灌木中进行选择，选择的原则：

① 岩生花卉应选择植株低矮（一般直立不超过45cm为宜，且以垫状、丛生状或蔓生型草本或矮灌木为主）、生长缓慢、节间短、叶小、开花繁茂和色彩绚丽的种类。一般来讲，木本花卉的选择主要取决于高度，多年生花卉应尽量选用小球茎和小型宿根花卉，低矮的一年生草本花卉常用作临时性材料，是填充被遗漏的石隙最理想的材料。日常养护中要控制生长苗壮的种类。

② 适应性强，特别是具有较强的抗旱、耐贫瘠能力，生长健壮。

③ 具有一定的观赏特性，要求株美、花艳、叶秀，花朵大或小而繁密，适宜于与岩石搭配配植。

2. 岩生花卉常见的应用种类

在众多岩生花卉种类中，以观赏价值极高的三大花卉最负盛名，即杜鹃花、报春花和龙胆。全球共有杜鹃花800多种，其中600多种生长在我国。云南省腾冲县高黎贡山区有一株大树杜鹃高达25m，树龄逾500年，被誉为世界杜鹃花之王。全球报春花有500多种，我国产390种左右，是世界报春花的分布中心。龙胆为一年或多年生草本植物，全球500多种，我国产230多种，大部分生长于海拔3000～5000m的高寒山区。

除以上三种外，还有世界著名高山花卉马先蒿属、紫堇属、垂头菊属。此外，还有许多毛茛科、蔷薇科、菊科、虎耳草科、景天科、紫葳科、唇形科、玄参科、桔梗科、鸢尾科和兰科的花卉，其花光彩夺目，观赏价值极高。我国岩生花卉资源是世界观赏植物宝贵的种质资源基因库（表2-5）。

表2-5　岩生花卉常见的应用种类

中文名	拉丁名	科属	株高	花色	花期	应用形式
龙胆	*Gentiana scabra*	龙胆科 龙胆属	高30～60cm	花色鲜蓝色或深蓝色	9月	岩石园及花镜、林缘、灌丛间
四季报春	*Primula obconica*	报春花科 报春花属	高20～30cm	花色有红、粉红、黄、橙、蓝、紫、白等色	2月～4月	岩石园、盆栽点缀、南方温暖地区作露地花坛
马先蒿	*Pedicularis verticillata*	玄参科 马先蒿属	高35～45cm	花色紫红色	6月～7月	岩石园、盆栽、花坛、瓶插
点地梅	*Androsace umbellata*	报春花科 点地梅属	低矮、平铺地面	花色白色	4月～5月	岩石园、灌木丛旁作地被材料
仙人掌	*Opuntia illenii*	仙人掌科 仙人掌属	1.0～10m	花冠黄色	北方 6月～7月	岩石园、盆栽欣赏
锦鸡儿	*Caragana sinica*	豆科 锦鸡儿属	达1.5m	花色红黄色	4月～5月	岩石园、丛植于草地、配置于坡地、山石边、盆景或切花
红花酢浆草	*Oxalis rubra*	酢浆草科 酢浆草属	株高10～20cm	花色红色	4月～10月	岩石园、地被栽植、栽植于树坛、花坛、林缘、疏林下、盆栽
虎耳草	*Saxifraga stolonifera*	虎耳草科 虎耳草属	株高14～45cm	花色白色	5月～6月	溪涧、林下阴湿处（溪旁树阴下、岩石缝内）、岩石园、盆栽

三、岩石园的花卉应用与景观设计

1. 岩石园的起源

岩石园是以岩石及岩生花卉为主，结合地形选择适当的沼泽、水生植物，展示高山草甸、牧场、碎石陡坡、峰峦溪流等自然景观。全园景观别致，富有野趣。

岩石园概念最早兴起于 18 世纪的欧洲，当时在文艺复兴的思想潮流影响下，人们开始崇尚自然之美，由于高山植物的花色艳丽、四季更替，配合着粗糙古朴的石块，呈现出别具一格的视觉效果，具有极高的观赏价值，所以园艺师开始引种高山植物，模仿高山景观。

岩石园在欧美各国常以专类园出现，规模大的可占地 $1hm^2$ 左右，如英国爱丁堡皇家植物园内的岩石园；面积小的常在公园中专辟岩石园。目前很多私人小花园中建造微型岩石园，很易和面积较小的私人花园相协调。岩生花卉多半花色绚丽，体量小，易为人们偏爱。为模拟自然高山景观需要，园艺家们精心培育出一大批各种低矮、匍生，具有高山植物体形的栽培变种，甚至高达数十米至百米的巨杉、雪松、云杉、冷杉、铁杉都被培育成匍地类型。

岩石园源于西方园林，而假山艺术源于中国传统园林，与前者不同的是，中国传统园林中的假山是以山石为主体，注重堆山叠石，以观赏山石的形态、风貌为目的，很少在石间缝隙种植植物。但是随着现代园林的发展，人们生态意识的增强，越来越多的岩生花卉应用于假山的绿化，许多假山工程都有削减山石比例，增配岩生花卉的趋向。

岩生花卉的应用应结合地貌布置，可专门堆叠山石以供栽植岩生花卉；也有利用台地挡土墙或单独设置的墙面、堆砌的石块留有较大的隙缝，墙心填以园土，把岩生花卉栽于石隙，根系能舒展于土中。另外，铺砌砖石的台阶、小路及场院，于石缝或铺装空缺处，适当点缀岩生花卉，也是应用方式之一。

2. 岩石园的布置形式

岩石园的布置形式按照风格可以分为四类。

（1）规则式岩石园

规则式相对自然式而言。外形常呈台地式，栽植床排成一层层，比较规则。常建于街道两旁，房前屋后，小花园的角隅及土山的一面坡上。景观和地形简单，主要欣赏岩生花卉及高山植物（图 2-151、图 2-152）。

图 2-151　规则式岩石园（一）

图 2-152　规则式岩石园（二）

（2）自然式岩石园

自然式岩石园以展现高山的地形及植物景观为主，并尽量引种高山植物。园址要选择在向阳、开阔、空气疏通之处，不宜在墙下或林下。公园中的小岩石园，因限于面积，则常选择在小丘的南坡或东坡（图2-153、图2-154）。

图 2-153　自然式岩石园（一）　　　　　图 2-154　自然式岩石园（二）

（3）容器式微型岩石园

一些家庭中常趣味性地采用石槽或各种水槽，各种小水钵、石碗、陶瓷容器等进行种植，种植前必须在容器底部设置排水孔，然后用碎砖、碎石铺在底层以利排水，上面再填入生长所需的肥土，种上岩生花卉。这种种植方式便于管理和欣赏，可随处布置（图2-155）。

（4）墙园式岩石园

这是一特殊的岩石园。利用各种护土的石墙或用作分割空间的墙面缝隙种植各种岩生花卉。有高墙和矮墙两种。高墙需做40cm深基础，而矮墙则在地面直接垒起，建造墙园式岩石园需注意墙面不宜垂直，面要向护土方向倾斜，石块插入土壤固定，也要由外向内稍朝下倾斜，以便承接雨水，使岩石缝里保持足够的水分供植物生长。石块之间的缝隙不宜过大，并用肥土填实，竖直方向的缝隙要错开，不能直上直下，以免土壤冲刷及墙面不坚固。石料以薄片状的石灰较为理想，既能提供岩生花卉较多的生长缝隙，又有理想的色彩效果（图2-156）。

图 2-155　容器式岩石园　　　　　　　图 2-156　墙园式岩石园

3. 岩石园的景观设计要点

（1）岩石的选择

岩石园的用石要能为植物根系提供凉爽的环境，石隙中要有贮水能力，故要选择透气、可吸收湿气、表面起皱、美丽、自然的石料，最常用的有石灰岩、砾岩、砂岩等。石灰岩由于本身的特点如外形美观，质地轻、易分割，保水保肥力强等是最适合的一类岩石。砾石虽造价便宜，铁含量高，但岩石外形有棱有角或圆胖不雅，没有自然层次。红砂岩含铁多，其缺点同砾石。鹅卵石太光滑，不利于植物扎根，但可以用来作干河床。石板可以用作台阶及挡土墙。

（2）各类岩石园的设计和建造

岩石园的设计宗旨是施法自然。自然界的高山岩石植物群落结构和景观是岩石园力图再现的对象。主要以自然式岩石园为主介绍岩石园的景观设计要点。

① 自然式岩石园

a. 选址：与周围环境相协调，自然式岩石园应布置于自然式园林环境中。位置要选择在向阳、开阔、空气疏通之处，坡地最为理想。如果原址平坦缺乏地形变化，岩石园的上风方向最好有茂密的树木作为背景，但树林不能离岩石园太近，一方面不会对岩石园造成遮阳，另一方面避免与岩石园景观不协调。小型岩石园或岩石角宜以建筑或其它构筑物为背景，且背风向阳。

b. 地形地貌设计：自然式岩石园要有丰富的地形。应模拟自然地形，有隆起的山峰、山脊、支脉，下凹的山谷，碎石坡和干涸的河床，曲折蜿蜒的溪流和小径，以及池塘与叠水等。流水是岩石园中最愉悦的景观之一，故要尽量将岩石与流水结合起来，使具有声响，显得更有生气，因此，要创造合理的坡度及人工泉源。可在溪流两旁及溪流中的散石上种植植物，使外貌更为自然。丰富的地形设计能造成植物所需的多种生态环境，以满足其生长发育的需要（图 2-157）。

c. 道路设计：自然式岩石园中的游览小径宜设计成曲折多变的自然路线，台阶、蹬道与铺设平坦的石块或碎石、卵石的小径相结合，小路及蹬道、台阶的边缘和缝隙间点缀花卉，更具自然野趣。为了在景观上造成较强烈的山势，地势平坦之处建立岩石园可挖掘下沉式道路，将路面下降，栽植床垫高，从而在景观上造成强烈的山势效果（图 2-158）。

图 2-157　自然式岩石园中地形　　　　图 2-158　自然式岩石园中道路

d. 植物种植床及种植穴：在设计地形地貌和道路时，即考虑到种植床的位置、大小、朝向及高低，然后用山石镶嵌出边缘，种植床要避免大小一样、等高等距，要力求自然，床内也可散置山石，与环境协调。有些地方虽然只是零星点缀植物，但施工时需预留种植穴并填充栽培土壤。

e. 植物配置：再现高山植物群落及高山景观是岩石园植物配置的基本原则。因此需在了解各类岩生植物生理生态适应性的基础上，根据当地的气候特点及岩石园的立地条件，针对岩石园是充满幽谷溪涧、柔美绚丽之风格来选择植物种类和配置方式,合理搭配常绿、落叶之比例,充分考虑季相变化,通过灌木、多年生花卉、地被植物等合理配置,组成优美的群落,也可以与山石、蹬道、台阶、道路及挡土墙等结合,灵活布置。大的栽植床与广场或道路交叉口山石组成的自然花台相结合,植物或成自然的群落栽植于种植床内,或匍匐于台阶,或下垂于墙前。总之,山石和植物搭配疏密有致,参差错落,顺理成章(图2-159)。

② 规则式岩石园 从岩石园的整体上看,根据位置不同而成规则式岩床、单面或多面观的规则上升的台地式或山丘式岩石园。岩石园的基础,从地面向下挖20~30cm,放入园土,再安置上大块岩石。要使基础坚实而稳定,岩石园的内部,以瓦片和砾石为材料,表层以园土和沙为主材料,间隔安置些大的岩石,埋在园土和沙石之间。岩石布置宜高低错落、疏密有致;岩块的大小组合与植物搭配相宜。可以通过匍匐性植物种植于栽植床边缘打破生硬和呆板的线条(图2-160)。

图2-159 自然式岩石园中植物配植

图2-160 规则式岩石园

第八节 多浆类花卉的应用

多浆植物亦称多肉植物、肉质植物,在园艺上有时称多肉花卉,但以多浆植物这个名称最为常用。多浆植物是指植物营养器官的某一部分,如茎、叶或根(少数种类兼有两部分)具有发达的薄壁组织用以贮藏水分,在外形上显得肥厚多汁的一类植物。它们大部分生长在干旱或一年中有一段时间干旱的地区,每年有很长的时间根部吸收不到水分,仅靠体内贮藏的水分维持生命。多浆植物多数生长在沙漠地区。

多浆植物是一个近万种的庞大家族,它们都属于高等植物(绝大多数是被子植物)。主要分布于南北美洲(仙人掌类)、非洲大陆、加那利群岛、马德拉群岛、马达加斯加岛以及除南极洲外的其它各洲亦有少量分布,原产地地理环境复杂多变。

一、多浆类花卉的观赏特点与类别

1. 多浆类花卉的观赏特点

多浆花卉的形态和植株颜色的多样性变化让人难以置信,因此多浆花卉对于我们的意义通常不仅在于它们的花,而是它们极为有趣的多样性外观、颜色以及叶片的图案。

（1）株型的多变性

① 茎多肉花卉 仙人掌类和大戟科、萝藦科的多肉植物。其储水器官主要是茎，称茎多肉植物。其膨大的茎有球形、扁圆形、圆筒形、圆柱形、棱台形、鞭形、线形、节肢形等。此外带化和石化变异植株，茎通常呈鸡冠形和山峦形。

② 叶多肉花卉 景天科、百合科、龙舌兰科和番杏科等多肉植物。其中景天科（伽蓝菜属除外）、百合科、龙舌兰科的叶通常排列成莲座形，形状大小不一，有的无茎而贴近地面，有的具很高的茎，但茎端有很大的莲座叶盘（如景天科莲花掌属和百合科芦荟属），而番杏科相当一部分种类叶高度肉质，对生叶连成元宝状或酷似卵石。

③ 茎干状多肉花卉 很多种类在茎基部位置形成膨大的茎干，称为茎干状多肉植物。木本、草本都有，涉及很多科。其形状有球形、半球形、圆盘形、瓶形、塔形、纺锤形等。

（2）各种形态色彩的附属物的多变性

附属物主要是刺、毛、树皮和残留的花梗。

① 刺主要着生在仙人掌类和夹竹桃科、龙树科、福桂花科多肉植物的茎上。特别是仙人掌科植物的刺，其形态、色彩变化无穷，极具魅力。

② 毛主要分布在仙人掌类的茎和景天科多肉植物的叶面叶缘上，这些植物大多生长在海拔较高地区。此外，马齿苋科一些种的叶腋处也有毛。而龙舌兰科的泷之白丝、小花龙舌兰等，叶缘撕裂的纤维似毛，也非常美丽。仙人掌科的花座球属、华妆翁属等，茎顶端形成很高的毛和刺的混合物花座，非常美丽。

③ 一些很稀有的茎干状多肉植物的茎干外附有木栓质树皮（以薯蓣科的龟甲龙最为典型）和纸制树皮，很有特色。

④ 残留的花梗主要出现在大戟科多肉植物中，如法利达的花梗非常有观赏性。另一些大戟科多肉植物往往在花前伸出美丽的花梗，如白花麒麟在冬天长出的花梗红色，和白绿相间的茎形成强烈的反差。

（3）花与果实的多变性

① 花 仙人掌类的花特别艳丽，很多种类不仅花大色美，而且花瓣有金属光泽，给人难以忘却的印象。它们的花期大多短促，这就更使它们萌生一层神秘的色彩。多肉植物的花形态结构变化多，有菊花形、星形、海盘车形、蝶形、漏斗形、烟斗形、花篮形、叉形等。人们欣赏之余更可以增加不少植物分类方面的知识。

② 果实 有些种类的果实相当大，而且果皮具鲜艳的色彩，可以维持半年以上。绫波、龙王球的红色果和金赤龙的黄色果都是突出的代表。而花座球属和乳突球属的种类往往在人们意想不到的情况下突然伸出很多色彩鲜艳的棍棒形果实，让人们惊叹不已。

2. 多浆类花卉的类别

根据形态特点将多浆花卉分为四类。

（1）仙人掌型

仙人掌型多浆花卉以仙人掌科植物为代表。茎粗大或肥厚，块状、球状、柱状或叶片状，肉质多浆，绿色，代替叶进行光合作用，茎上常有棘刺或毛丝。叶一般退化或短期存在。除仙人掌科外，还有大戟科的大戟属，萝藦科的豹皮花属、玉牛掌属、水牛掌属等。

（2）肉质茎型

肉质茎型多浆花卉除有明显的肉质地上茎外，还具有正常的叶片进行光合作用。茎无棱，也不具棘刺。木本的如木棉科的猴面包树，大戟科的佛肚树；草本的如菊科的仙人笔及景天科的玉树等。

（3）观叶型

观叶型多浆花卉主要由肉质叶组成，叶既是主要的贮水与光合器官，也是观赏的主要部分。形态多样，大小不一，或茎短而直立，或细长而匍匐。常见栽培的如景天科的驴尾景天、拟石莲；番杏科的生石花、露花；菊科的翡翠珠；百合科的芦荟属、十二卷属、脂麻掌属；龙舌兰科的龙舌兰属等。

（4）尾状植物型

尾状植物型多浆花卉具有直立地面的大型块茎，内贮丰富的水分和养分，由块茎上抽出一至多条常绿或落叶的细长藤蔓，攀援或匍匐生长，叶常肉质，这一类型常见于葫芦科、西番莲科、萝藦科等多浆花卉中，如西番莲科的蒴莲，萝藦科的吊金钱，葡萄科的四棱白粉藤，夹竹桃科的天马空，百合科的苍角殿属等。

二、多浆类花卉的选择及常见的应用种类

1. 多浆类花卉的选择

多浆类花卉的选择是根据其在园林中的应用而确定的，而园林中多浆花卉的应用多数是在多浆植物专类园中，那里集中了上千种的多浆花卉，其选择的依据主要是观赏性高、易成活、易养护的种类。

可以选择一些矮小的多浆花卉用于地被或花坛中。如垂盆草在江浙地区做地被植物，北京地区在小气候条件下也可安全越冬。佛甲草多用于花坛。蝎子草（八宝）做多年生肉质草本栽于小径旁。台湾省一些城市将松叶牡丹栽进安全绿岛等，都使园林更加增色。

另外，可选择一些带刺状的多浆花卉作篱垣应用。如霸王鞭高达 1～2m，云南彝族人常将它栽于竹楼前做高篱。原产南非的龙舌兰，在我国广东、广西、云南等省区生长良好，多种在临公路的田埂上，不仅有防范作用，还兼有护坡之效。此外，在广东、广西及福建一带的村舍中，也常栽植仙人掌、量天尺等，用于墙垣防范之用。

2. 多浆类花卉常见的应用种类（简化 表格形式）

多浆类花卉生态习性特殊，种类繁多，体态清雅而奇特，花色艳丽而多姿，颇富趣味性。通常包括仙人掌科以及番杏科、景天科、大戟科、萝藦科、菊科、百合科、凤梨科、龙舌兰科、马齿苋科、葡萄科、鸭跖草科、酢浆草科、牻牛苗科、葫芦科等植物。仅仙人掌科植物就有 140 余属，2000 种以上，除仙人掌科之外的其它多浆植物约 55 科（表 2-6）。

表 2-6　多浆类花卉常见的应用种类

中文名	拉丁名	科属	株高	花色	花期	应用形式
金琥	*Echinocactus grusonii*	仙人掌科金琥属	高 1.3m，直径 80cm 或更大	花黄色	6 月～10 月	盆栽、专类园
念珠掌	*Rhipsalis salicornioides*	仙人掌科丝苇属	高约 40cm	花色黄色	9 月～12 月	室内盆栽、专类园、垂直绿化
蟹爪兰	*Zygocactus truncactus*	仙人掌科蟹爪属	叶片长 4～5.5cm	花色有淡紫、黄、红、纯白、粉红、橙和双色等	11 月～12 月	做成吊兰装饰
鸾凤阁	*Astrophytum myriostigma*	仙人掌科，星球属	高可达 2m	花色黄色或黄色有红心	春、夏开花	室内盆栽，置于岩石园和多浆类花卉专类园中

中文名	拉丁名	科属	株高	花色	花期	应用形式
绯牡丹	*Gymnocalycium mihanovichii var. friedrichii*	仙人掌科，裸萼球属	球径 3～5cm	花色粉红	春、夏季	盆栽观赏，装饰书柜、博古架
昙花	*Epiphyllum oxypetalum*	仙人掌科，昙花属	分枝长达 2m	花色白色	7 月～9 月	盆栽观赏
仙人掌	*Opuntia Ficus-indica*	仙人掌科，仙人掌属	株高 5m 以上，通常 2～3m	花色黄色	5 月～7 月	盆栽欣赏、专类园造景
鼠尾掌	*Aporocactus flagelliformis*	仙人掌科，鼠尾掌属	长 1m，原产地常达 2m	花色洋红色	4 月～5 月	温室及专类园中应用、吊篮悬挂、盆栽观赏
量天尺	*Hylocereus undatus*	仙人掌科，量天尺属	高 3～6m	外瓣黄绿色，内瓣白色	夏季	专类园中墙角、岩石间隙、盆栽围篱观赏
沙漠玫瑰	*Adenium obesum*	夹竹桃科沙漠玫瑰属	盆栽高约 1m	花色玫瑰红色、粉红色或粉白色	花期 4 月～5 月，9 月～10 月二度开花	专类园、南方可地栽布置小庭院、盆栽观赏
龙舌兰	*Agave americana*	龙舌兰科，龙舌兰属	叶长 1.5m	花黄绿色	6 月～7 月	专类园、盆栽或花槽观赏、布置小庭院和厅堂、栽植在花坛中心、草坪一角
大芦荟	*Aloe arborescens var. natalensis*	百合科芦荟属	高可达 2m，盆栽常矮小	花红色	花期 4 月～6 月或秋冬至春	专类园、盆栽点缀厅室和庭院布置、南方可露地栽培
石莲花	*Echeveria elegans*	景天科石莲花属	叶长 3～6cm	花外桔红，内黄色	春天开放	盆栽观赏、布置花坛
吊金钱	*Ceropegia woodii*	萝藦科吊灯花属	匍匐或悬垂	粉红色或浅紫色	夏秋	作吊盆悬挂、扎成造型支架，做成各种美丽图案
生石花	*Lithops spp.*	番杏科生石花属	株高 4cm	花色黄、白	秋季	专类园、盆栽观赏

三、多浆类植物专类园的花卉应用与景观设计

1. 多浆类植物种植场所

通常在植物园、公园或园艺机构中栽培展览多肉花卉，其种类多、株型大，具有较高的观赏价值。专业的展览温室是多浆植物的最佳设置场所，其规模宏大，设备先进，栽培技巧与属种布局合理，可使多浆类植物的风姿和神韵展现无余，同时具有科普价值。

2. 多浆类植物场所的设计

多浆类植物专类园的场所设计应满足植物本身的生长需求，还要考虑到所营造的景观效果。为了展现沙漠景观的自然风貌，可将较大型的种类直接栽入植床，植床表面不必太平整，可有高有低，呈自然的沙丘形态，还可在适当位置用岩石或朽木点缀，让景观更趋自然（图 2-161）。

图 2-161　植物直接栽入植床

（1）植床准备

由于仙人掌类和多浆类植物均不耐积水，因此栽植床的排水处理极为重要。除了结合地貌的处理，作出适当的排水坡度，还需在植床底部垫入 5～10cm 厚的贝壳、木炭或瓦砾、石砾等，以利于排水透气。然后在植床中部填充 30～40cm 高度的栽培基质，待植株栽培好后，再在植床顶部铺上 5～6cm 厚的粗砂或石砾。这层粗砂石砾既能突出沙漠景象又可以避免浇水施肥时溅脏植株，同时厚厚的砂层还有抑制杂草滋生、减少虫害繁衍的作用。

图 2-162　表面为珍珠岩植床

仙人掌类和多浆类植物的栽培基质要求疏松透气，含一定量的腐殖质、呈弱酸性或中性（少数种类可为弱碱性），其中附生型种类对基质疏松透气的要求更高。通常用椰糠、蛭石、珍珠岩、草木灰、木屑、泥炭、腐叶土、沙、贝壳粉及骨粉等基肥配制（图 2-162）。土壤最好经暴晒或蒸汽和药物消毒。

（2）栽植

栽植时间最好在植株休眠期结束而生长旺盛期尚未到来之前，我国大部分地区都可在 3 月中旬到下旬，夏季休眠的种类在 9 月上旬栽植。栽植前须检查根系，健康根可剪短，有些种类可将根全部剪去只留根基，然后将伤口向上晾干再种。

3. 多浆类植物专类园的花卉应用与景观设计

（1）植物布局方式

在仙人掌及多浆植物专类园中，植物布置的方式可以有多种多样。有的按照植物的科为单位，布置时可以模仿原生地的生态群落，把同一科属种类分别陈列，既可满足植物生长习性需要、方便管理，又不影响观赏效果。若用精美醒目的标牌注明科、属、种学名和品名，让观众在领略不同寻常的沙漠植物景观的同时，增长科普知识（图 2-163）。如将仙人掌科、大戟科、番杏科、龙舌兰科、景天科等分别展示于一定的区域（图 2-164）；也有的专类园按照该类植物的地理分布而布置，如美洲原产种类、非洲原产种类等；还可按照不同种类灵活安排，将夏型种和冬型种分别栽植，通常茎干状植株较大，可安排在后面，茎、叶多肉花卉一般较矮小，宜栽植在靠前的位置。也可以将高大植株作为主体，四周配上一些较矮小的种类。要根据不同形态、不同色彩合理搭配，应疏密有致，活而不乱；还可将纯粹的多肉花

图 2-163 带有标牌的植物

图 2-164 同科植物布置一处

卉种类集中在一个景区，显得布局合理，景象宜人。将多肉花卉与仙人掌类错落有致地混合栽植，生动活泼，贴近自然；更多的是模拟该类植物在自然界的群落，结合不同种类植株大小、形态等观赏特点而布置，营造出富有特色的景观效果。

（2）花卉应用与景观设计

① 景观类别　仙人掌和多浆植物的分布虽然极其广泛，但在专类园的景观展示上，可以概括为 3 类。

第一类是热带、亚热带干旱和沙漠地区的仙人掌和多浆植物景观，该地区的植物在土壤和空气极其干燥的条件下，依靠变态的茎、叶贮水而生存，如龙爪球、金琥等（图 2-165）。

图 2-165 金琥景观

第二类是原产热带、亚热带高山干旱地区的，水分不足、日照强烈、风大及较低的温度等致使该地区分布的植物叶片呈莲座状着生，或在表面被蜡层和绒毛，以减弱高山紫外线照射，降低蒸腾及大风的危害（图 2-166）。

第三类是原产热带森林中的附生型种类，如昙花、蟹爪、令箭荷花、量天尺等（图 2-167）。

② 模拟自然界沙漠景观　以自然式布局的形式展示仙人掌和多浆植物，是该种专类园最常见的形式。通常地貌上具有一定的起伏，可模拟沙丘、碎石滩等自然生境，按照不同植物欣赏的特点，高大的茎干状多肉种类配置于后面，较矮小的茎叶多肉花卉布置在靠前的位置，或者将高大的柱状种类作为主景，四周配置较矮小的种类，疏密有致。仙人掌和多浆植

图 2-166　莲座状植物景观　　　　　　　　　　　　图 2-167　附生令箭荷花景观

物形态变化大，要注意每个景区突出其主景，强调多样中的协调统一和谐（图 2-168）。

③ 其它应用　原产热带亚热带雨林的附生型仙人掌类通常喜欢稍为庇荫的环境，可以布置于专类园的角隅或墙基，置石或人工设置格栅等附着设施，供其攀附，如令箭荷花、昙花等。

品种繁多植株矮小的仙人掌和多浆植物，除了在专类园沙漠景观的边缘等处配置之外，为了便于近赏，还可以栽植于高设花台之中，或栽植于容器和景箱中，设台布置于专类园的墙下路旁，使游人充分领略该类植物的奇异之美。

在多浆类植物专类园中还可以用各式各样的小花盆将形态各异的小植株一盆盆分别栽植，因为在观赏价值十分广泛的多肉花卉世界中，拥有很多小巧玲珑的种类，假如将它们通通栽植在偌大的植床上，会显得呆板，无生气（图 2-169）。在陈列上可以按照科属归类还可以根据植株本身的形态、线条、色彩等特点恰当配置花盆，疏密有致地摆放在展台上，会使它们变得活泼有趣而引人入胜。

（3）其它

除了地貌上模拟沙漠景观之外，仙人掌类专类园中常结合置石、具有非洲或美洲土著民族特色的壁画背景及人物雕塑、图腾形象等小品点缀其间，更富有异国风情。

图 2-168　模拟自然界沙漠景观　　　　　　　　　图 2-169　盆栽景观

第九节　蕨类花卉的应用

一、蕨类花卉的观赏特点与类别

蕨类花卉是植物界的一个重要组成部分，有 60 余科，300 余属，12000 余种，广泛分布于世界各地，以热带和亚热带地区分布最多。我国约有 2600 种，主要分布在华南、西南地区，其中具有较高观赏价值的蕨类植物已超过了 500 种。

1. 蕨类花卉的观赏特点

蕨类花卉中翠云草在唐代就已经列入《群芳谱》并用于宫庭观赏。但蕨类植物是高等植物中比较低等而又不开花的一个类群，其叶片色彩也比较单调，植株又无香味，这在我国花卉传统美学欣赏"色、香、姿、韵"四种元素中，更注重色和香的情况下，蕨类花卉一直未得到足够的重视而成为观赏植物的主流。

蕨类花卉可以说是西方审美观的产物，在欧美等一些发达国家，蕨类花卉已成为观赏植物中的重要组成部分，在室内装饰中占有很重要的地位，蕨类花卉的商品生产和栽培育种事业也很发达。

蕨类花卉的观赏特点主要体现在以下几个方面。

（1）观赏株形

蕨类花卉株形优美，格调清新，是线条美的典范，越来越博得多人的喜爱。蕨类植物的茎不显著，叶的分布、伸展方向构成株形。株形是蕨类花卉的主要观赏要素。因蕨类花卉是一类由低等向高等进化的植物，体态介于苔藓和裸子植物之间，独具特色，或小巧玲珑，或端重素雅，或轻盈飘逸，或高大挺拔、或株型奇特。如具长茎的蕨类花卉桫椤构成的株形，挺直修长的单干撑着顶端丛生的巨大叶丛，宛如罗伞，高贵飘逸，属蕨中极品（国家一级保护植物）。

（2）观赏拳芽

蕨类植物的幼叶在展开前呈拳状卷缩，称为"拳芽"。随着生长进程的推进，逐渐展开，先为叶片继而羽片，小羽片，层层展开，十分奇美。拳芽展开后分为叶柄和叶片两部分，叶柄或叶轴密被黑色、棕色、褐色或金黄色鳞片。如鳞毛蕨、蹄盖蕨、荚果蕨、桫椤、金毛狗、线鳞耳蕨等，在拳芽期具有极佳的观赏价值。

（3）观赏叶型和叶态

目前，观叶植物已经形成当今世界的观赏潮流之一。蕨类植物是观叶植物中最具特色的一群。它们虽没有鲜艳夺目的花和果，但是它的叶形千姿百态，叶姿独具一格，叶色青翠碧绿，令人赏心悦目，故有"无花之美"的称号。蕨类植物的叶形态丰富，有单叶、复叶、细裂、深裂或羽状。许多种类还是以其独特的叶形来取名，如鹿角蕨叶分叉后生长像鹿角形；鸟巢蕨叶片丛生于根状茎上，辐射状斜生形如一个巨大的鸟巢；此外还有燕尾蕨、松叶蕨、苏铁蕨、水龙骨多中蕨等都是闻其名而知其形。叶的质地差异大，有草质、膜质、纸质、革质。叶色多样，从翠绿到墨绿，不少叶面具有金黄色、银白色、红色的条纹或斑点、斑块（例如欧洲凤尾蕨有白色条纹，截基盾蕨叶脉间有黄色条斑，三色凤尾蕨叶片有红色条纹等），更使蕨类植物增辉不少。叶的脉序结构十分精巧，开合有序，排列有致，仔细观赏，乐趣无穷。

（4）观赏孢子囊群

蕨类花卉的生殖器官——孢子囊群具有鲜艳的色彩或奇特形状而具有独特的观赏价值。生于叶背或叶缘，其色泽醒目，排列整齐，密集成群，构成各种图案，巧夺天工，美妙精细，具独特的观赏性。如骨牌蕨，金黄色的圆形孢子囊群在叶片主脉两侧排列有序，异常夺目。

（5）观赏根状茎

一些蕨类植物根状茎发达肥大，露出土外生长，因外界生长环境不同，发育成各种形状，且往往密被鳞毛，全露或半露于地表，形成独特景致，吸引游人驻足欣赏。例如，金毛狗粗大直立根状茎上密被金黄色茸毛；大叶骨碎补粗壮而横走的根状茎上连同叶柄基部密被亮棕色膜质披针形鳞片；圆盖阴石蕨横走的根状茎上密披着灰白色的鳞片。

（6）观赏小芽孢

如胎生狗脊蕨、稀子蕨等在羽状叶片的表面，会生出许多小芽孢，形成叶上长出小植株的奇观，也成为蕨类观赏特性之一。

2. 蕨类花卉的分类

为方便栽培和利用，根据相近相似的生态习性和特点，人们把蕨类花卉分为陆生蕨类、树蕨类、丛生蕨类、附生蕨类、藤本蕨类、水生蕨类、石生蕨类、膜蕨类。

（1）陆生蕨类

陆生蕨类生长在土壤中，故又称土生蕨类。它在蕨类花卉中占大多数。根据其对光照的要求可分为阳性蕨类和耐阴蕨类两类。阳性蕨类种类较少，它们喜欢充足的光照，生长在阳光直射的荒野山坡等空地上，如斜羽蕨、铺地蜈蚣、乌毛蕨、肾蕨等。根据其形态不同，又可分为丛生阳性蕨和散生阳性蕨。耐阴型陆地蕨占陆生蕨的大多数，它通常生在密闭度较大的密林中，喜长在阴湿的林下湿地上，它们不能适应强烈的光照与干旱，如翠云草，石上柏等。

（2）树蕨类

树蕨类属于陆生蕨的一种，它具有明显的主干，主干顶端簇生数枚羽状分裂的巨大羽叶。中国常见的有桫椤类、苏铁蕨类等。

（3）丛生蕨类

丛生蕨类也大多数为陆生蕨。其羽叶簇生于近地面或离地面不高的茎端，有时数株同生，按株型大小可分为 3 种类型：大型丛生蕨类、中型丛生蕨类、小型丛生蕨类。

（4）附生蕨类

附生蕨类具有肉质匍匐根茎，攀附生长于树木的树干或枝条的表面，或生长于棕榈植物的叶腋间，完全脱离地面的土壤而生长。这些附生蕨类与其它类型相比，其养分的消耗很少，它们能从腐烂的树皮、枯枝落叶、尘土或蚂蚁搬来的泥土及有机物质中获得养分。根据附生蕨类着生位置的不同又可将其分为低位附生蕨类和高位附生蕨类。常见的附生蕨如蓇蕨、瓶蕨、厚叶蕨等。

（5）藤本蕨类

藤本蕨类种类较少，主要生长在热带及亚热带地区，多为草质藤本，茎细柔缠绕。它实际上是陆生蕨，开始都生长在地上，其根从土壤中吸收水分与养分，其后生出很长的根状茎或叶轴，以攀附或缠绕在树木或灌木丛上生长，有些种类长可达 20m 以上，可以达到林冠上层。藤本蕨类包括各种海金沙、藤蕨、石松科、骨碎补科、乌毛蕨科的一些种类。

（6）水生蕨类

水生蕨类全部为阳性蕨类，以南半球较多，我国相对较少。水生蕨类可分为咸水型与淡水型两种。我国咸水型种类有卤蕨、尖叶卤蕨等，它们生长在红树林向岸的一侧的林缘或特大高潮线下的泥滩上。在观赏应用中可做大型盆栽观赏。淡水型蕨类按其生长特性又可分为挺水型与浮水型。挺水型的种类有生长于水田或水沟的水蕨、蘋以及生于浅水沼泽中的水韭等。浮水型的种类有在水面漂浮的槐叶蕨、满江红等。淡水型蕨类在观赏应用中可种植在水池、沼泽地或鱼箱中作点缀，别有情趣。

（7）石生蕨类

石生蕨类是指生长在岩石上或岩石缝中的蕨类植物。在某些情况下石生蕨类与附生蕨类是不易划分的，因为有些附生蕨类如星蕨属、槲蕨属、骨碎补属的一些种有时也会生长在岩石上，但真正的石生蕨类是不会附生在树干上的。如水龙骨科、骨碎补科、紫萁科、卷柏科、铁角蕨科、铁线蕨科的一些种。

（8）膜蕨类

膜蕨植株矮小，叶片多数细裂，是由一层细胞构成的绿色半透明、膜质状的蕨类植物，其叶片极薄，是观赏蕨类中的珍品。严格说来，膜蕨也是附生蕨类，因为膜蕨一般生于浓荫遮蔽下的深谷溪边或飞泉流瀑旁的树干或岩石上，生长环境需要较大的空气湿度和不冷不热的环境，人工栽培时，一般可栽于有喷雾设施、周围封闭的玻璃箱或膜蕨室中，也适于与其他较小而喜湿的植物一起瓶栽。但碰上短期的干旱时，叶片反卷，一旦碰到雨水，又恢复生机。瓶栽时，或放在案头、几桌、书架上，十分可爱。膜蕨的主要种类有多种路蕨、膜蕨、毛膜蕨、瓶蕨和团扇蕨等。

二、蕨类花卉的选择及常见应用的种类

大多数蕨类花卉具有较强的耐阴性，也有较强的适应性和抗性。可以在其它植物不能生长或生长不良的环境里生存，特别是那些土质较为贫瘠、隐蔽，不适宜栽培植物的地方。在这些地方利用蕨类花卉布景、绿化是最佳的选择，而且蕨类花卉生长较快，繁殖力强，很快就可显现绿带景观。如长江以南地区道路旁的林荫下，适宜成片种植红盖鳞毛蕨、两色鳞毛蕨等，种植简单，管理粗放，并能很快形成景观。

1. 蕨类花卉的选择原则

（1）根据地域的不同进行选择

由于地域的不同，蕨类植物的适应性和耐寒性有很大的差别，应选择适于本地区栽培生长的种类。在江南地区，除了一些热带种类，如鹿角蕨等需要在温室内越冬外，大部分温带种类都可在露地越冬，而且栽培极易成活。能在北方地区露地越冬的种类比较少，蹄盖蕨属和鳞毛蕨属植物比较多。由于城市建筑密度增加，出现大量阴生环境，除了玉簪等少数品种外，蕨类花卉是比较理想的耐荫地被植物。还有银粉背蕨、北京铁角蕨等是装点岩石的好材料，这些植物冬季休眠，地上部枯萎，翌年春季萌发新芽。

（2）根据欣赏方式不同进行选择

① 地栽景观欣赏　蕨类园的地栽景观可以通过不同蕨类植物的丛植、群植以及地被而形成。北方地区主要有鳞毛蕨、荚果蕨、华北蹄盖蕨和峨嵋蕨等，这些落叶性的蕨类植物早春时拳芽钻出地面，郁郁葱葱，形成早春特有的景观。长江流域可栽植福建莲座蕨、肾蕨、华东蹄盖蕨、红盖鳞毛蕨、两色鳞毛蕨、贯众、井栏边草、复叶耳蕨等及大部分温带种类；热带地区可选用的种类更为丰富，除大量的宿根草本蕨类之外，在主景区、视线焦点处或沿水景等处，还可以孤植、丛植或群植树状蕨，下面配植中型草本蕨类，甚至再结合蕨类地被，形成蕨类植物的群落和美丽的景观。蕨类植物还可以结合建筑作基础栽植，以软化建筑的生硬线条。土生蕨类植物是蕨类园中的主角，不仅因为它们种类丰富，而且这类蕨生长最为旺盛，栽培也最为容易。

② 沼泽及水景布置欣赏　构筑沼泽景观和水体，布置湿生和沼生蕨类植物，是水景园中经常见到的景观，在蕨类植物专类园中当然更不可缺少。北方地区虽然水生蕨类较少，但

生长季水面布置槐叶萍和浮萍，池边沼泽低端可以布置数种湿生蕨类如木贼、蕨、荚果蕨及紫萁类均可形成美丽景观。

③ 附生景观欣赏　在温暖、湿润的地区或展览温室内，可以将鹿角蕨、槲蕨、巢蕨等附生蕨类悬垂布置，或栽植于朽木、枯枝、树干等上，将根系裸露于空气中以模拟自然界附生蕨类的景观。热带地区将肾蕨等植于棕榈科植物的叶鞘处也是常见的应用方式；或者沿墙做格子架布置附生蕨类，既可打破墙面的单调，又可营造丰富的蕨类植物景观。

④ 石生景象欣赏　自然界中，无论是干旱地区还是湿润地区，岩石表面、岩石壁及石缝中都有许多蕨类。根据当地的自然气候及蕨园的小气候特点，选择适宜的蕨类植物，结合假山石、石墙甚至岩石园的形式，营造岩石景观将会别有情趣。如铁角蕨、北京铁角蕨、铁线蕨类、石韦、银粉背蕨等用于点缀岩石景观。也可以将蕨类植物与草坪、山坡、路边等处的置石相配，或者软化岩石生硬的线条，或与岩石的质感形成对比，相得益彰。

⑤ 容器式栽培欣赏　容器式栽培是蕨类植物的主要栽培方式。无论暖地还是北方的展览温室内，都可以结合容器栽植，展示一些具有特殊观赏价值的蕨类植入装点出入口、台阶、道路转弯等处。适宜盆栽的种类很多，如鳞毛蕨、蹄盖蕨、耳蕨、肾蕨、铁线蕨、凤尾蕨、桫椤、狗脊蕨等，依叶形、姿态、株型大小分别选择适宜的容器和栽培方式进行栽培，点缀环境。蕨类植物的容器栽植有两种方式。

a. 悬挂式栽植：将附生种类崖姜蕨、槲蕨、鹿角蕨、巢蕨或叶修长、纤细柔软的种如翠云草、卷柏、石松等种于吊篮或轻质吊盆中，悬挂于高处，显得自然而富有烂漫情调。

b. 盆景式栽植：用狼尾蕨、铁线蕨、鹿角蕨、铁角蕨、卷柏、团扇蕨、翠云草等小型种类，配以山石，可作微型山水盆景。此外，金毛狗蕨等中型蕨类也是很好的盆景材料。蕨类盆景可以布置于蕨园的墙景、路边或广场、建筑前的几架上，更可以布置于室内各处。

⑥ 篱、架等景观欣赏　将海金沙等藤本蕨类植于疏漏的篱前或搭架任其缠绕，别有自然和野味情趣。

2. 常见的蕨类花卉（表 2-7）

表 2-7　常见蕨类花卉应用种类

中文名	拉丁名	科属	株高	花色	花期	应用形式
金毛狗	*Cibotium barometz*	蚌壳蕨科 金毛狗属	株高达 3m	山沟边及林荫处，酸性土、红壤、黄壤，常与好湿的热带蕨种伴生	孢子繁殖	室内观赏，根状茎可制成精美的工艺品
桫椤	*Cyathea spinulosa*	桫椤科 桫椤属	主干高 1～3m，最高可达 8m	林下沟谷、溪边或林缘湿地，喜高湿、荫蔽、气流恒定的环境	孢子繁殖为主	南方庭院栽培，北方可盆栽欣赏
铁线蕨	*Adiantum capillus-veneris*	铁线蕨科 铁线蕨属	株高 25～40cm	钙质土和石灰岩的指示植物，也指示环境阴湿性，多生于阴湿的沟边、溪旁及岩壁之上	分株繁殖为主	室内中小型盆栽或点缀山石盆景，作瓶栽，切花、干花材料
巢蕨	*Neottopteris nidus*	铁角蕨科 巢蕨属	株高 100～120cm	分布于石灰岩地区，附于雨林内的树干上或林下岩石上	孢子繁殖和组织培养	室内观赏，植于热带园林的林下或岩石上，切叶

中文名	拉丁名	科属	株高	花色	花期	应用形式
苏铁蕨	*Brainea insignis*	乌毛蕨科 苏铁蕨属	株高 1~1.5m	生于海拔 200~1800m 的干旱荒坡上	孢子繁殖或分株繁殖	盆栽或盆景观赏,南方与山石配置,华南成片种植,根状茎做兰花等附生植物栽培材料
贯众	*Cyrtomium fortunei*	鳞毛蕨科 贯众属	高 25~50cm	生于山坡林下、溪沟边、石缝中、墙脚边等阴湿地区	分株和孢子繁殖	室内盆栽,切叶或园林阴湿环境处的布置
肾蕨	*Nephnolepis Cordifolia*	肾蕨科 肾蕨属	高 30~80cm	土生于溪边林下或岩石缝隙中,或附生于树干上	分株、块茎、孢子繁殖	露地栽培及室内盆栽观叶,用作吊篮式栽培,切叶
槲蕨	*Drynaria fortunei*	槲蕨科 槲蕨属	高 25~40cm	附生于海拔 100~1800m 的树干或岩石上或墙缝中	分株或孢子繁殖	盆栽或垂吊欣赏,湿林下的垂吊布置
鹿角蕨	*Platycerium wallichii Hook*	鹿角蕨科 鹿角蕨属	株高 40cm	附生与树皮干裂处或生长于浅薄的腐叶土和石块上,喜温暖湿润半阴环境	分株、孢子播种和组织培养	室内观叶,贴生于古老枯木或装饰于吊盆
满江红	*Azolla imbricata*	满江红科 满江红属	浮于水面	稻田及静水池塘中,能与固氮的蓝藻共生	营养体繁殖	风景区和庭院水面绿化材料,栽于水盆中观赏

三、蕨类植物专类园的花卉应用与景观设计

蕨类植物种类繁多,形态特性各异,但多好阴湿,在阴生植物园的设计中可形成独具特色的专类园。我国 20 世纪 80 年代在华南植物园建立了第一个蕨类植物专类园,杭州植物园的百草园也曾经收集大量蕨类植物,并按照蕨类植物的生态类型,结合水景营造出非常美丽的园林景观。在一定小气候条件下,附生型与地生型,高大型与低矮型蕨类可互相配置。在高大乔木下,桫椤等树状蕨作为林下木;鹿角蕨,崖姜蕨,抱树蕨等攀附树干;铁线蕨,贯众蕨,凤尾蕨,肾蕨等为地被植材,依起伏地形而栽植;更有卷柏、姬书带蕨、过山蕨等覆盖岩石间隙;再间以其它的阴生花卉,形成一美丽的植物群落。更有创意的是,将蕨类植物与仿生恐龙结合起来,把人们带回到远古时代的原生态景观。

归纳国内外园林设计中蕨类植物的应用方式,可以总结出以下几大方面。

1. 蕨类花卉的地栽景观

蕨类植物植株高矮相差悬殊,矮者伏地而生,高不盈尺,如卷柏;高者如乔木状,亭亭似华盖,如桫椤类。叶片有草质、纸质、革质、肉质之别,叶形也有匙、箭、圆、针、掌等形,除绿色之外,还有彩叶和花叶的种类,如粉红、玫红、绿白相间等。因此,蕨类植物的地栽种植有很多变化和潜力。

蕨类植物的地栽一般以丛植、群植为主 (图 2-170)。北方地区目前可以应用的种类主要有蕨、荚果蕨、华北蹄盖蕨和峨嵋蕨等,这些落叶性蕨类的拳芽春季钻出地面,郁郁葱葱,是早春一道独特的风景。长江流域可栽植福建莲座蕨、肾蕨、华东蹄盖蕨、红盖鳞毛

蕨、两色鳞毛蕨、贯众、井栏边草、复叶耳蕨等及大部分温带种类，如再适当点缀彩叶植物及观花植物，景观效果又会大大提升。热带地区可选用的种类更为丰富，除大量宿根草本蕨类外，在主景区、视线焦点或水景附近，还可孤植、丛植或群植树状蕨，下面配置中型草本蕨类，甚至再结合蕨类地被，形成蕨类植物群落的美丽景观。

2. 蕨类植物的石生景观

自然界中，无论干旱地区还是湿润地区，岩石表面、岩石壁及石缝中都有许多蕨类生长。其中有的生长在密林下的山石上，这里的空气湿度较大，这类石生蕨类一般耐阴喜湿；还有一些生长于向阳、裸露、干燥的岩石上，具有旱生蕨类的特征；有些种类的羽片柄顶端与连接处有关节，干旱时部分或全部羽片脱落，如铁线蕨等。

在园林设计中，根据本地气候状况及园林小环境特点，选择适宜的蕨类植物，结合假山石、石墙甚至岩石园等形式，营造岩石景观将会别有情趣（图2-171）。可用的蕨类有铁角蕨、北京铁角蕨、铁线蕨类、石韦、银粉背蕨等。也可以将蕨类植物与草坪、山坡、路边等处的置石相配，即可软化岩石生硬的线条，又能与岩石的质感形成对比，相得益彰。

图 2-170 丛植景观

图 2-171 结合岩石营造的景观

3. 蕨类植物的附生景观

在温暖、湿润地区或展览温室内，可以将鹿角蕨、槲蕨、巢蕨等附生蕨类悬垂布置，或栽植于朽木、枯枝、树干、木板等上，将根系裸露于空气中以模拟自然界附生蕨类的景观。热带地区将肾蕨等植于棕榈科植物的叶鞘处也是常见的应用方式，或者沿墙做格子架布置附生蕨类，即打破墙面的单调，又可营造丰富的蕨类植物景观（图2-172）。

附生蕨类在无土基质中生长最好，常用树皮、蕨根、木炭等混合，容器用塑料盆、树蕨茎干以及椰壳等，内部铺上苔藓或其他纤维如棕衣等，然后填充通气良好的基质。基质中混合苔藓等保水材料以保持湿度。如果栽植在木板或朽木上，可先将木板或朽木浸透，放少量培养基质与蕨类于其上，再将木板浸于水中，待附生蕨类恢复生长后即可悬挂或布置，以后须定期喷水并浸泡木板及朽木。

4. 蕨类用于沼泽滩涂地及水景园布置

应用湿生、沼生蕨类，构筑湿地景观，是园林设计中一项比较新颖的工作（图2-173）。北方地区虽然水生蕨类较少，但生长季仍可在水面布置槐叶萍，并在池边沼泽地段布置湿生蕨类如木贼、蕨、荚果蕨及紫萁类，形成美丽、独特的景观。为提高水边植物配置的整体性，还可结合其他阴生植物配置。尤其是考虑与大多数为羽状浅裂的蕨类植物叶片形成对照，可以配置一些叶片成块状的种类，南方地区如海芋、龟背竹、绿萝等，北方如玉簪、紫萼、铃兰、玉竹等。

154

图 2-172　植于路旁的蕨类的景观

图 2-173　植于湿地的蕨类的景观

第十节　花卉专类园的景观应用

专类园是在一定范围内种植同一类观赏植物供游赏、科学研究或科学普及的园地。有些植物变种品种繁多并有特殊的观赏性和生态习性，宜于集中一园专门展示。其观赏期、栽培条件、技术要求比较接近，管理方便，游人乐于在一处饱览其精华。

从专类园展示的植物类型或植物之间的关系来看，园林中常见两类花园。

（1）专类花园

在一个花园中专门收集和展示同一类著名的或具有特色的观赏植物，创造优美的园林环境，构成供游人游览的专类园。可以组成专类花园的观赏植物有牡丹、芍药、梅花、菊花、山茶、杜鹃、蔷薇、鸢尾、木兰、丁香、樱花、荷花、睡莲、竹类、水仙、百合、玉簪、萱草、兰花、海棠、桃花、桂花、紫薇、仙人掌等。

（2）主题花园

这种专类花园多以植物某一种固有特征，如芳香的气味、华丽的叶色、丰硕的果实或植物体本身的性状特点、突出某一主题的花园，有芳香园（或夜香花园）、彩叶园、百果园、岩石植物园、藤本植物园、草药园等。

随着园林的发展，专类花园和主题花园所表达的内容越来越丰富。综合起来，可将专类园分为以下几类。

① 将植物分类学或栽培学上同一分类单位如科、属或栽培品种群的花卉按照它们的生态习性、花期早晚的不同以及植株高低和色彩上的差异等进行种植设计，组织在一个园子里而成的专类花园。常见的有木兰类、棕榈园（同一科）、丁香园、鸢尾园、秋海棠园、山茶园、杜鹃花园（同一属）、牡丹园、菊花园、梅园（同一种的栽培品种）等。

② 将植物学上虽然不一定有相近的亲缘关系，然而具有相似的生态习性或形态特征，以及需要特殊的栽培条件的花卉集中展示于同一个园中，如水生花卉专类园、仙人掌多浆植物专类园、岩石或高山植物专类园等。

③ 根据特定的观赏特点布置的主题花园，如芳香、彩叶园（彩叶植物专类园）、百花园、冬园、观果园（观果植物专类园）、四季花园（以四季开花为主题）等。

④ 主要服务于特定人群或具有特定功能的花园，以具有特殊质地、形态、气味等花卉布置的花园以及墓园等，都具有专类园的性质。

⑤ 按照特定的用途或经济价值将一类花卉布置于一起，如香料植物专类园、纤维植物

专类园、药用植物专类园、油料植物专类园等。

一、草药园

1. 草药园的概念及意义

（1）草药园的概念

草药园指通过花园设计的手法，将具有观赏价值的草药植物布置于一定的区域，构成的具有观赏和科普价值的花园称为草药园。

（2）草药园设置的意义

药草是早期人类利用植物的最主要的方式之一。在中国，《离骚》中记载的滋兰九畹，树蕙百亩，表明当时已有较大规模的香料植物的栽植，在此后几千年的历史中对于中草药的研究和利用从来就没有中断过，已成为中华传统文化的重要组成内容。因此服务于中药学的研究、教学、收集植物资源及弘扬传统中医药文化为宗旨的草药园，全国各处均有建设，如北京药用植物园、广西药用植物园、南京药用植物园、黑龙江药物园等。除了专业的药用植物园，服务于科普教育并具有一定观赏和游乐功能的草药植物专类园，或称为观赏药草园（我国许多城市的植物园或旅游景区设有百草园即为此类）也是群众喜闻乐见的专类花园的形式。通常以园中园的形式设于综合性植物园、教学植物园以及公园中，也可以作为花园的组成部分。

2. 草药园组成特点

草药园是按照园林设计的要求，完全采用药用植物建设一个园林化的、具有中医药文化特点的药用植物园。用药用植物制作园林景观是中国园林艺术与中国传统中医药结合的产物，将成为我国园林艺术的一大特点，对世界园林也将产生积极的影响。草药园的建立应符合园林设计的特点，并突出草药的特性及中国传统文化的特点，其特点如下。

（1）丰富的药用植物种类

由于草药园是向世界展示中医药悠久的历史和种类繁多的药用植物资源，所以草药园要完全采用药用植物，做到株株是药草、株株可观赏，丰富的药用植物不仅为园林造景提供足够的素材，也为药用植物的生物多样性研究提供了条件。

（2）种植众多的珍稀濒危植物

珍稀濒危植物的保护是一个世界性的问题，在众多需要保护的植物中，药用的珍稀濒危植物比一般的珍稀濒危植物具有更大的价值，但其保护并未引起人们的重视，也未建立专门的保护区，作为一个专业的草药园有责任为药用的珍稀濒危植物提供良好的生存环境，为下一步进行多学科的综合研究、资源开发与保护奠定基础。药用的珍稀濒危植物的种植是检验草药园科技含量和技术水平的一项重要指标，同时也是通向国际合作的一个窗口。

（3）独特的景观

草药园和其它公园一样，主要供游客游览参观，因此在视觉上要给人予赏心悦目之感，有良好的景观。从景观的类型上看有三种。

① 文化景观　利用中国传统医药文化中特有的符号、器具甚至中药的方剂等均可精心选择植物体现出来，形成特有的景观。如中医的阴阳太极、药葫芦，以及对经典的名方，根据处方中药物的剂量按比例种植药材，形成药方园林景点。

② 生态景观　根据某些特殊的生态中特有的药用植物相对集中种植形成景观，如用干旱植物仙人掌、剑麻、龙舌兰等植物形成干旱生态景观，也可采用某一类生态环境相近的特有植物，集中种植形成景观，如采用药用蕨类植物集中种植形成药用蕨类植物景观，用杜鹃花科的药用植物形成杜鹃花植物景观。

③ 传统的园林景观　强调要因地制宜，随天然环境，顺其自然，重朴实疏落，忌矫揉造作。明代文震亨在《长物志》中说："必以虬枝古干，异种奇名，枝叶扶疏，位置疏密。或水边石际，横偃斜坡，或一望成林，或孤枝独秀。"对一些特殊的植物可采用人工方法将植物造型形成景观。如酸木瓜枝条制成孔雀开屏，用紫薇制成药瓶或各种造型等。

3. 草药园的设计与应用

（1）布局形式

草药园的设计一般有规则式、自然式和混合式三种形式（图2-174～图2-176）。大型草药园常在特定区域采用规则式栽培展示药用植物标本，西方传统的草药园也常成规则式布置。我国的草药园大都采用自然式布局的形式。随着混合式园林布局的应用，草药园中现也出现了规则式和自然式的结合。

图 2-174　规则式草药园

图 2-175　自然式草药园

图 2-176　混合式草药园

（2）药用花卉的类型及设计布置方式

① 药用花卉的类型

a. 按药用部位或器官将药用花卉分为：全草类，如穿心莲、藿香、薄荷、佩兰、荆芥、紫苏、颠茄等；叶类，如甜叶菊、艾蒿等；花类，如红花、菊花、忍冬、洋金花、番红花等；种子及果实类，如枸骨、山茱萸、木瓜、决明、佛手等；根和根茎类，如人参、三七、天麻、白芷、当归、地黄、伊贝、延胡索、板蓝根等；皮类，如牡丹、杜仲、金鸡纳、肉桂、厚朴、黄柏等；木材及树脂类，如儿茶、安息香等；菌类，如灵芝、茯苓、银耳等。

b. 按照药用功能进行分区种植，如解表药材区：以种植菊花为主，其余种植生姜、苍耳、薄荷等植物；清热药材区：以种植玄参和菘蓝（板蓝根）为主，其余种植鸭跖草、蒲公英、紫花地丁、枸杞等植物；祛风湿药材区：以种植当归为主，其余种植海州常山、贴梗海棠、木瓜、五加等植物；利水渗湿药材区：以种植薏苡为主，其余种植泽泻、车前、地肤等植物；理气药材区：以种植玫瑰为主，其余种植枳橘、小根蒜、绿萼梅等植物；止血药材区：以种植白芨为主，其余种植大蓟、小蓟、艾蒿等植物；活血祛淤药材区：以种植丹参为主，其余种植延胡索、益母草、密花豆（三叶鸡血藤）等植物；化痰止咳平喘药材区：以种植浙贝母为主，其余种植天南星、桔梗、枇杷、曼陀罗等植物；平肝息风药材区：以种植决明为主，其余种植蒺藜、罗布麻、天麻等植物；驱虫药材区：以种植天名精为主，其余种植野胡萝卜、楝树、贯众、单芽狗脊蕨等植物；补虚药材区：以种植黄芪为主，其余种植西洋参、党参、甘草、地黄等植物；滋补阴阳药材区：以种植何首乌为主，其余种植当归、补骨脂、沿阶草、天门冬等植物；温理药材区：以种植花椒和茴香为主，其余种植乌头、姜、丁香、胡椒等植物。

② 药用花卉的布置　结合景观效果和药用植物的功能特点，草药花卉常按植物的进化顺序布置，主要用于大型草药植物园，分类区按照植物自然分类系统展示药用花卉；按药用花卉的特点布置，如常用药草区、珍惜濒危药草区、民族药草区、抗衰老保健药草区、药用花卉区；按生态类型布置，如岩生药用植物区、水生药用植物区、沼生和湿生药用植物区、阴生药用植物区等；按药效特点布置，如芳香植物区、祛风湿药草区、活血止血药草区、降压药草区、清热解毒药草区、抗衰老药草区等；按药用专类花卉布置，如牡丹芍药区、鸢尾区等；随意布置，如小型草药园或家庭花园中的药草种植区等。

(3) 草药园中的其他景观因素

为了增加园区的文化气息，增强可观性，园区内还可布置雕塑、浮雕、置石、亭廊、花架等景观要素，还有一些与我国中医药有关的园林小品和景点，如白马池园区内设一马形水池，池中有半岛，岛上立五味亭，寓意中药的药味有辛、甘、酸、涩、苦5种，岛通过曲桥与对岸相连，水中种植水生药用观赏植物睡莲、芡实，并养鱼，供垂钓和观赏；李时珍广场，利用现状存在的李时珍雕塑，规划一个环绕雕塑的广场，外围用花坛的形式布置，多种具有一定观赏价值的药用植物，以纪念李时珍对祖国医药的巨大贡献；藤本植物花架可用多种形式的花架进行空间分隔与连接，使得景区空间藏露结合，丰富空间层次，同时在花架上种植多种药用藤本植物；温室用以扩大引种范围，种植不耐寒植物，并种植药用盆栽花卉以供销售。

4. 草药园中典型花卉（表2-8）

表2-8　草药园中典型花卉种类

中文名	拉丁名	科属	株高	花色	花期	功能主治
凌霄花	*Campsis grandiflora*	紫葳科 凌霄属	长达10m	鲜红色或橘红色	6月～8月	行血去瘀，凉血祛风。用于经闭症瘕、产后乳肿、风疹发红、皮肤瘙痒、痤疮
蜡梅花	*Chimonanthus Praecox*	蜡梅科 蜡梅属	高达3m	花被外轮蜡黄色，中轮有紫色条纹	12月至翌年3月	解暑生津，顺气止咳。用于暑热心烦、口渴、百日咳、肝胃气痛、水火烫伤
千日红	*Amaranthus tricolor*	苋科 千日红属	株高40～60cm	紫红色	7月～10月	祛痰，平喘。用于慢性或喘息性支气管炎、百日咳
木槿花	*Hibiscus syriacus*	锦葵科 木槿属	高3～4m	淡紫、红、白等色	6月～9月	清热解毒。用于痢疾、腹泻、白带
合欢花	*Albizzia julibrissin*	豆科 合欢属	高可达16m	黄绿色	6月～7月	解郁安神。用于心神不安、忧郁失眠
鸡冠花	*Celosia argentea*	苋科 青箱属	高25～90cm	白、黄、橙、红和玫瑰紫等色	8月～9月	收涩止血，止带，止痢。用于吐血、崩漏、便血、痔血、赤白带下、久痢不止

中文名	拉丁名	科属	株高	花色	花期	功能主治
杜鹃花	*Rhododendron simsii*	杜鹃花科 杜鹃花属	高可达 3m	蔷薇色、鲜红色、深红色	4 月~6 月	活血调经、消肿止血,外用可治疥疮、痛疖,根可治内伤、风湿等症
白玉兰	*Magnolia denudata*	木兰科 木兰属	高达 15m	纯白色	3 月~4 月	治伤风感冒引起的鼻塞不通等症
迎春花	*Jasminum sambac*	木犀科 茉莉花属	高 0.5~3m	白色	5 月~11 月	有清热、解毒消肿之效
芙蓉花	*Hibiscus mutabilis*	锦葵科 木槿属	高 2~5m	淡红色,后变深红	9 月~10 月	凉血止血、清热解毒、消炎杀菌和止泻,外用治恶疮,消肿、排脓、解毒、止痛,还可治毒蛇咬伤、烧伤、烫伤等

二、观赏果蔬园

观赏果蔬是指具有较高观赏价值和食用价值的一大类果树、蔬菜作物的总称。这一类果蔬既可观花、观叶、也可观果;既有草本植物,也有藤本植物和木本植物。多数观赏果蔬营养丰富,口感极佳,具备观赏和食用双重价值,可供旅游景点或生态观光园种植欣赏,还可规划打造采摘园,是现代农业科技园中一个非常有吸引力的亮点。观赏果蔬的园林应用,对于丰富园林景观、提高植物造景的物种多样性和城市园林绿化水平以及儿童科普教育、回归自然等均具有重要的理论意义和实践应用价值。

1. 观赏果蔬园的观赏资源类别

通过调查发现,常用适宜观赏果蔬的种类有茄科、葫芦科、十字花科、百合科、苋科、唇形科、菊科、豆科、锦葵科等的资源。应用品种最多的是葫芦科、茄科和豆科植物,仅观赏南瓜的品种就有 50 多个。观赏果蔬的园林应用形式主要有盆栽观赏、花坛花带绿化、垂直绿化、水体岩石配置、展厅布置等。观赏蔬菜按其观赏特征(要素)可分如下 7 大类。

（1）观赏整株类

观赏整株的观赏蔬菜,其株形优美,色泽艳丽,如羽衣甘蓝、红叶莙荙菜、乌塌菜、黄秋葵、红秋葵、盆栽樱桃番茄、观赏辣椒等。

（2）观赏根类

以蔬菜肥大的肉质根供观赏,主要观赏根的形状和色泽。如色泽鲜艳的根用甜菜,皮色和形态各异的萝卜肉质根等。

（3）观赏茎类

以形状和色泽各异的蔬菜地上茎供观赏,主要观赏茎的形状和色泽。观赏茎类蔬菜主要有地下茎类,如:块茎类有马铃薯、菊芋、山药;根状茎类有姜、莲藕;球茎类有慈菇、荸荠、芋等;地上茎类,如:嫩茎类有茭白、石刁柏、竹笋等;肉质茎类有莴笋、球茎甘蓝、球茎茴香、球茎芥菜、榨菜等;以及鳞茎类有黄皮、红皮、紫皮、白皮圆葱等。

（4）观赏叶类

以蔬菜的叶片供观赏,主要观赏蔬菜的叶形、叶色、叶韵等。有的叶形千姿百态;有的叶色鲜艳美丽；有的叶片颇具风韵寓意深邃。观叶蔬菜种类较多，按叶序的形状可分为散叶和结球叶两种，散叶观叶蔬菜有红叶甜菜、花叶苋菜、香芹、彩叶生菜、羽衣甘蓝、乌塌菜、紫背天葵、紫苏、茼蒿、芥菜等。结球观叶蔬菜主要有紫甘蓝、皱叶甘蓝、抱子甘蓝、彩叶结球白菜、包心芥菜、菊苣、结球生菜等。

（5）观赏花类

以蔬菜的花序、花朵供观赏，主要观赏花形花色，花色鲜艳且花朵大的有瓜类、葫芦类、豆类、黄花菜、西兰花、百合、莲藕、地涌金莲等。豆类植物尤以香豌豆和红花菜豆的观赏价值比较高。香豌豆花朵大而香，有红色、紫红色、蓝色、白色等颜色，有单瓣的，也有双瓣的，非常美丽；而红花菜豆则花冠鲜红，密集成串，夏秋花开不绝到了秋季则硕果累累，煞是佳景。荷花的茎、藕具有丰富的营养价值，是深受大众欢迎的绿色食品，其花又是中国的名花，具有很高的观赏价值，它代表了清高、脱俗、出淤泥而不染的君子形象，许多文人墨客为它留下了不少脍炙人口的诗句。

（6）观赏果类

以蔬菜的果实供观赏，主要观赏蔬菜的果形、果色。有的蔬菜果形千变万化，有的蔬菜果实色彩鲜艳夺目。在观果类中，结实量大、果实奇特的有葫芦、观赏南瓜、观赏辣椒、樱桃番茄、人参果等，其果实形状各异，色彩鲜艳，挂满枝头，在绿叶的衬托下极为美观。观果蔬菜种类较多，按其果实类别分为瓠果、浆果、荚果三类。

① 观赏瓠果类　多蔓性生长，需支架栽培，主要有观赏南瓜、观赏西葫芦、观赏苦瓜、观赏瓠瓜、观赏蛇瓜、观赏西瓜、观赏甜瓜、观赏黄瓜、变色瓜等。果实的形状、大小、颜色各异，易于棚架凉亭配置，具有很高的观赏价值和实用价值。

② 观赏浆果类　植株半木质化，直立性强，易造型，可盆栽观赏，也可棚架配置。例如，观赏茄子、观赏番茄、观赏辣椒、人参果、酸浆果等。

③ 观赏荚果类　蔓生或矮生，可供观赏的荚果类蔬菜有紫花（白花）菜豆、紫荚刀豆、紫荚豇豆、紫荚扁豆、四棱豆、黄秋葵、红秋葵等。

（7）芳香类

不但具有优美的株型和多姿多彩的茎、叶，还具有特殊的芳香沁人心肺。主要品种有紫苏、薄荷、球茎茴香、芫荽、大蒜、香葱等。紫苏花有双唇且香气浓郁；薄荷花姿妩媚且散发兰香味；芫荽有红梗和绿梗，四季芳香；球茎茴香有白色球茎和如丝的叶，富有辛香气味的大蒜和香葱的颜色郁郁葱葱，充满生机。

2. 观赏果蔬园的花卉种类（表2-9）

表2-9　观赏果蔬园的花卉种类

中文名	拉丁名	科属	株高	观赏部位	观赏期	应用
蛇瓜	*Trichosanthes anguina*	葫芦科栝楼属	长30～160cm	果实如蛇形	6月～9月底	果蔬园欣赏，食用
飞碟瓜	*Cucurbita pepo L. var. patisson*	葫芦科南瓜属	矮生型株高30～50cm，蔓生型蔓长可达2m以上	果实状若飞碟有白、黄、绿三种基本颜色	早熟45～55天收获，中熟60天收获	果蔬园欣赏，食用，药用
樱桃番茄	*L. esculentum var. cerasiforme*	茄科番茄属	株高80～120cm	浆果椭圆形，径2～2.5cm，橙红色、粉红色或亮黄色	熟期7月～10月	果蔬园欣赏，食用

中文名	拉丁名	科属	株高	观赏部位	观赏期	应用
佛手	*Citrus medica L. var. sarcodactylis*	芸香科 柑橘属	小乔木或灌木	果实长形,分裂如拳或张开如指	8月~9月	果蔬园欣赏,食用,药用,香料
观赏苦瓜	*Momordica charantia*	葫芦科 苦瓜属	攀缘性草本植物	果实纺锤形,表面有不规则突起纵棱	夏、秋季节	果蔬园欣赏,食用,药用
黄瓜	*Cucumis sativus*	葫芦科 黄瓜属	长可达3m以上	瓠果,长数厘米至70cm以上	一年四季均可	果蔬园欣赏,食用,美容
羽衣甘蓝	*Brassica Oleracea var. acephala*	十字花科 芸薹属	株高为30~40cm	观赏叶片,分皱叶、不皱叶及深裂叶品种;叶色有绿色、淡黄、肉色、玫瑰红、紫红等	秋、冬季节	果蔬园欣赏,食用,花坛、花镜
南瓜	*Cucurbita moschata*	葫芦科 南瓜属	蔓生草本,茎长达数米	瓠果,扁球形、壶形、圆柱形等,表面有纵沟和隆起	7月~9月	果蔬园欣赏,食用
葫芦	*Lagenaria siceraria*	葫芦科 葫芦属	攀援草本	果实椭圆形,长数十厘米,中间缢细,下部大于上部	7月~8月	果蔬园欣赏,食用,酒壶,生活用具,乐器
金柑	*Fortunella margarita*	芸香科 金柑属	株高约4m	柑果椭圆形或倒卵形,长2.5~3.5cm,金黄色	11月~12月	果蔬园欣赏,盆栽

3. 观赏果蔬园的设计要点

在进行观赏果蔬园的设计时应考虑以下要素。

(1) 果蔬园的类型

① 以植物类型分　包括观赏果园、观赏蔬菜园、观赏果蔬园。

② 以展示内容分　包括专项栽培技术展示(如无土栽培技术展示)、原生资源及栽培品种活体展示、陈列性展示(标本、模型及图片文字资料等展示)、综合展示等。

(2) 果蔬园的植物材料

① 活体植物材料　观赏果蔬专类园一般均以活体植物展示为主。因此,对活体植物材料的选择和配置非常重要。植物材料选择应考虑当地的气候特点、建园目的、规模大小等要素,既要考虑一定的科学性,如类型的齐全或代表性,也要考虑果蔬植物的形态特点,保证景观类型丰富。由于蔬菜和果树种类繁多,乔、灌、草、藤、竹均有,花、果、叶等各具特色的种类也非常齐全,木本果树种类中既有落叶又有常绿,既有针叶树,也有阔叶树,而且物候期各异;蔬菜中除了草本、蔓性的种类之外,还有藕、菱、荸荠等水生、湿生种类,许多种类本身就是观赏价值很高的花卉,因此经过适当的配植,或者补充少量的其它植物材料如草坪草等,就可以创造出群落类型多样、风景优美的园林景观。

② 陈列展示植物材料　专类园中通常都包括陈列展示的场所,所陈列展示的材料主要包括两部分:

a. 植物的标本、模型及图片　植物的化石、浸泡或干制或蜡叶标本、塑料或蜡制模型以及图片资料等。

b. 直接及加工产品的实物、标本、模型及图片　如干果实物、鲜果的标本或模型,加工产品如干制品、腌制品、罐头及酿造产品等。

③ 相关产品　包括果蔬作为食源以外的其它用途的产品，如实用的器具、观赏和装饰用的工艺品等。

（3）其它造园要素

为了营造观赏内容丰富、娱乐性强的景观效果，并具备专类园应有的科普教育功能，在观赏果蔬园设计时，不仅要有丰富多样的活体植物材料，还可以结合其它相关设施及造园要素，充分体现科学和文化的内涵以及优美的园林风貌。主要包括以下几方面。

① 栽培设施　结合蔬菜和果树的栽培设施，如蔓性果蔬需要的支柱、立体化栽培模式；附生类蔬菜栽培所需的枯树、倒木等；湿生种类可结合湿地、滩涂景观，水生种类则结合水景布置；还有无土栽培设施、灌溉、喷灌、微雾设施等；也可结合特定果蔬种类的栽培展示国内外不同历史时期的栽培容器等。

② 生产及加工工具　生产工具如耙、犁等，加工设施如石磨、碾子、碓等及贮藏、熏制、酿造等设施和器具。

③ 展示场所　结合温室和大棚等设施展示农业发展历史及相关资料和实物。

④ 富有田园风光或科技含义等的雕塑、小品等　包括表现农业历史中相关的重要人物、事件、发明等的雕塑和小品，现代科学技术成果的雕塑小品以及表现科学幻想的雕塑小品，如转基因技术在果蔬育种中的成果及幻想景观。

（4）布局形式

① 规则式果蔬园　按照不同品种，蔬菜整齐种植于畦中，果蔬成排成行栽植于园中，分门别类，简洁清晰，然而观赏性较低。适宜于规模较小的果蔬园，主要用于活体植物资源的收集、种或品种的展示等具有研究、教育意义目的，常常单类展示，如果园、蔬菜园以及校园或教学植物园中的果蔬园、相关研究单位的资源及品种展示园等（图 2-177）。

② 自然式果蔬园　根据不同种类的形态、观赏特点及物候期等，进行合理配植，并结合地形、自然式园路、建筑、园林小品等其它造景元素，组成观赏内容丰富，可赏、可游的自然园林绿地。适用于规模较大，展示植物种类较多的综合性果蔬专类园。有的专类园还结合种植、管理，尤其是采摘等参与性强的活动提高娱乐功能、教育功能以及经济效益。自然式果蔬园最能体现田园风光，营造返璞归真的园林意境（图 2-178）。

4. 观赏果蔬园的景观应用

观赏蔬菜的景观应用形式有盆栽观赏、花坛花带、垂直绿化、水景岩石配置、展厅布置

图 2-177　规则式果蔬园

图 2-178　自然式果蔬园

等园林应用形式。利用植株形体、色彩、果实形状、色泽等差异制作各种图案造型，增加观赏情趣。如在百花凋零的冬季和早春，利用五彩缤纷的羽衣甘蓝布置露地花坛、花带及盆栽观赏，根据植株的株型、花叶色彩、果实形状、色泽等要素的或同或异，观赏果蔬园归纳为以下几种景观应用形式。

图 2-179　盆栽应用

（1）单独成景

① 盆栽应用　盆栽是利用观赏果蔬优雅的株姿、奇特的外表、绚丽的色泽和丰硕的果实，并用此来点缀空间，使周围环境充满乡土情趣，令人遐想（图 2-179）。盆栽观赏的果蔬有的单盆观赏，有的利用同种或不同种果蔬配置成盆栽组合景观来观赏。如寿光世界蔬菜博览会中用同一类盆栽观赏蔬菜布置成各种各样的组合景观，既令人赏心悦目又美化了环境。

② 花坛应用　观赏果蔬园入口附近可用观赏蔬菜来布置花坛，其植株特点是矮小、紧凑、整齐，既体现个体的自然美，又表现出整体的装饰美。特别是在冬季，利用较耐寒的观赏蔬菜布置花坛，收到了较高的园林景观效果。如用不同颜色及不同株高的羽衣甘蓝、红叶甜菜、紫甘蓝等观赏蔬菜布置花坛，既富于园林表现艺术，又弥补了冬季落叶观赏植物凋萎的缺憾，给人们带来勃勃生机和美好憧憬（图 2-180）。

③ 垂直绿化应用　观赏蔬菜中有很多是缠绕类的攀缘植物，可用于垂直绿化。如豆类植物中的扁豆、红花菜豆、豇豆等，葫芦科中的葫芦等均为缠绕性材料，其枝蔓细长而枝叶茂盛，在棚架、拱门、凉亭绿化中应用较多，或用于墙体、建筑立面的美化。将各种品种在篱架上混植，花开时节五颜六色，鲜艳夺目，形成五彩缤纷的观赏效果。瓜类植物因其经济价值，在庭院和居民区中应用较多。有的植于门廊、房前屋后，有的专门做成棚架、篱架供其攀缘，还有的用于栏杆、栅栏、围墙的绿化，尤其是作棚架式造景时，累累果实悬挂于架下，极为醒目美观。栝楼、丝瓜的卷须先端在依附墙壁时常常变为吸盘，可吸附在墙面石壁上，因此，还常常用于墙面、石壁的绿化中。葫芦类也是优良的垂直绿化材料，多用于棚架拱门、凉棚、凉廊、阳台和窗台等的绿化，供遮荫及观赏，其中最多的园林应用形式是攀棚架，尤其是在观光农业园和居民区绿化中大量应用。薯蓣类蔬菜是少见的单子叶攀缘草本植物株形优美，可攀缘篱架造景应用。此外，还有用盆栽的观赏生菜、乌塌菜、羽衣甘蓝等来行立柱式绿化，也起到不同的美化效果（图 2-181）。

④ 水体岩石点缀　观赏蔬菜应用在水体岩石配置造景中。驳岸处、岩石上散植一丛丛的乌塌菜、彩叶苋、薄荷、生菜等，可使驳岸处理自然，营造"瀑布流水、岩石生菜"的自然景观。

⑤ 展厅布置　利用观赏果蔬盆栽组景、果实模纹图案等布置展厅。其内既有观赏果蔬的盆栽组合景观，又有瓜类、葫芦类棚架的垂直绿化、还有多种观赏蔬菜的根茎果实组合的模纹图案惟妙惟肖，具有较高的观赏价值和美感（图 1-182）。

（2）与园林要素结合

观赏果蔬不仅可以单独成景，还可以与园林要素相结合，如与岩石水体结合配置、与园林道路广场结合配置、与园林花坛、花境结合配置、与园林小品结合配置、与园林建筑结合配置的观赏蔬菜景观；观赏蔬菜的模纹花坛类景观等（图 2-183）。

图 2-180　花坛应用　　　　　　　　　　　图 2-181　立体式绿化

图 2-182　展厅布置　　　　　　　　　　　图 2-183　与园林要素结合

三、花卉展览

1. 花卉展览概述

（1）花卉展览的含义

花卉展览是以一定数量的优质花卉，采用各种艺术形式在预定的时间和地点集中进行的露天布置或室内陈列。花卉展览是人们喜爱的一种赏花形式，也是集中展示各种花卉的形态特征、栽培水平、造型技艺、园林艺术的最佳方式。

花卉展览一般以观赏为主，兼有科学普及、展品评比等作用。也有展览结合展品销售的，这称花卉展销。花卉展览的单位多数是植物园、公园或花卉协会，目的是为了传播花卉知识，促进交流，扩大社会影响和增加经济效益。

（2）花卉展览的类型

① 按照展出的内容分类

a. 专题性花展：展出的花卉种类以一种或几种为主，主题明确。例如荷兰每年在柯肯霍夫公园举办的郁金香花展；每隔 3 年的世界兰花大会期间举办的世界兰展；美国山茶花协会每年举办的茶花展览；我国一些城市也会每年举办一些各种各样的花卉展览。在花展期会有一些间专题讲座，介绍花卉的发展趋势，解答一些花卉生产上的问题。

b. 综合性花展：展出有明确的主题，花卉种类多元，内容丰富。涉及的范围比较广泛，参加的单位亦多，展出的时间一般较长。如 1990 年在日本大阪举办的世界花卉博览会，1999 年我国昆明举办的世界园艺博览会，以及每 4 年举办一次的中国花卉博览会等。花展一方面展示花卉的千姿百态、向观众普及相关的知识和技术，同时招商引资，促进交流与合作。

② 按展出目的分类

a. 贸易性花展：贸易性花展多始于近代，以促进花卉业国内外贸易和合作交流为主要目的。主题是花卉与贸易，合作与交流。例如中国花卉博览会、中国国际花卉园艺展览会等，通过以展览会的形式，促进我国花卉的国际、国内贸易和对外合作与交流的发展。参加的都是国内外花卉生产企业、经销企业，通过参展展示品牌与企业形象，注重寻找长期贸易与技术合作机会。

b. 观赏性花展：主要展示花卉的丰富和美丽，内容包括国内外的专题花卉展和综合性花展，无论在景点设计上，还是花卉品种上，都给人以赏心悦目之感。观赏性花展既可以永久性花卉专类园及观赏温室的形式展示，也可以为季节性和临时性形式展览。

c. 科普性花卉：以科普性花卉的科学知识为主要目的，同时，也能给观众以美的享受。展出的花卉有标牌、展板等较多的文字说明，让游人在欣赏的同时，能了解有关花卉与人类的关系、绿地的保护和生物多样性等方面的科学知识。如珍稀濒危植物展、毒品源植物展览，多属于此类展览。

除了临时性的科普性展览外，植物园、公园、旅游区等建立的永久性展览温室也多具有科普性功能。

③ 按照展出的模式分类

a. 传统花展：全国性或各省市举办的传统菊花展、牡丹花展、兰花展、盆景展等，此类展览多展示我国原产的名花佳卉，展览的历史悠久，甚至从古代沿袭至今，如洛阳的牡丹花展等。展览多依托花卉专类种植园及公园的展厅，除展示盆栽或地栽的活植物外，往往还利用古色古香的陈设，展示相关的诗词书画、插花等艺术作品，主题鲜明，有较浓郁的古典气息和较深厚的传统文化内涵。

b. 现代花展：现代花展的展出内容更加丰富，形式风格不拘一格，规模布局更加灵活。布展时可以采用许多现代设施和表现手法，如声、光、电等，增加花展的效果。现代花展既有以欣赏、科普为目的，也出现了以促进花卉业国内外贸易和合作交流为主要目的的贸易性花展。

④ 按照展出的规模分类

a. 国际性花展：一般来说规模比较大，参展国家较多，展出内容比较丰富，展出时间也长，例如国际展览局（BIE）和国际园艺生产者协会（AIPH）注册的 A1 类专业博览会，有国际花卉博览会、世界园艺博览会等。当然也包括规模稍小，由国际各专业协会举办的花展，如国际茶花展、国际月季展等。

b. 全国性花展：主要展示本国花卉业发展的水平，参展单位以省、市政府部门、科研机构和生产企业为主，有时也邀请国外有关花卉公司参加。如中国花卉博览会、中国国际花卉园艺展览会等，也包括国内各专业协会举办的中国兰花博览会、中国菊花品种展览，中国杜鹃花展、全国插花艺术作品展等等。

c. 地方性花展：主要是各省市政府部门组织举办的省市级花卉展，目的是展示地方花卉事业的发展，交流生产经验，丰富群众的娱乐生活，有时也与招商引资相结合。如江苏举办的江苏省园艺博览会、西安郁金香花展、河南洛阳牡丹花会、福建举办的海峡两岸花卉博览会等。

现代大规模花展的发展趋势是由单纯观赏性的展览发展为综合性的园艺产品展销，一般附设园艺场，出售花籽、球根、鲜花、园艺机具、肥料、农药、盆钵、用品、种苗、花卉书刊等。同时，长期定点举办的花展，日益成为丰富人们生活的一种客观需要，不但内容更加丰富多彩，而且将更多地发挥其在科学普及等方面的功能。

1982 年在荷兰阿姆斯特丹市举办了世界花展，中国广州一年一度有迎春花会。在东海之滨上海，已建成国内最大的花卉展示园，据悉，这个与世界最大的郁金香公园——荷兰哥根霍夫公园占地面积（28 万平方米）相同的展示园，还将承担 2010 年世博会的园艺展示。我国的花卉展览正在大踏步向世界花卉王国看齐。

2. 花卉展览设计与花卉应用

（1）花卉展览设计

花卉展览的设计直接影响到参观者的观赏兴致、思想情趣及艺术感受。花卉展览的设计综合体现了园林植物栽培、园林规划设计、美术装潢设计等多门学科的内容，同时也反映出当地的历史积淀、传统习俗、艺术修养等文化底蕴。

组织举办较大规模的花展，一般有展地选择、总体规划、宣传广告、财务门票、安全保卫、展区管理等方面的工作。大型花展的场地一般选择在交通方便、环境美、便于集散的公园或展览馆内。场馆划分后，各参展单位所属的展区布置，则多由参展单位自行完成。大体从 6 个方面做起。

① 展区的布局与构思　在考虑展区总体布置方案时，首先应根据展出的意图、主题、内容来确定布展的主导思想（图 2-184）。还要考虑到布展时的造景法、材料选择、展台式样、背景处理、展品陈设、道具设计、灯光运用、标牌制作等布展细节。

图 2-184　兰花展区

图 2-185　盆景展区

由于植物的生长需要一定的条件，应根据花展的季节，展厅的通风光照条件，植物的生态习性，选择适应造景及布展所用的花卉。

② 展区的划分　处理参展单位展区内分区的划分，要根据现场的环境条件和人们的传统习惯，依照花展总体布局要求来进行。一般以四到五个分区为宜。展区划分一般为门区，庭院景区，品种展区和一到二个专类或其它展区，如盆景展区、插花展区、根艺展区等（图 2-185）。

③ 观赏路线组织　花卉展览的观赏路线必须科学合理，既要曲折，又要通顺。通过观赏路线使参展单位所属展区内的各分区、景区有机地联系起来，同时也要把分区、景区内的各景点和展品陈设的各单元结成一个整体。观赏路线的组织，首先要避免游人走回头路，造成拥塞。同时也要避免观赏路线过直。另外，沿观赏路线适量点缀一些花卉展品，起到引导过渡的衔接作用（图 2-186）。

④ 展区空间的分隔　展区空间的分隔，既分隔又联系和过渡。分隔材料很多，可选用植物、纱、篱笆、树皮、博古架以及板制成的景窗、景墙等，还可以因地制宜地选用其它一些本地适用材料（图 2-187）。好的空间分隔能突出主题和渲染气氛，还能起到展品背景的作用。

图 2-186　路线的组织

图 2-187　木质栅分隔空间

⑤ 布展材料和布展道具　花卉展览的布展材料和布展道具一般有展台、台布、书画、楹联、几案、屏风、桌凳、灯具、说明牌和其它根据布展构思所需特殊的道具等。布展时，根据不同的展区和不同的布展艺术手法，应选用不同的展台和道具。富于民族风格的展区内可结合书画、楹联，这样往往能起到画龙点睛的作用。灯具的选择也很重要，适宜的灯具能起到渲染气氛和点明主题的效果（图 2-188）。

⑥ 背景的处理　为了渲染气氛，烘托展品，增强艺术感染力，展区和展台的背景要进行一定的处理。在花卉的展台上采用舞台布景的手法处理背景，能够使花卉和背景所表现的风光景物互相交融，在视觉上能起到扩大空间增加景深的作用。在盆景和插花展区则应选用单色的背景，以突出作品所表现的内涵（图 2-189）。在背景的处理上可采用风景画、纺织物、版画等，也可因地制宜地选用其它材料。

在花展的各项工作中，展区设计和布置最为关键。

（2）花卉展览中的花卉应用

花卉展览中花卉的应用主要是根据其布置形式而确定的，常用的花卉布置形式有以下几种。

① 摆设盆花（或盆景插花等）　此类多摆设在室内，一般用于各种介绍或评选用花，便于单独观赏和品评。此类花卉多为珍贵的盆花，如兰花、菊、盆景、桩景、热带花卉和插花、花篮等（图 2-190）。

图 2-188　灯具渲染气氛

图 2-189　金色的插花背景

图 2-190　兰花盆花

　　② 设置花坛　在花卉展览中，可在室内或室外采用花卉植物或盆花与山石雕塑等配置成各种规则或自然式的花坛、花境，室内面积小，应精致布置，室外面积较大的场所宜采用大手笔、大色块的布置形式（图 2-191）。适宜花坛种植的花卉主要有一些一二年生的草本花卉，如三色堇、金鱼草、金盏菊、万寿菊、翠菊、百日草、福禄考、紫罗兰、石竹、一串红、夏堇、矮牵牛、长春花、美女樱、鸡冠花、羽衣甘蓝、银叶菊、彩叶草等；一些宿根花卉或球根花卉，如鸢尾、菊花、郁金香、风信子、水仙等；一些可作模纹花坛的花卉，如五色苋、三色堇、半枝莲、矮牵牛、香雪球、佛甲草、彩叶草、四季海棠、银叶菊、孔雀草、万寿菊、一串红等；一些灌木也可作花坛，如雀舌黄杨、紫叶小檗、金叶女贞、小叶女贞、大叶黄杨等。

　　③ 设置园林景点　在室内或室外布置中均可设置景点以形成观赏主景和热点（图 2-192）。利用花卉植物栽培布置或

图 2-191　盆花花境

图 2-192　主景花坛

绑扎成空间发展的各种立体造型，如动物、人物、物体、时钟等立体花坛，也可以与雕塑、建筑、喷泉、山石、塑石等组景成园林景点。盆栽的菊花可堆叠成花山、花亭、组成标语等图案，花枝花朵还可绑扎成各种花球或模型。梅、菊可结合山石作自然式布置，梅花更可制作成桩景放于一处成为此处主景。

④ 附属设施　为增加展览会气氛和内容，可以配合花展，精心布置历代名人的咏花诗词、书画、楹联，还可以结合以花卉为材料的展品，如花卉香包的艺术品、松树切片等，使得花卉展览显得自然高雅而具有园林特色（图 2-193）。

3. 展览温室花卉设计与应用

展览温室是一个由人工控制，展示生长在不同地域和气候条件的植物及其生存环境的室内空间，它的构建和运行涉及建筑学、园艺学、美学、生态学及管理学等学科。展览温室是人们认识植物及其生存环境，保护和

图 2-193　干花艺术品

研究植物的重要场所，是全年可供公众学习、观赏、游览和休闲的绿色场所，是园林城市中的植物精品屋和内环境可调控的园林建筑。

温室花卉布展遵照科学性、艺术性、观赏性为一体的原则，以植物适应为主，按植物所需的生长条件科学地划分展区和布置花卉，同时巧妙地运用造山，理水等园林设计手法，创造出与原始生长环境相适应的环境景观。力求布展设计既有艺术的外貌又有科学的内涵，使人接近自然，了解自然，热爱自然。具体可体现在以下四方面。

首先，是科学性和满足其科普教育的原则。其目的就是为游客展示植物生长的过程和植物赖以生存的生境，人们可以切实的感觉和体会。

其次，生态的原则。即室内布展符合植物的生态要求，同一类型的植物应种植在同一个可控制的空间环境内，并形成合理的植物群落，满足植物生长的基本要求。

再次，景观的原则。布展要体现出回归自然，是自然的浓缩，集景成真，同时，要体现出植物造景的艺术性，感受植物个体和群体美，需要层次，质地，色彩，季相变化，色香形的对比与和谐。

最后，是将人类的情感与植物有机融合的原则。将场景的再造当作一次情感的升华过程，顿悟自然，激发灵感。

植物的种植及景观设计是温室设计的核心内容。一般展览温室分五个区。

（1）热带雨林区

它主要反映南美洲、亚洲地区热带雨林景观（图 2-194）。展出面积可以从 1000～3000m²，冬季温度不低于20℃。在布局上热带雨林景观占据 65%，水域生态景观占 20%，道路占 15%。此区植物多为热带雨林区植物，如棕榈科植物、兰科植物、王莲、观叶植物等。

（2）观花植物区

本展区面积可以从 1000～3500m²，冬季温度不低于12℃。主要展出世界各国的丰富多彩的观赏植物（名花名树专题展、世界花卉商品展），不同时间突出不同的主题（例如冬季春花展、春季夏花展），采用规则与自然相结合的布展形式，使游人观后有新鲜感、满足感，达到流连忘返的境界（图 2-195）。

图 2-194　热带雨林区　　　　　　　　　　图 2-195　观花植物区

（3）热带水生植物区

面积可以从 1000～3000m² ，冬季温度不低于 15℃。主要展出热带、亚热带水生植物的多样性和水域自然景观（图 2-196）。一般要求陆地面积 40％，水面 60％。陆地营造出丘地和平地，水面部分筑起深水、浅水和沼泽地。

（4）仙人掌及多浆植物区

面积可以从 1000～3000m² ，冬季温度不低于 15℃。主要展示热带、亚热带沙漠植物景观及其它多浆植物（图 2-197）。包括仙人掌科、景天科、龙舌兰科等，如巨人柱、酒瓶兰、念珠掌、蟹爪、昙花、虎刺梅、生石花、长寿花等。

图 2-196　热带水生植物区　　　　　　　图 2-197　多浆植物区

（5）高山植物区

面积可从 800～1500m² ，冬季温度不低于 12℃，夏季温度不超过 25℃，主要展示热带、亚热带高海拔地区的珍贵植物。如杜鹃、云杉、报春花、龙胆、马先蒿等。

170　　　　　　　　　花卉应用与设计

四、屋顶花园

位于建筑物顶部，不与大地土壤连接的花园，就叫屋顶花园。屋顶花园可以广泛的理解为在各类古今建筑物、构筑物、城围、桥梁（立交桥）等的屋顶、露台、天台、阳台或大型人工假山山体上进行造园、种植树木花卉的统称。

屋顶花园历史可以追溯到距今近 4000 年以前，我国自 20 世纪 60 年代才开始研究屋顶花园和屋顶绿化的建造技术。

1. 屋顶花园的特征与分类

（1）屋顶花园的特征

① 造园空间的局限性　屋顶花园的造园要素为楼板、地被植物、小乔木、花灌木、人工土，由于屋顶结构及建筑结构承载力所限，屋顶上不能随心所欲地挖湖堆山、改造地形。为了减轻屋顶花园传给建筑结构的荷载，对于较大的荷重和造园设施，如高大乔木种植池台、假山、雕塑、水池建筑等须尽量放置在承重墙、柱之上，并合理分散荷重，使景点布局受到限制。空间狭小也是限制屋顶花园布局的制约因素之一。

② 生态条件的不利因素　屋顶花园由于承重的原因，土壤要质轻而薄，这样限制了植物的选择。土层薄且与大地土壤隔离，也使其易受环境温度影响变化比较剧烈。易干燥，屋顶风大，再加上土层薄，植物根系分布浅。因此，一方面植物易倒伏，另一方面风大加剧植物蒸腾作用，增加干旱胁迫。

③ 屋顶造园的有利因素　由于屋顶花园高于周围地面，与地面相比气流通畅清新，污染少，空气混浊度低；屋顶位置高，较少被其它建筑物所遮挡，因此接受日照时间长，日辐射较多，为植物进行光合作用创造了良好的环境，利于植物生长。夏季，屋顶上昼夜温差大，也有利于植物积累有机物；屋顶一般与周围环境相分隔，出入口与建筑相连，没有交通车辆干扰，很少形成大量人流，既清静又安全。

（2）屋顶花园的分类

① 按照使用要求进行分类

a. 公共游憩型：该类屋顶花园为国内外主要形式之一，除有绿化效益外，其主要目的是为工作和生活在该建筑物内的人们提供室外活动的场所（图 2-198）。

b. 商业型：该类屋顶花园多用于涉外和星级宾馆酒店，为顾客增设游乐环境，提供夜生活场所，开办露天舞会、茶会以招揽游客取得经济利益为宗旨。这类花园一般设备繁杂、功能多、投资大、档次高（图 2-199）。

c. 家庭型：该类屋顶花园多用于阶梯式住宅和别墅式居住场所，在自己的天台或露台上建造小型花园，一般不设园林小品，仅以养花种草为主（图 2-200）。

d. 科研型：该类屋顶花园以科学生产研究为主要目的，多用于科学研究以及进行瓜果蔬菜的栽培试验。

② 按照建造形式与使用年限进行分类。

a. 长久型：在较大屋顶空间或连续的楼群间进行直接造景和种植的长久性园林绿化空间（图 2-201）。

b. 容器（临时）型：对屋顶空间进行简易的容器绿化，可以随时对绿化内容与形式进行调整（图 2-202）。根据容器绿化是否具备配套性而又进

图 2-198　公共游憩型屋顶花园

图 2-199　营利型屋顶花园

图 2-200　家庭型屋顶花园

图 2-201　长久型屋顶花园

图 2-202　容器（临时）型屋顶花园

一步分为配套设置型与简易设置型。

③ 依照绿化方式与造园内容进行分类　屋顶绿化可以分为屋顶花园（屋顶上建造花园）、屋顶栽植（对屋顶进行绿化）与斜面屋顶绿化三种。

④ 按照屋顶绿化的内容与形式进行分类　依照屋顶花园绿化的内容与形式把屋顶花园绿化分为以下类型：屋顶草坪、屋顶菜园、屋顶果园、屋顶稻田、屋顶花架、屋顶运动广场、屋顶花园、屋顶盆栽盆景园、屋顶水池、屋顶生态型园林、斜坡屋顶绿化等。另外，日本近几年还出现了屋顶茶道园林、屋顶宗教园林、屋顶墓园等新型的屋顶花园（绿化）形式。

⑤ 按空间布局分类　可分为开敞式、围合式、台阶式等形式（图 2-203）。

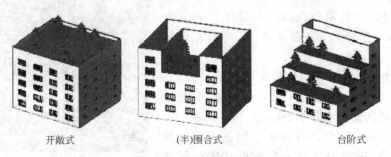

开敞式　　　　　　(半)围合式　　　　　　台阶式

图 2-203　按空间布局分类

2. 屋顶花园的花卉选择

屋顶花园的环境特点决定了花卉的选择要求：

（1）选择耐旱性、抗寒性强的矮灌木和草本植物

由于屋顶花园夏季气温高，风大，土层保湿性能差，应选择耐旱性、抗寒性强的植物为主，同时，考虑到屋顶的特殊地理环境和承重的要求，应注意多选择矮小的灌木和草本植物，以利于植物的运输、栽种和管理。

（2）选择阳性、耐瘠薄的浅根性植物

屋顶花园大部分地方为全日照直射，光照强度大，应尽量选用喜光植物，但考虑具体的小环境，如屋顶的花架、墙基下等处有不同程度遮阳的地方宜选择对光照需求不同的种类，以丰富花园的植物品种。屋顶种植基质薄，为了防止根系对屋顶结构的侵蚀，应尽量选择浅根性的植物，另外，植物顶层或附近施用肥料会影响附近居民的卫生状况，故屋顶花园应尽量种植耐瘠的植物。

（3）选择抗风、不易倒伏、耐短时潮湿积水的植物品种

屋顶上一般风比地面大，特别是有台风来临之机，风雨交加对植物的生存危险最大，加上屋顶种植层较薄，因此植物宜选择须根发达、固着能力强的种类，能适应浅薄的土壤并抵抗较大的风力。屋顶土壤的蓄水性能差，一旦下暴雨，易造成短时积水。在植物选择时多用一些能忍耐短时积水的植物。

（4）选择以常绿为主，冬季能露地过冬的植物

屋顶花园建造的目的是增加城市的绿化面积，美化城市立体景观。屋顶花园上的植物尽可能以常绿为主，宜用叶形和株形秀丽的品种。为了使屋顶花园更加绚丽多彩，体现花园的季相变化，还可适当配植一些色叶树种；在管理条件许可的情况下，可用盆栽放置一些时花植物，做到花园四季有花。

（5）尽量选用乡土植物，适当增加当地精品

乡土植物对当地的气候有高度的适应性，在环境相对恶劣的屋顶花园，选用乡土植物易于成功。同时考虑到屋顶花园的面积较小，在这样一个特殊的小环境中，为增加人们对屋顶花园的新鲜感，提高屋顶花园的档次，可以适量引种一些当地植物精品，使人感到屋顶花园的精巧、雅致。应尽量选用阳性植物，但在某些特定的小环境中，如花架下面或靠墙边的地方，日照时间较短，可适当选用一些半阳性的植物种类，以丰富屋顶花园的植物品种。

3. 屋顶花园的景观设计

屋顶花园作为花园的一种形式存在，具有花园所共有的特征，又具有本身的特点。屋顶花园的景观设计包括种植设计，亭、廊、假山置石、水体、铺装、照明等园林工程和园林建筑与小品设计等，根据屋顶所处的环境特点，其设计与其它花园有所不同。

（1）屋顶花园设计的基本原则

① 生态效益为主原则　建造屋顶花园必须以植物为建园的主体要素，把生态效益放在首位，避免在建筑顶上又建大量的建筑等硬质景观。

② 安全为首要前提原则　建筑结构的荷载、四周围栏的安全及屋顶排水和防水构造是屋顶花园建设要考虑的重要安全因素。

③ 因地制宜，创造优美的园林景观原则　在以植物为主的前提下，许多屋顶花园都要为人们提供优美的游憩环境，加上场地窄小等不利因素，因此在景观设计上具有更大的难度。无论是各种景观要素的布置，还是植物的配植，都需精致而美丽。要巧妙地利用主体建筑物的屋顶、平台、阳台、窗台、檐口、女儿墙和墙面等开辟绿化场地，并充分运用植物、微地形、水体等造园要素组织空间。

④ 经济适用原则　与平地相比，屋顶花园的造价较高，这就更要求建造屋顶花园时要考虑经济因素。只有较为合理的造价，才有可能使屋顶花园得到普及。

(2) 屋顶花园的种植形式

屋顶花园的大小及荷载、防水、排水等特点都决定了屋顶花园植物配置难以随心所欲。通常根据屋顶花园的类型和功能决定植物配植的方式。如不上人屋顶花园可以采用地毯式种植方式，铺植草坪或地被植物。面积较小又具备一定休息功能的屋顶花园则以盆栽植物、花台、花坛等种植形式为主。只有在面积较大的屋顶花园才可以适当构筑地形，结合道路及其他造园因素，进行多种形式的植物配植，如孤植、丛植、群植以及花坛、花带、花台甚至花镜等，还可以结合休息设施布置花架、花廊等垂直绿化设施，或者结合水池布置水生植物，形成丰富的园林景观。

图 2-204　带有小亭的屋顶花园

(3) 屋顶花园的景观设计

① 屋顶花园的园林建筑与小品设计　为了丰富屋顶花园的园林景观，为游人提供休息和停留场所，建造少量、小型的水池、亭、廊等园林建筑或小品是合宜的（图 2-204）。屋顶花园的园林建筑和小品的设计、施工，必须与建筑物的设计、施工密切配合，体量和尺度要与建筑物及周围环境相协调，以少、小、精为宜。在屋顶花园的小空间环境中，构思新颖、精致、配置得宜的园林建筑或小品能使屋顶花园的意境更为生动，更富诗情画意。

② 种植设计　假山、亭、廊、水体等园林建筑或小品虽然是屋顶花园造景的重要部分，但屋顶花园的主体是绿色植物，各类树木、花卉、草坪所占的比例应在 50%～70%。屋顶花园中树木、花卉的配置形式，视其环境及使用要求的不同而不同。

a. 乔灌木的丛植、孤植：园林中的孤植树，要求具有突出个体的形体美，体现出良好的观赏价值，如腊梅、桂花、玉兰等（图 2-205）。丛植与孤植相同之处在于均要考虑个体美，不同处则为丛植时还要很好地处理株间、种间关系，集体美与个体美兼筹并顾，如玉兰以常绿树为背景丛植于草坪，南天竹丛植于园路转角处，红叶李丛植或孤植于草坪、花坛均起到良好的效果。

b. 花池、花坛、花台、花境：屋顶花园中除了乔、灌木的栽植外，花卉也是不可缺少的部分，起到烘托和渲染气氛的作用，色彩鲜明艳丽的花卉，同乔、灌、草共同创造出繁花似锦、绿草如茵、景色怡人的园林景观和意境（图 2-206）。花坛有单独、连续带状及成群组合等类型，花台类似于花坛，但其较高、面积较小，花境是以树丛、绿篱、矮墙或建筑小品作背景的带状自然式花卉布置，可以是曲线也可以采用直线，栽植时多选用植株低矮、枝叶紧密、花繁叶茂、花期一致且较长的花卉品种，如矮牵牛、金盏菊、一串红、万寿菊、百日草或其他宿根花卉等。

c. 草坪、地被：草坪、地被可与乔、灌、花卉形成多层次的绿色布置，犹如园林的底色，对树木、花卉起衬托作用（图 2-207）。屋顶花园的草坪或地被应选择耐瘠薄、抗热、抗寒、抗病虫害，适应不良环境能力强且观赏价值高的品种。

4. 屋顶花园的花卉应用种类

屋顶花园的植物配置要合理，一年四季都要有景可观，多考虑适应性强的树种，又要充分考虑植物的生物学特性，也要符合设计意图。浅层屋顶花园一般以草坪为主，间有花卉点

图 2-205 丛植、孤植绿化的屋顶花园

图 2-206 花境装饰屋顶花园

图 2-207 草坪与灌木、绿篱搭配

缀其间,很少配植根系较大的花灌木和大乔木,深层屋顶花园可配置花灌木和乔木。植物配置时要充分考虑后期效果和根系对铺设材料的影响。选择植物时一定要选择合适的植物。植物配置不可过繁,要达到简洁明了。

可供选择的植物有:地被类(各种草皮)、灌木类、果蔬类、爬藤类,还有各种树桩盆景等(表2-10)。

表 2-10 屋顶花园的花卉种类

中文名	拉丁名	科属	形态特征	生态习性	繁殖	应用
美女樱	*Verbena hybnida Voss*	马鞭草科马鞭草属	丛生而铺覆地面,高 30～50cm。花有白、粉、红、紫等,花期 6 月～9 月	喜阳光充足,对土壤要求不严,有一定耐寒性	播种或扦插	花境、花坛、盆栽
半枝莲	*Portulaca grandiflóra*	马齿苋科马齿苋属	高 20～30cm。花有白、粉、红、紫等,花期 6 月～10 月	喜温暖向阳,耐干旱,不择土壤	播种	花坛、花境、路边岸边、岩石园、窗台花池、盆栽等

第二章 花卉应用的基本形式

中文名	拉丁名	科属	形态特征	生态习性	繁殖	应用
金花生	*Arachis duranensis*	蝶形花科蔓花生属	茎蔓生,匍匐生长,高 10～15cm。花金黄色,花期春季至秋季	全日照及半日照条件下生长良好,有较强的耐阴性,对土壤要求不严,有一定的耐旱、耐热性	扦插	绿地和公路隔离带,改土绿肥,牧草公园绿化,水土保持和覆盖
蟛蜞菊	*Wedelia chinensis*	菊科蟛蜞菊属	茎匍匐,上部近直立。花黄色,花期 3 月～9 月	性喜阳光、耐高温干旱	扦插	作地被植物应用
马缨丹	*Lantana camara*	马鞭草科马缨丹属	多年生蔓生小灌木,高 1～2m,作地被植物可进行修剪。花色黄色、粉红至深红。全年开花	性喜温暖湿润、喜阳	播种、扦插	庭院栽培、作开花地被、北方盆栽
红绿草	*Alternanthera bettzickiana*	苋科虾钳草属	多年生草本,茎直立或斜生,株高 10～20cm。花白色,花期 12 月至翌年 2 月	喜光,喜温暖湿润的环境,耐旱、不耐寒、耐酷热	扦插繁殖为主	适用于毛毡花坛,立体花坛和组字图案,供秋、冬季节观赏
吊竹梅	*Zebrina pendula*	鸭跖草科水竹草属	多年生匍匐草本。紫红色,夏季开花	喜温暖、湿润环境,喜阴,要求土壤为肥沃、疏松的腐殖质土	扦插及分株繁殖为主	温室观叶、悬挂欣赏
苏铁	*Cycas revoluta*	苏铁科苏铁属	常绿棕榈状木本植物,茎高达 5m。雄球花长圆柱形,雌球花呈扁球形,均密被黄褐色绒毛,花期 6 月～8 月	喜暖热湿润气候,不耐寒	播种、分蘖、埋插等	花坛的中心或盆栽布置于大型会场内供装饰用
福建茶	*Carmona microphylla*	紫草科基及树属	常绿灌木,高可达 1～2m。春、夏开白色小花	性喜温暖、湿润,怕寒冷,充足阳光下生长良好。宜栽植于肥沃而疏松的土壤中	扦插繁殖	盆景,庭园中观赏,绿篱
黄金榕	*Ficus microcarpa cv. Golden Leaves*	桑科榕属	常绿乔木,叶色金黄	喜温暖、湿润和阳光充足环境,不耐寒、耐半阴	扦插繁殖	盆栽欣赏,草坪、广场、小庭园布置或用于景观路的绿岛,篱栅或修剪造型,盆景材料
变叶木	*Codiaeum variegatum var. pictum*	大戟科变叶木属	常绿灌木。株高 2.5m。花淡紫色	喜光,喜暖热湿润气候,不耐寒,喜肥忌涝,适生于肥沃、排水良好的沙壤土中	扦插或分株法	盆栽,庭栽观赏,绿篱等

中文名	拉丁名	科属	形态特征	生态习性	繁殖	应用
鹅掌柴	*Schefflera octophylla*	五加科鹅掌柴属	常绿乔木,掌状复叶互生。花白色,芳香,花期冬季	喜温暖、湿润和半阴环境	播种	盆栽欣赏
龙舌兰	*Agave americana*	龙舌兰科龙舌兰属	常绿大型草本,高达5~15m。花淡黄绿色,花期5月~6月	喜温暖干燥和阳光充足环境。稍耐寒,较耐阴,耐旱力强。要求排水良好、肥沃的沙壤土	分株繁殖	大型盆栽,装饰大厅,大门和会议室
假连翘	*Duranta repens*	马鞭草科假连翘属	常绿蔓性灌木,花蓝紫色,花期5月~10月	喜光,耐半阴,喜温暖湿润气候,耐修剪	播种和扦插繁殖	花篱,坡地绿化,盆栽欣赏
葡萄	*Vitis vinifera*	葡萄科葡萄属	落叶藤木,长达30m。花小,黄绿色,花期5月~6月	喜光,喜干燥,不耐荫,冬季需要一定的低温	扦插,压条,播种	观赏、遮荫、食用
丝瓜	*Luffa cylindrica*	葫芦科丝瓜属	一年生草质藤本。化黄色,夏季	耐高温,耐湿	播种	果蔬园
地锦类	*Parthenocissus tricuspidata*	葡萄科地锦属	落叶大藤木,能攀附墙壁、岩石向上生长。花淡绿色,花期6月	耐寒、喜阴湿,在水分充足的向阳处也能迅速生长,对土壤适应性很强	扦插繁殖为主,也可压条和播种	墙面绿化,地被植物,覆土护坡
炮仗花	*Pyrostegia ignea*	紫葳科炮仗花属	木质常绿大藤本,可攀援高达7~8m。花橙红色,花期2月~3月	性喜向阳环境和肥沃、湿润、酸性的土壤,生长迅速	扦插或压条繁殖	绿廊、棚架装饰材料,牵引作篱笆墙垣或屋顶、树冠、墙壁及地面的遮覆

【复习思考题】

1. 多浆类植物专类园的花卉景观设计应注意什么问题?
2. 岩石园的风格类型有几种?
3. 蕨类花卉的选择方法及主要应用种类有哪些?
4. 药用花卉的类型及典型花卉有哪些?
5. 花卉展览设计应考虑几方面因素及花卉应用形式有哪些?
6. 展览温室一般分为哪几个区?
7. 屋顶花园花卉的选择要求有哪些?
8. 一、二年生草花的应用形式有哪些?
9. 花丛及花带的设计要点及植物材料选择。

10. 花台及花钵的设计要点及园林应用。

11. 宿根花卉的含义及应用特点。

12. 花境设计的原则有哪些?

13. 举例说明宿根花卉应用的形式有几种?

14. 球根花卉按照地下茎或根部的形态结构分为哪几类? 各举例说明。

15. 球根花卉的应用原则和应用方式有哪些?

16. 盆花的含义及盆花装饰的特点。

17. 简述如何对盆花进行分类。

18. 阳台、窗台花卉布置的原则和常见的布置形式有哪些?

19. 室内花卉在应用中具有什么样的意义?

20. 论述如何对室内花卉进行景观设计。

21. 花束、花篮、桌饰与婚礼花饰的类型与特点有哪些?

22. 花束、花篮、桌饰与婚礼花饰的制作过程应注意哪些事项?

23. 如何设计及其制作干花作品?

24. 水生花卉的观赏特点与类别。

25. 简述如何对水生花卉进行选择。

26. 概述园林水体的花卉应用。

27. 论述喷泉及跌水花卉的应用与花卉景观设计。

28. 论述如何对水景园进行花卉景观设计。

第三章　实验指导

实验一　盛花花坛设计

一、实验目的

了解各种露地草花的生长习性和配植原理，掌握盛花花坛花卉配植与设计方法，并逐步提高学生将理论转化为实践的能力，学习盛花花坛的设计与施工。实训3学时。

二、材料用具

皮尺、绘图笔、绘图纸、绘图板、丁字尺及其他电脑辅助绘图工具。

三、实验步骤

1. 主讲教师组织学生参观一定数量的典型盛花花坛，并详细讲解盛花花坛的特征。
2. 分组调查、分析并记录盛花花坛的设计材料、色彩与花卉配合。
3. 将调查中整理出的具有代表性的相关专业问题汇总，并由主讲教师一一解答。
4. 选定一定面积的空地及其周围的环境，学生独立完成在本区域内盛花花坛的设计任务与工作。
5. 学生现场踏查，绘制环境与现状图。
6. 绘制花坛设计草图，由教师进行初步评析。
7. 绘制正式图。包括位置图、平面图、立面图、效果图、设计说明、植物配置表等（图3-1-1）。

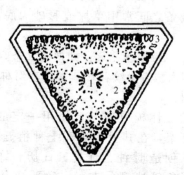
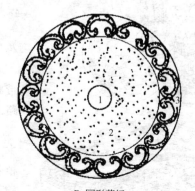

A. 三角花坛　　　　　　　　　　　　　B. 圆形花坛
1—苏铁；2—金盏菊、一串红；3—葱兰　　1—水腊球；2—石竹(孔雀草)；3—雏菊(鸡冠花)

图 3-1-1　花丛花坛

四、花坛设计要求

1. 长短轴之比最好为（1∶1）～（3∶1）。
2. 主体花色鲜明艳丽明亮，花朵繁茂，花盛开时几乎看不出枝叶，能良好地覆盖花坛地面。
3. 花坛配色不宜过多。一般花坛 2～3 种颜色，大型花坛 4～5 种色彩。配色多而复杂难以表现群体的花色效果，显得杂乱。
4. 在花坛色彩搭配中注意颜色对人的视觉及心理的影响。
5. 花卉色彩不同于调色板上的色彩，需在实践中对花卉的色彩仔细观察才能正确应用。

五、作业与思考

1. 国庆节前每班配置栽种一处盛花花坛。
2. 花丛花坛反映的形式和配置要求是什么？
3. 花丛花坛不同季节配置的材料分别是哪些？

实验二　图案式花坛设计

图案式花坛又称镶嵌花坛、模纹花坛。它以不同色彩的观叶植物、花叶并美的观赏植物为主，配置成各种美丽的优雅文静的图案纹样，在城市园林绿地中常作配景使用，布置在各种倾斜坡地上。模纹花坛有各种常见类型如下，见图3-2-1。

1. 毛毡模纹花坛：在花坛中用观叶植物组成各种精美的装饰图案，表面修剪成整齐的平面或曲面，形成毛毯一样的图案画面，为毛毡模纹花坛。
2. 浮雕模纹花坛：在平整的花坛表面修剪出具有凸凹浮雕的花纹，称为浮雕模纹花坛。凸的纹样通常由常绿小灌木修剪而成，凹陷的平面常用草本观叶植物。
3. 标题式花坛：花坛中的观叶植物修剪成文字、肖像、动物、时钟等形象，使其具有明确的主题思想，称为标题式花坛。常用在城市街道、广场的缓坡之处。

4. 结子花坛：将花坛中的观叶植物修剪成模拟绸带编成的结子式样，图案线条粗细相等，线条之间常用草坪或彩砂为底色，为结子花坛。

5. 飘带模纹花坛：如把模纹修剪成细长的飘带状即为飘带模纹花坛，常用在对称的大门或道路两侧。

6. 立体模纹花坛：使用一定的钢筋、竹、木为框架，在其上覆盖泥土种植五色苋等观叶植物，创造时钟、日晷、日历、饰瓶、花篮、动物形象等造型的花坛，称为立体模纹花坛。常布置在公园、庭院游人视线焦点上，作为主景观赏。见图3-2-2。

图 3-2-1　模纹花坛

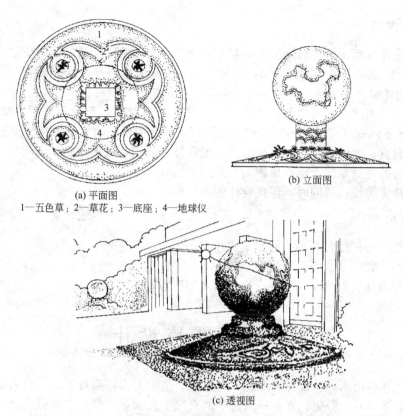

(a) 平面图

1—五色草；2—草花；3—底座；4—地球仪

(b) 立面图

(c) 透视图

图 3-2-2　立体模纹花坛

　　模纹花坛的色彩设计应服从于图案，用植物色彩突出纹样，使之清晰而精美，用色块来组成不同形状。同一个模纹花坛植物的花色要协调，种类不可过多，设计图样要秀美大方，轮廓鲜明，以展示不同花卉或品种的群体效果及其相互配合所形成的绚丽色彩。

　　在城市园林绿地中，为了提高花坛的观赏效果，尽可能扩大花坛面积和倾斜度，经常注意修剪纹样。图案式花坛中常用的观叶植物有红叶苋、小叶花柏、半边莲、半支莲、香雪球、彩叶草、石莲花、五色草、松叶菊、景天等。

一、实验目的

　　了解图案式花坛的设计模式及花卉生长习性和配植原理，根据需要对图案式花坛进行设计。实训 3 学时。

二、实验材料及用具

　　皮尺、绘图笔、绘图纸、绘图板、丁字尺及其它电脑辅助绘图工具。

三、实验步骤

1. 主讲教师详细讲解设计要求，带领学生在已选定的场地上进行测量，考察周围环境。
2. 根据场地状况绘制总平面位置图，并完成设计草图。
3. 由教师对草图中出现的问题进行点评。
4. 正式设计，绘制设计图。
5. 写出设计说明书、创作意图。

四、设计要求

1. 图案式花坛所用植物的高度和形状对图案式花坛的纹样表现有密切关系，低矮、细密的植物才能形成精美的图案。所以，一定要选择生长缓慢整齐、株型矮小、分枝紧密、叶片细小、萌蘖性强、耐移植、耐修剪、易栽培、缓苗快的植物材料。

2. 同一个图案式花坛植物的花色要协调，种类不可过多，设计图样要秀美大方，轮廓鲜明，以展示不同花卉或品种的群体效果及其相互配合所形成的绚丽色彩与图案。

3. 因地制宜，图案式花坛的设计应与周围环境相协调，过度要自然。

4. 在已有的理论基础上应有所创新，提倡风格式设计。

5. 在逐步完善设计的同时，保证设计的可实施性。

五、作业与思考

1. 国庆节前每班配置栽种一处图案式花坛。

2. 写出图案式花坛的设计及栽植步骤。

3. 对比国内外图案式花坛的设计，找出其相同点和不同点。

实验三 花 境 设 计

花境是花卉应用的一种重要的形式，它追求"虽由人作，宛自天开"的艺术手法。花境是人们参照自然风景中野生花卉在林缘地带的自然生长状态，经过艺术提炼而设计的自然式花带，其艳丽的色彩和丰满的群体形象给人留下深刻的印象。

花境是将植物有机自然地布置在沿着长轴方向演进的带状种植床上，以多年生花卉为主的带状花坛。一般以树丛、绿篱、矮墙或建筑物等作为背景，根据组景的不同特点形成宽窄不一的曲线或直线花带。花境内的植物配置为自然式，主要欣赏其本身特有的自然美以及植物组合的群体美。花卉布置采取以植物群丛为主的自然式块状混交，表现花卉群体的自然景观。平面轮廓多为不规则形状，内部可以兼有自然与规则特点的混合构图，从平面上看，是各种花卉块状混植。植床两边是平行的直线或有几何规则的曲线。

花境设计首先要确定平面，讲究构图完整，高低错落，一年四季季相变化丰富又看不到明显的空秃。配置在一起的各种花卉不仅彼此间色彩、姿态、体量、数量等应协调，而且相邻花卉的生长强弱、繁衍速度也应大体相近，植株之间能共生而不能互相排斥。花境中的各种花卉呈斑块状混交，各斑块的面积可大可小，但不宜过于零碎和杂乱。几乎所有的露地花卉都能作为花境的材料，但以多年生的宿根、球根花卉为宜。因为这些花卉能多年生长，不需要经常更换，养护管理省工，还能发挥各种花卉的特色。

花境设计要求设计师除了具备景观设计知识以外，对美学和植物学也应有深入理解。一个优秀的花境设计主要表现在三个方面：首先，在选择植物材料时，应考虑其生长习性，不同植物在不同季节的生长情况、抗寒性等，在植物配置上做到观赏性和生态效果并重。其次，植物搭配要能表现出立体感和空间感，例如宿根花卉与花灌木搭配，不同层次展现植物特性不同。最后，是色彩搭配，应先根据地理位置、当地的文化背景以及环境特点确定主色调，再搭配其它色彩。

一、实验目的

了解各种宿根花卉的生长习性和配植原理，掌握花境设计的方法，培养学生运用相关设计理论和创新的能力。

二、材料用具

皮尺、绘图笔、绘图板、丁字尺。

三、方法步骤

1. 主讲教师详细讲解设计要求，观察周围环境，现场测量。学生自行选择地点，测量花境尺度。

2. 根据现场情况，绘制总平面位置图，画出设计草图。

3. 教师和助教以小班为单位修改草图，设计过程中有问题时随时与教师沟通。

4. 绘制正式图。

5. 栽植。根据设计图纸，从里往外栽，注意花卉之间不要互相遮挡，考虑株行距，为将来生长留出空间。

6. 教师班级讲评或将每个人的问题反馈给学生。

四、设计要求

学生自选环境，设计花境一处。内容要求。

1. 花境位置图：见图3-3-1。

2. 花境平面图：见图3-3-2。

3. 花境主要观赏期色彩图：见图3-3-3。

4. 花境效果图（自选）：见图3-3-4。

5. 植物名录表。

6. 设计说明书。

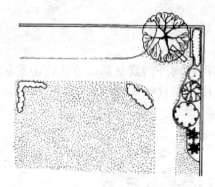

图 3-3-1　花境位置图

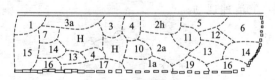

图 3-3-2　花境平面图

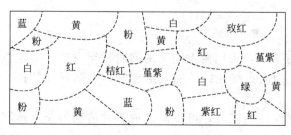

图 3-3-3　主要观赏期色彩图

图 3-3-4　花境效果图

五、作业

1. 五一节前每班配置设计一个花境或花带，材料是常见宿根花卉或球根花卉。分别绘出花境平面设计图，花境位置平面图。

2. 写出花境设计的步骤。

3. 标注花境内不同季节主要观赏的宿根花卉和球根花卉。

实验四　花束设计与制作技术

一、实验目的

1. 掌握常见花束的类型与特点
2. 识别常见花束的使用材料
3. 学习花束的制作技术
4. 学习花束的包装与配饰

二、材料用具

主花：香石竹（各种颜色）、玫瑰、菊花、唐菖蒲、兰花（石斛兰）、百合

配花：满天星、一支黄花、勿忘我、情人草、小菊类（各种颜色）

配叶：针葵、肾蕨、文竹、天门冬、石刁柏、鱼尾葵

包装：包装纸、彩色丝带

工具：绿胶带、透明胶带、剪枝剪、花泥

三、方法步骤

1. 花束的制作

（1）球形花束的制作（图3-4-1、图3-4-2）：采用由内向外的素材插制方法。①定位焦点花；②加入主花材；③加入点缀花；④插入造型叶片与陪衬叶片；⑤保湿、处理包装配饰；⑥清理现场。

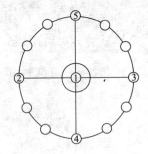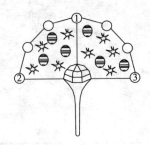

图 3-4-1　球形花束制作

（2）扇形花束的制作（图3-4-3、图3-4-4）：采用由上向下的素材插制方法。①定位骨架花；②加入主花材；③插入焦点花；④加入点缀花；⑤插入造型叶片与陪衬叶片；⑥保湿、处理包装配饰；⑦清理现场。

2. 花束配饰的制作（图3-4-5）：根据作品的需要，可以制作成各种造型的花束球和花束结。

图 3-4-2　球形花束

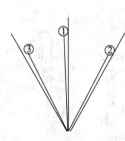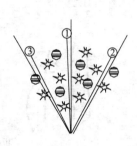

图 3-4-3　扇形花束制作　　　　　　　　　图 3-4-4　扇形花束

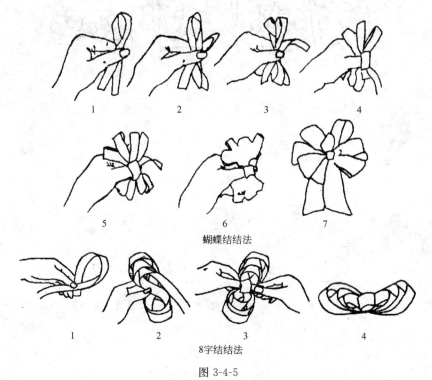

蝴蝶结结法

8字结结法

图 3-4-5

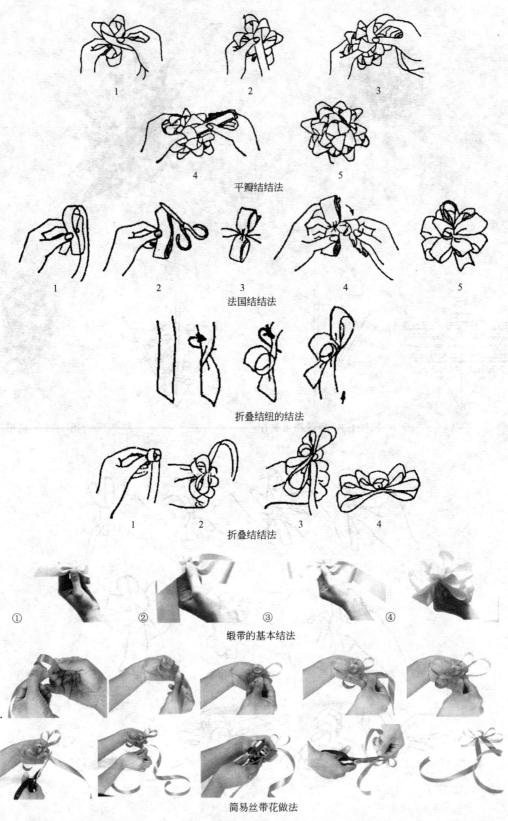

平瓣结结法

法国结结法

折叠结纽的结法

折叠结结法

缎带的基本结法

简易丝带花做法

图 3-4-5 花束配饰

四、作业

1. 花束的类型与特点有哪些？
2. 叙述不同类型花束的制作方法。
3. 花束的制作要注意哪些问题？

实验五　花篮设计与制作技术

一、实验目的

1. 掌握常见花篮的类型与特点
2. 识别常见花篮的使用材料
3. 能熟练绘出花篮制作的基本图示
4. 学习花篮的制作技术
5. 学习制作花篮的包装与配饰

二、材料用具

主花：香石竹（各种颜色）、玫瑰、菊花、唐菖蒲、兰花（石斛兰）、百合。
配花：满天星、一支黄花、勿忘我、情人草、小菊类（各种颜色）。
配叶：肾蕨、文竹、天门冬、石刁柏、鱼尾葵。
包装：包装纸、彩色丝带。
工具：各种形状的花篮、绿胶带、透明胶带、剪枝剪、花泥。

三、方法步骤

无论采取何种形式的造型，花篮的制作一般都需要如图 3-5-1 所示的步骤，花篮的造型见图 3-5-2。

1. 按照造型设计首先完成立体造型的一个平面的骨架花材的定位与造型。
2. 加入焦点花。
3. 加入造型的主花材。
4. 加入点缀花和衬叶。
5. 加入造型叶片和背景叶片。
6. 依次按照上述顺序完成其它平面的花材定位。
7. 清理现场。

四、作业

1. 花篮的类型与特点有哪些？
2. 叙述不同类型花篮的制作方法。
3. 花篮的制作要注意哪些问题？

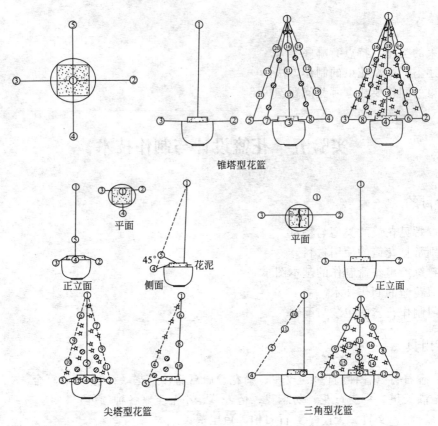

锥塔型花篮

平面

正立面   45°   侧面   花泥

尖塔型花篮

平面

正立面

三角型花篮

图 3-5-1   花篮制作

图 3-5-2   花篮

实验六　桌饰设计与制作技术

一、实验目的

1. 掌握常见桌饰的类型与特点；
2. 识别常见桌饰的使用材料；
3. 能熟练绘出桌饰制作的基本图示；
4. 学习桌饰的制作技术；
5. 学习制作桌饰的包装与配饰。

二、材料用具

主花：香石竹（各种颜色）、玫瑰、菊花、唐菖蒲、兰花（石斛兰）、百合。

配花：满天星、一支黄花、勿忘我、情人草、小菊类（各种颜色）。

配叶：肾蕨、文竹、天门冬、石刁柏、鱼尾葵。

包装：包装纸、彩色丝带。

工具：各种形状的花钵、绿胶带、透明胶带、剪枝剪、花泥。

三、方法步骤

无论采取何种形式的造型，桌饰的制作一般都需要如图 3-6-1 所示的步骤，桌饰的样式见图 3-6-2。

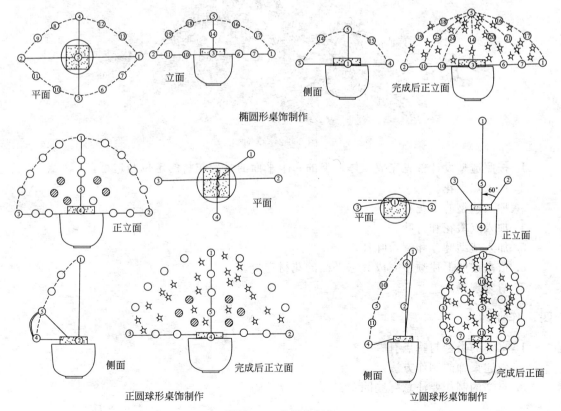

图 3-6-1　桌饰的制作

图 3-6-2　桌饰

1. 按照造型设计首先完成立体造型的一个平面的骨架花材的定位与造型。
2. 加入焦点花。
3. 加入造型的主花材。
4. 加入点缀花和衬叶。
5. 加入造型叶片和背景叶片。
6. 依次按照上述顺序完成其它平面的花材定位。
7. 清理现场。

四、作业

1. 桌饰的类型与特点有哪些？
2. 叙述桌饰的制作方法。
3. 桌饰的制作要注意哪些问题？

实验七　园林水景园植物景观设计

一、实验目的

了解园林水景园的设计手法和原则、种植方法及布置方式，根据要求对园林水景园进行规划和设计。实训 6 学时。

二、实验材料及工具

测量仪器、绘图工具、水景园欲规划的现状图纸及文字资料等。计算机辅助设计软件 AutoCAD、Photoshop 及 3DMax 等。

三、实验步骤

1. 选择所在城市具有代表性的 2 或 3 个园林水景园植物景观并组织参观。
2. 以小组为单位，每组 2 或 3 人，进行调查、景观分析和记录。
3. 对所调查的园林水景园植物景观设计进行整理、汇总，分析园林水景园植物景观设计应该注意的问题。
4. 给定一定面积的空地及其周围的环境，作为规划园林水景园植物景观空间，对其进行设计和植物景观营造。
5. 实地考察测量、绘制现状图。
6. 正式设计、绘制设计图。包括平面图、立面图、剖面图和效果图等。
7. 写出设计说明书。主要说明设计意图，它包括设计原则、设计理念、景观效果等。
8. 制作成一套完整的设计文本。

四、考核与作业

1. 完成设计文本，主要包括：设计说明、设计图纸套图（功能分区图、功能分析图、交通分析图、视线分析图、平面图、剖面图、种植图、效果图、局部效果图）。
2. 具体要求
① 以植物种植为主，考虑与环境结合；选好基调树种；注意时相变化。
② 特点鲜明突出。
③ 因地制宜，力求变化，布局合理。
④ 图面结构完整，图例、文字标注和图幅符合制图规范。
⑤ 说明书语言流畅，能准确地对图纸补充说明，体现设计意图。
⑥ 绿化材料统计基本准确，有一定的可行性。

参 考 文 献

[1] 包满珠主编．花卉学．北京：中国农业出版社，2003．

[2] 北京林业大学园林系花卉教研组．花卉学．北京：中国林业出版社，2001．

[3] 陈有民．园林树木学．北京：中国林业出版社，2007．

[4] 董丽主编．园林花卉应用设计．北京：中国林业出版社，2003．

[5] 黄献胜等主编．彩图多肉花卉观赏与栽培．北京：农村读物出版社，2001．

[6] 纪殿荣主编．多浆花卉．石家庄：河北科学技术出版社，2003．

[7] 李锐丽．北京地区岩石园营建及岩生植物选择研究．2007．

[8] 李榕．城市屋顶花园推行迟滞问题的探讨和应对．同济大学，2007．

[9] 莫宁捷等．浅谈岩生植物及其在园林中的应用．林业调查规划，2007．

[10] 石雷等主编．观赏蕨类．安徽：安徽科学技术出版社，2003．

[11] 王发国等．广东乡土野生观赏蕨类植物调查及其开发利用研究．中国园林，2007．

[12] 曾宋君等主编．观赏蕨类．北京：中国林业出版社，2002．

[13] 朱仁元等编著．花卉立体装饰．北京：中国林业出版社，2002．

[14] 魏钰等．花境设计与应用大全．上卷．北京：北京出版社，2006．

[15] 刘福智．园林景观规划与设计．北京：机械工业出版社，2007．

[16] 王秀娟．花卉栽培．哈尔滨：哈尔滨地图出版社，2004．

[17] 徐峰．城市园林绿地设计与施工．北京：化学工业出版社，2002．

[18] 曹春英．花卉栽培．北京：中国农业出版社，2001．

[19] 张树宝．花卉生产技术．重庆：重庆大学出版社，2006．

[20] 岳桦．园林花卉．北京：高等教育出版社，2006．

[21] ［英］Richard Bird 著．花境设计师．周武忠译．南京：东南大学出版社，2003．

[22] ［英］Susan Chivers 著．植物景观色彩设计．董丽主译．北京：中国林业出版社，2007．

[23] 朱秀珍编著．花坛艺术．沈阳：辽宁科技出版社，2002．

[24] 刘慧民．实用家庭花艺．哈尔滨：黑龙江科学技术出版社，2004．

[25] 卢思聪．实用插花艺术跟我学．上海：大众文艺出版社，2000．

[26] 蔡仲娟．插花艺术．广东：广东科技出版社，2000．

[27] 岳桦．情感的使者——礼仪鲜花．哈尔滨：黑龙江科学技术出版社，2000．

[28] 范艳萍．插花艺术基础．北京：中国农业出版社，2002．

[29] 中国花卉盆景编辑部．中国花卉盆景．中国花卉盆景杂志社，2002：1-12．

[30] 王英，唐慧莹．花卉装饰与插花．北京：中国林业出版社，2000．

[31] ［日］安理由纪等；王蔚译．高雅的礼品花创意组合与插栽．济南：山东科学技术出版社，2003．

[32] 王立平．基础插花艺术设计——插花艺术初级．北京：中国林业出版社，2002．

[33] 李方编．婚庆花艺设计．杭州：浙江大学出版社，2003．

[34] 李方编．环境花艺设计．杭州：浙江大学出版社，2003．

[35] 李方编．节庆花艺设计．杭州：浙江大学出版社，2003．

[36] ［日］竹中丽湖；方琳琳．图解插花全书．杭州：浙江科学技术出版社，2003．

[37] 徐峰，牛泽慧，曹华芳等．水景园设计与施工 [M]．北京：化学工业出版社，2006．

[38] 赵彦杰．园林实训指导 [M]．北京：中国农业出版社，2007．

[39] 董丽．园林花卉应用设计 [M]．北京：中国林业出版社，2003．

[40] 庄夏珍．室内植物装饰设计 [M]．重庆：重庆大学出版社，2006．

[41] 李尚志．水生植物造景艺术 [M]．北京：中国林业出版社，2000．

[42] 李永红．论水生植物在园林水景中的应用 [J]．河北职业技术学院学报，2007，(7)．

[43] 陈飞平，廖为明．浅议园林水景中水生植物的应用 [J]．安徽农业科学，2006，34 (10)．

[44] 魏钰等．花境设计与应用大全．上卷．北京：北京出版社，2006．

[45] 刘福智．园林景观规划与设计．北京：机械工业出版社，2007．

[46] 北京林业大学园林系花卉教研室．花卉学．北京：中国林业出版社 2004．

[47] 秦魁杰，陈耀华．温室花卉．北京：中国林业出版社，2002．

[48] 孙世好．花卉设施栽培技术．北京：高等教育出版社 2001．

[49] 芦建国．园林花卉．北京：中国林业出版社，2003．

[50] 刘燕．园林花卉学．北京：中国林业出版社，2001．